现代电梯技术系列规划教材

电梯工程制图

主　编　张　颖　刘　枫

副主编　王扣建　高利平　朱年华

苏州大学出版社

图书在版编目(CIP)数据

电梯工程制图/张颖,刘枫主编. —苏州:苏州大学出版社,2021.7
现代电梯技术系列规划教材
ISBN 978-7-5672-3581-6

Ⅰ. ①电… Ⅱ. ①张… ②刘… Ⅲ. ①电梯-工程制图-高等学校-教材 Ⅳ. ①TH211

中国版本图书馆 CIP 数据核字(2021)第 101295 号

电梯工程制图
张 颖 刘 枫 主编
责任编辑 征 慧

苏州大学出版社出版发行
(地址:苏州市十梓街 1 号 邮编:215006)
丹阳兴华印务有限公司印装
(地址:丹阳市胡桥镇 邮编:212313)

开本 787 mm×1 092 mm 1/16 印张 13.75 字数 335 千
2021 年 7 月第 1 版 2021 年 7 月第 1 次印刷
ISBN 978-7-5672-3581-6 定价:45.00 元

图书若有印装错误,本社负责调换
苏州大学出版社营销部 电话:0512-67481020
苏州大学出版社网址 http://www.sudapress.com
苏州大学出版社邮箱 sdcbs@suda.edu.cn

前言 Foreword

本书根据《教育部关于加强高职高专教育人才培养工作的意见》和《关于加强高职高专教育教材建设的若干意见》的精神，结合高职高专电梯工程类人才培养目标和多年教学经验编写而成。在认真吸取有关高职院校近年来教学改革经验的基础上，考虑到学时数不断减少的实际情况，精选了本学科的传统内容和新知识。本书的特点有：

1. 根据高等职业教育的培养目标和特点，基础理论教育应“以应用为目的，以必需、够用为度，以掌握概念、强化应用为教学重点”，以此为教学原则，对教学内容进行了优化组合以适应高职教育的要求。

2. 注重培养学生的绘图和识图能力，结合教学实际，对偏而深的画法几何、立体表面交线等内容降低了理论要求，并适当进行了删减。

3. 在实行现代学徒制的人才培养模式下，采用以任务为驱动的项目教学方式，贯彻以学生为主体的教学思想，力求文字精炼、重点突出，理论与实践一体化，符合高职学生的认知发展规律，利于学生学习，方便教学。

4. 项目 6 中选用的电梯土建布置图均是企业实际案例，注重对学生实践能力的培养，以适应生产一线对应用型人才的要求。

本书既可作为高职高专院校电梯专业及机电类相关专业工程制图课程的教材，也可作为电梯专业培训教材。

本书由南通科技职业学院张颖、刘枫担任主编，王扣建、高利平、朱年华担任副主编，高素琴、袁卫华、黄小丽、徐少华参与编写。本书在编写过程中得到了苏州帝奥电梯有限公司的支持和帮助，并参考了一些同类著作，在此表示衷心的感谢。

由于编者水平有限，书中难免存在错误和缺点，欢迎读者批评指正。

编者

目录 Contents

项目 1 初识制图

任务一　绘制图框和标题栏

“工欲善其事，必先利其器。”学习电梯工程制图首先要认识图纸、各种绘图工具和仪器的性能，只有正确认识了它们，在使用过程中才能在保证绘图质量的同时加快绘图速度。因此，对于工程技术人员，必须养成正确使用图纸、绘图工具和仪器的良好习惯，同时须熟悉《技术制图》等国家标准。

目标：

（1）能用丁字尺、三角板等工具绘制线条；

（2）能按国家标准要求画出图框、标题栏。

一、绘图工具和仪器

1. 图板和丁字尺

图板是指供铺放、固定图纸用的矩形木板。图板的板面要求平整光洁，左侧为工作边，必须平直。绘图时，用胶带将图纸固定在图板的适当位置上，一般在图板的左下方。

丁字尺由尺头和尺身组成，尺身带有刻度，便于画线时直接度量。使用时，用左手握住尺头，使其工作边紧靠图板左侧工作边，由左向右画水平线，如图 1-1 所示。上下移动丁字尺，可画出一组水平线。当画较长的水平线时，左手应按住丁字尺尺身。

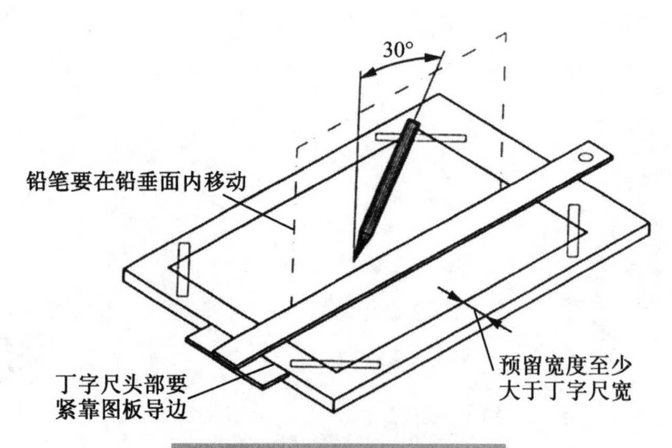

图 1-1　用丁字尺画水平线

2. 三角板

三角板由 45°角尺和 30°（60°）角尺各一块组成一副，它和丁字尺配合使用，可以画垂直线，与水平线成 30°、45°、60°、15°、75°的倾斜线（图 1-2）。

画垂直线时，应靠在三角板的左边自下而上画线，如图 1-3 所示。

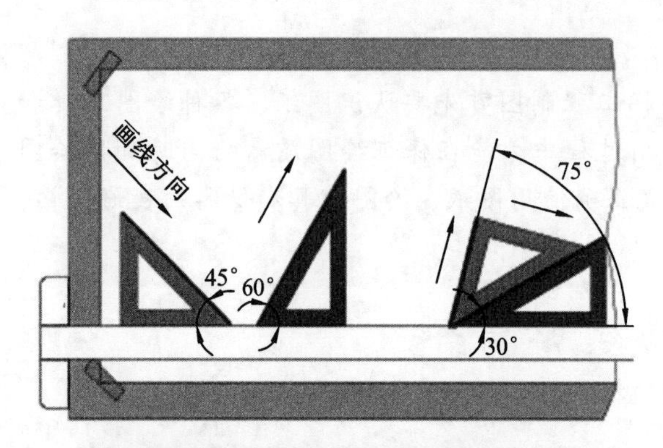

图 1-2　三角板和丁字尺配合画倾斜线

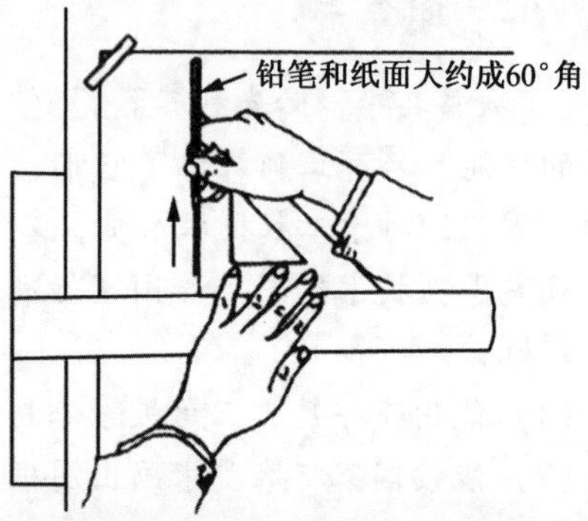

铅笔和纸面大约成60°角

图 1-3　丁字尺和三角板配合画垂直线

两块三角板配合使用，还可以画出已知直线的平行线和垂直线，如图 1-4 所示。

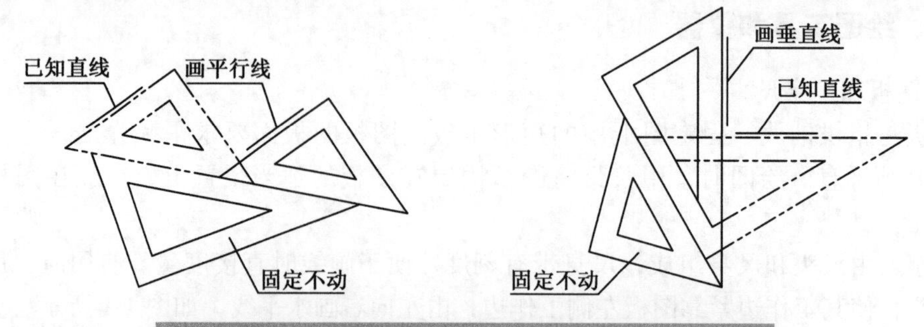

图 1-4　用两块三角板画出已知直线的平行线和垂直线

3. 圆规和分规

圆规用于画圆和圆弧。使用圆规时，应尽可能使钢针和铅芯插腿垂直于纸面，如图 1-5(a)所示；画小圆时可用点圆规，如图 1-5(b)所示；画大圆时，可用延伸杆来扩大其直径，如图 1-5(c)所示。

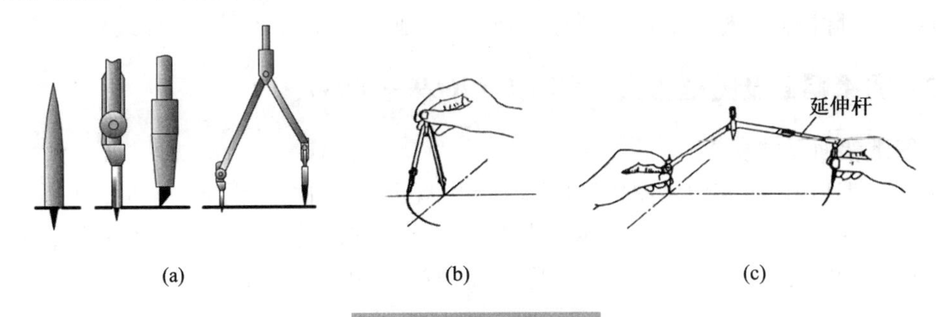

图 1-5　圆规的使用

分规用于量取尺寸和等分线段。为了准确地度量尺寸，分规两腿端部的针尖应平齐。图 1-6 表示用分规等分线段的作图方法。

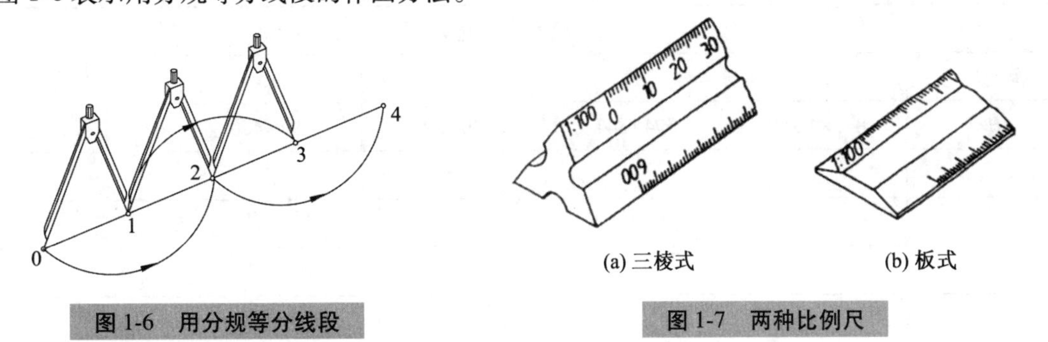

图 1-6　用分规等分线段

图 1-7　两种比例尺

4. 比例尺

比例尺是绘图时用来按比例缩小或放大线段长度的尺子，有三棱式和板式两种(图 1-7)，一般三棱式较为常用。三棱尺的 3 个棱面有六种比例，绘制本专业图纸时，比例尺通常采用 1∶100、1∶200、1∶300 等，单位为米（m）。

注意：比例尺只用来量取尺寸，不可作直尺画线用。

5. 绘图铅笔

绘图铅笔的铅芯有各种不同的硬度，标号 H、2H、3H、…、6H 表示硬铅芯，H 前的数值越大，表示铅芯越硬，所画图线越浅；标号 B、2B、3B、…、6B 表示软铅芯，B 前的数值越大，表示铅芯越软，所画图线越黑；HB 表示铅芯软硬适中。画图时，应根据不同用途，按表 1-1 选用适当的铅笔及铅芯，并将其削磨成一定的形状。

表 1-1　铅笔的选用

	用途	软硬代号	削磨形状
铅笔	画细线	2H 或 H	圆锥
	写字	HB 或 B	钝圆锥
	画粗线	B 或 2B	扁铲形
圆规用铅芯	画细线	H 或 HB	楔形
	画粗线	2B 或 3B	正四棱柱

另外，在绘图时，还需要准备铅笔刀、橡皮、固定图纸用的塑料透明胶纸、磨铅笔用的砂纸及清除图画上橡皮屑的小刷等。有时为了画非圆曲线，还需要曲线板。

二、图纸幅面及图框格式（GB/T 14689—2008）

1. 图纸幅面尺寸及代号

为了合理利用图纸和便于图样管理，国标中规定了 5 种标准图纸的幅面，其代号分别为 A0、A1、A2、A3、A4。绘图时应优先选用国标中规定的幅面尺寸（表 1-2），必要时允许选用加长幅面，其尺寸必须是由基本幅面的短边成整数倍增加后得出，如图 1-8 所示。

表 1-2　图纸幅面尺寸

单位：mm

基本幅面（首选）					
幅面代号	A0	A1	A2	A3	A4
B×*L*	841×1 189	594×841	420×594	297×420	210×297
a	25				
c	10			5	
e	20	10			

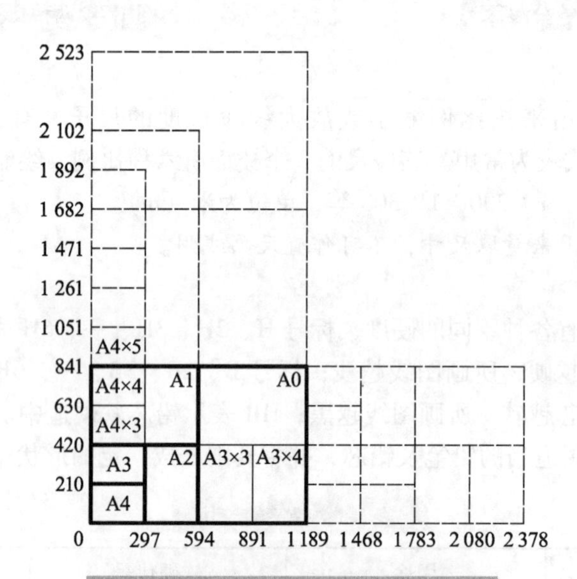

图 1-8　图纸的基本幅面和加长幅面

2. 图框格式

图框是图纸上限定绘图区域的线框。图纸上必须用粗实线画出图框，图样画在图框内部。其格式分留装订边（图 1-9）和不留装订边（图 1-10）两种，图中的 *B*、*L*、*a*、*c*、*e* 尺寸规格详见表 1-2。图纸可以横放或竖放。

注意：同一产品的图样只能采用一种图框格式。

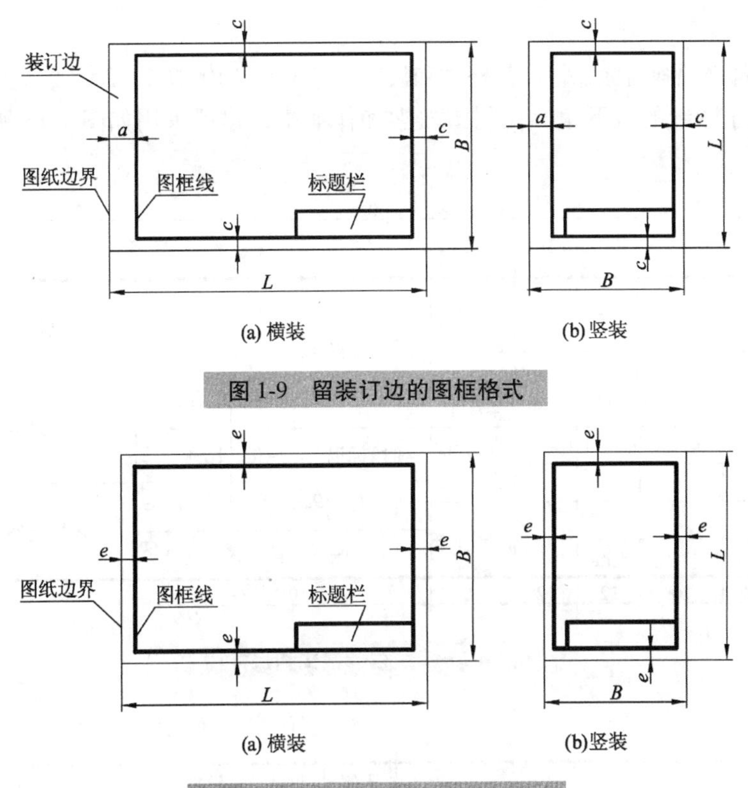

图1-9　留装订边的图框格式

图1-10　不留装订边的图框格式

3. 对中符号和方向符号

为了复制或缩微的方便，可采用对中符号，它是位于四边幅面线中点处的一段粗实线，从图纸的边界开始深入图框内约5 mm。

如果使用预先印制的图纸，需要改变标题栏的方位时，必须将其旋转至图纸的右上角，此时，为了明确绘图与看图的方向，在图纸的下边对中符号处应画出一个高6 mm、细实线等边三角形的方向符号，如图1-11所示。

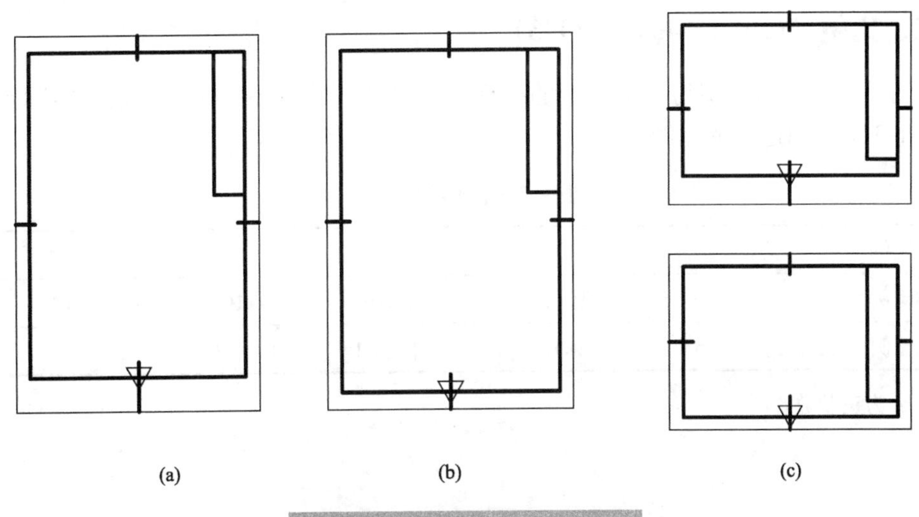

图1-11　对中符号和方向符号

4. 标题栏

每张图纸都必须画出标题栏，其格式和尺寸应按 GB/T 10609.1—2008 的规定（图 1-12）。标题栏一般位于图纸的右下角。在制图教学和作业中，建议采用如图 1-13 所示的简化标题栏。

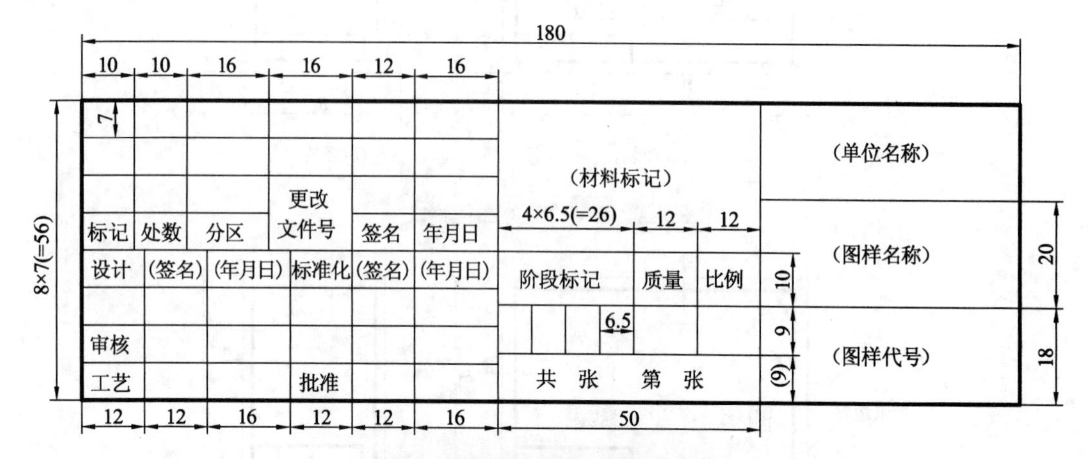

图 1-12　标题栏的格式和尺寸

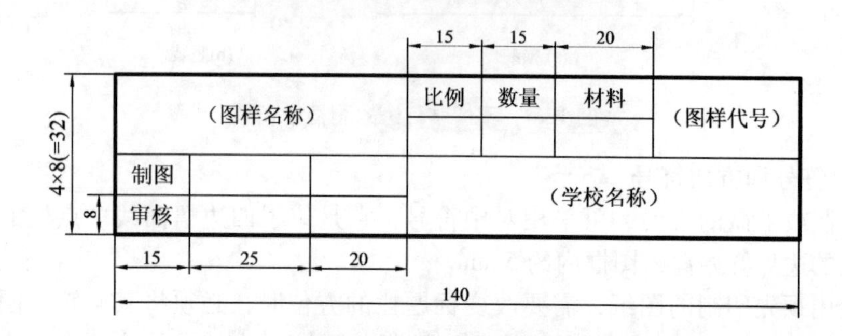

图 1-13　简化标题栏

三、比例（GB/T 14690—1993）

比例是指图形与其实物相应要素的线性尺寸之比。绘制图样时，应根据实际需要优先从表 1-3 中选用适当的比例。

表 1-3　比例系列

原值比例	1 : 1					
缩小比例	1 : 2	1 : 5	1 : 10	$1:2\times10^n$	$1:5\times10^n$	$1:1\times10^n$
放大比例	2 : 1	5 : 1	$2\times10^n:1$	$5\times10^n:1$	$1\times10^n:1$	

注：n 为正整数。

为了从图样上直接反映实物的大小，绘图时应优先选用原值比例。如图 1-14 所示按不同比例绘制，但均按实际尺寸数值标注。电梯工程图样上通常采用缩小比例。

图形上比例的注写位置：当整张图纸只用一种比例时，可注写在标题栏中“比例”一项中；如图纸中有几个图形并各自选用不同的比例时，可注写在图名的右侧或下方。

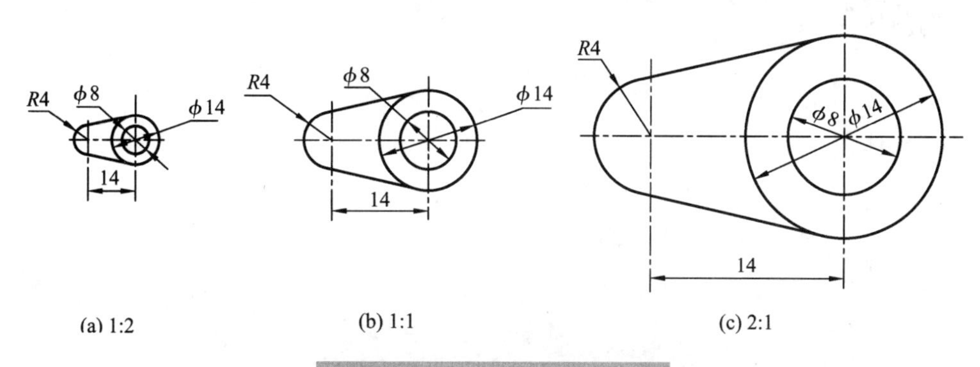

(a) 1:2　(b) 1:1　(c) 2:1

图 1-14　图形比例与尺寸数字

工程图样的绘制应根据图样的用途与被绘制对象的复杂程度选择合适的比例和图纸幅面，以确保所示物体图样的精确和清晰。

四、字体（GB/T 14691—1993）

图样中除图形外，还需用汉字、数字和字母等进行标注或说明，表示大小尺寸、技术说明等，它是图样的重要组成部分。字体包括汉字、数字及字母。

图样中书写的字体必须做到：字体工整、笔画清楚、间隔均匀、排列整齐。

字体的号数即字体的高度（单位：mm），分别为 20、14、10、7、5、3.5、2.5、1.8 等，字体的宽度一般为 $h/\sqrt{2}$。图样上如需写更大的字，其高度应按 $\sqrt{2}$ 的比值递增。汉字不宜采用 2.5 和 1.8，以免字迹不清。

汉字应写成长仿宋字体，并应采用国家正式公布的简化字。书写长仿宋体的要领为：横平竖直、注意起落、结构匀称、填满方格。

数字和字母有 A 型和 B 型之分。A 型字体的笔画宽度 d 为字体高度 h 的 1/14，B 型字体的笔画宽度 d 为字体高度 h 的 1/10。

数字和字母可写成直体或斜体。斜体字的字头向右倾斜，与水平基准线成 75°。

1. 汉字示例

10 号字：

字体工整　笔画清楚　间隔均匀　排列整齐

7 号字：

横平竖直　注意起落　结构匀称　填满方格

5 号字：

技术制图要求标题栏明细表比例数量材料电梯曳引导向对重轿厢控制

2. 英文字母示例

大写斜体：

ABCDEFGHIJKLMNOPQRSTUVWXYZ

小写斜体：

abcdefghijklmnopqrstuvwxyz

大写直体：

ABCDEFGHIJKLMNOPQRSTUVWXYZ

小写直体：

abcdefghijklmnopqrstuvwxyz

3. 阿拉伯数字示例

斜体：*0123456789*　　直体：0123456789

4. 罗马数字示例

斜体：*Ⅰ　Ⅱ　Ⅲ　Ⅳ　Ⅴ　Ⅵ　Ⅶ　Ⅷ　Ⅸ　Ⅹ*

直体：Ⅰ　Ⅱ　Ⅲ　Ⅳ　Ⅴ　Ⅵ　Ⅶ　Ⅷ　Ⅸ　Ⅹ

5. 图线（GB/T 4457.4—2002、GB/T 17450—1998）

绘制图样时，所采用的各种图线的名称、线型、线宽及其应用如表 1-4 和图 1-15 所示。

表 1-4　图线种类及其应用

图线名称	线　型	线宽	一般应用
粗实线	————————	d	可见棱边线；可见轮廓线；相贯线；螺纹牙顶线；螺纹长度终止线；平面图及剖面图上被剖到部分的轮廓线；剖切位置线；图纸的图框线
细实线	————————	$d/2$	尺寸线；尺寸界线；剖面线；引出线；重合断面轮廓线；可见过渡线；较小图样中的中心线；辅助线；网格线
粗虚线	— — — — — — —	d	允许表面处理的表示线
细虚线	— — — — — — —	$d/2$	不可见轮廓线；不可见棱边线
细点画线	—— · —— · ——	$d/2$	轴线；对称中心线；分度圆（线）；孔系分布的中心线
粗点画线	—— · —— · ——	d	限定范围表示线

续表

图线名称	线 型	线宽	一般应用
细双点画线	——-·-·——-·-·——	$d/2$	假想轮廓线；成型前原始轮廓线；可动零件的极限位置的轮廓线
波浪线	〜〜〜	$d/3$	断裂处边界线；视图与剖视图的分界线
双折线	—\/—\/—\/—	$d/2$	

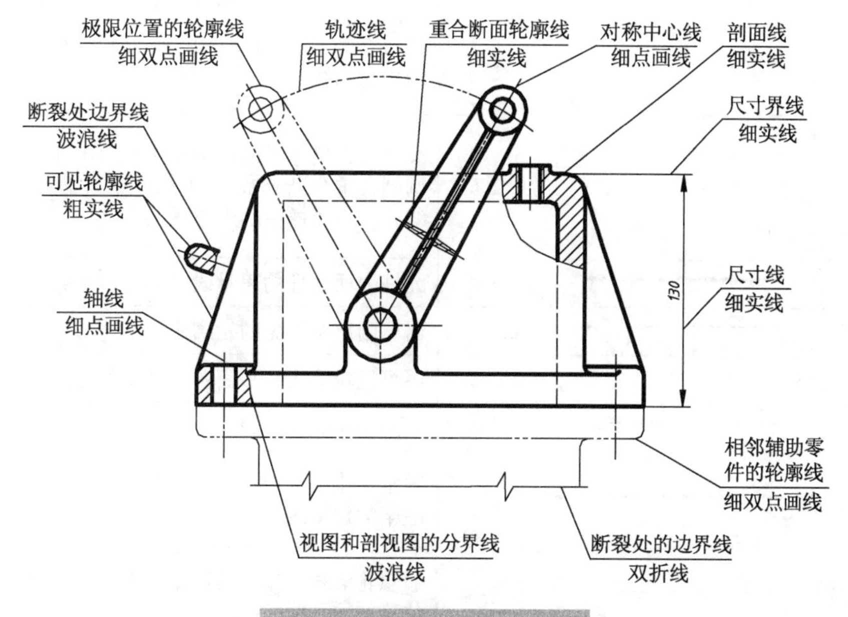

图 1-15 线型及其应用示例

在机械图样中采用粗、细两种线宽，比例为 2∶1。线宽 d 应按图样的类型和尺寸大小，在下列线宽组中选取：0.13、0.18、0.25、0.35、0.5、0.7、1、1.4、2（单位：mm）。粗线宽度通常采用 0.5 mm 和 0.7 mm。为了保证图样清晰，便于复制，图样上应尽量避免出现线宽小于 0.18 mm 的图线。

图线的画法要求如下：

① 在同一张图样中，同类图线的宽度应一致。虚线、点画线、双点画线的线段长度和间隔应各自大致相等。一般在图样中应保持图线的匀称、协调。

② 虚线、点画线、双点画线的相交处应是画（即线段），而不应是点或间隔处。

③ 虚线在粗实线的延长线上时，虚线应留出间隙。

④ 点画线伸出图形轮廓线的长度一般为 2~5 mm。当点画线较短时，允许用细线代替点画线。

机械图样的图线和建筑图样的图线有什么不同？

建筑图样中图线的线宽分粗、中、细三种，线宽比为 4∶2∶1，线宽习惯用 b 表示，其名称、线型、宽度和应用见表 1-5。

表 1-5　建筑制图的线型及应用

图线名称	线　型	线宽	一般应用
粗实线	————	b	主要可见轮廓线；平面图及剖面图上被剖到部分的轮廓线；建筑物或构筑物的外轮廓线；结构图中的钢筋线；剖切位置线；图纸的图框线
中粗实线	————	0. 5b	可见轮廓线；剖面图中未被剖到但仍能看到需要画出的轮廓线；标注尺寸的尺寸起止 45°短线；剖面图及立面图上门窗等构配件外轮廓线；家具和装饰结构轮廓线
细实线	————	0. 25b	尺寸线；尺寸界线；剖面线；引出线；索引符号的圆圈；重合断面轮廓线；可见过渡线；标高符号线；较小图样中的中心线
粗虚线	- - - - - -	b	允许表面处理的表示线
中粗虚线	- - - - - -	0. 5b	需要画出看不见的轮廓线
细虚线	- - - - - -	0. 25b	不可见轮廓线；平面图上高窗的位置线
细点画线	—·—·—	0. 25b	轴线；对称中心线
粗点画线	—·—·—	b	限定范围表示线（特殊要求）；结构平面图中梁、屋架的位置线
细双点画线	—··—··—	0. 25b	假想轮廓线；成型前原始轮廓线；可动零件的极限位置的轮廓线
波浪线	～～～	0. 25b	断裂处边界线；局部剖分界线
双折线	—\/\—\/\—	0. 25b	断裂处边界线；视图与局部剖视图的分界线

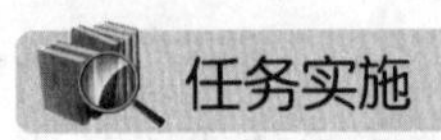

任务实施

按照国家标准要求绘制 A4 图纸的图框和简化标题栏。具体参照表 1-2 和图 1-13。

任务二　绘制平面图形

任务描述

虽然工程图样中的图形是多种多样的，但基本都是由直线、圆弧和其他一些曲线组成。本任务通过绘制平面图形，帮助学生加深对图样绘制的认识。

目标：

（1）熟悉等分圆周作正多边形、圆弧连接等绘图操作，能进行平面图形分析；

（2）能够熟练绘制平面图形。

一、等分线段

用平行线法对任意直线 *AB* 作任意等分的作图步骤如下：

① 过 *AB* 线段的一个端点 *A* 作一与其成一定角度的直线段 *AC*，然后在此线段上用分规截取 5 等份[图 1-16(a)]。

② 将最后的等分点 5 与原线段的另一端点 *B* 连接，然后过各等分点作此线段 5*B* 的平行线与原线段的交点，即为所需的等分点[图 1-16(b)]。

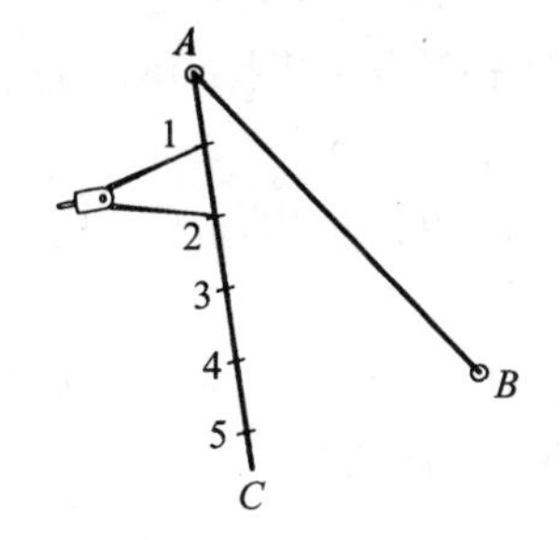

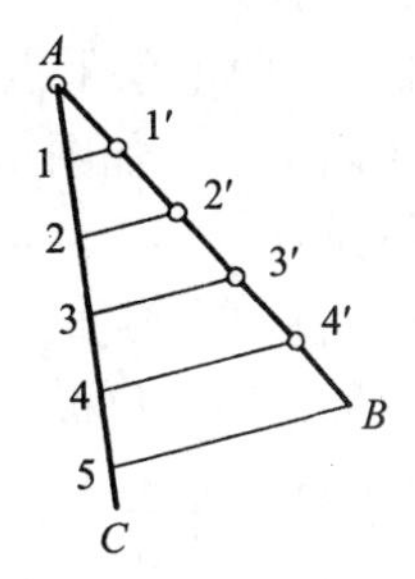

图 1-16　等分线段

二、等分圆周作正多边形

正多边形的画法有内接正多边形和外切正多边形两种。这里主要介绍内接正多边形的画法。

1. 绘制正三边形

（1）第一种方法：用圆规求作［图 1-17(a)］。

① 已知圆心为 *O*、半径为 *R* 的圆，以 *A* 点为圆心，*AO* 为半径画弧，与圆相交于 *B*、*C* 两点。

② 分别连接 *B*、*C*、*D* 三点，△*BCD* 即为正三边形。

（2）第二种方法：用三角板与丁字尺配合求作［图 1-17(b)］。

① 已知圆心为 *O*、半径为 *R* 的圆，将 30°（60°）三角板的短直角边与丁字尺的水平边接触平齐，过 *A* 点用三角板的斜边画直线交圆于 *B* 点。

② 翻转三角板，过 *A* 点用三角板斜边画直线交圆于 *C* 点，则 *A*、*B*、*C* 为已知圆周的三等分点，连接 *A*、*B*、*C* 三点，则△*ABC* 即为正三边形。

用绘制正三边形的方法可绘制出正六边形。

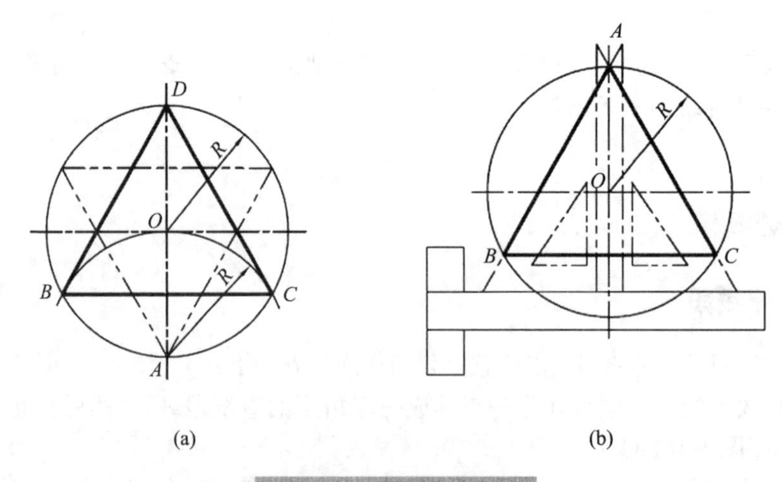

图 1-17　绘制正三边形

2. 绘制正四边形

直接连接圆周上四个象限点即可得到一个正四边形，如图 1-18(a)所示；也可以用 45°三角板绘制正四边形，如图 1-18(b)所示，步骤如下：

① 已知圆心为 O、半径为 R 的圆，将 45°三角板的直角边与丁字尺的水平边接触平齐，三角板的斜边过 O 点画直线交圆于 A、C 两点。

② 翻转三角板，用三角板斜边过 O 点画直线交圆于 B、D 两点，则 A、B、C、D 为已知圆周的四等分点，连接 A、B、C、D 四点，即为正四边形。

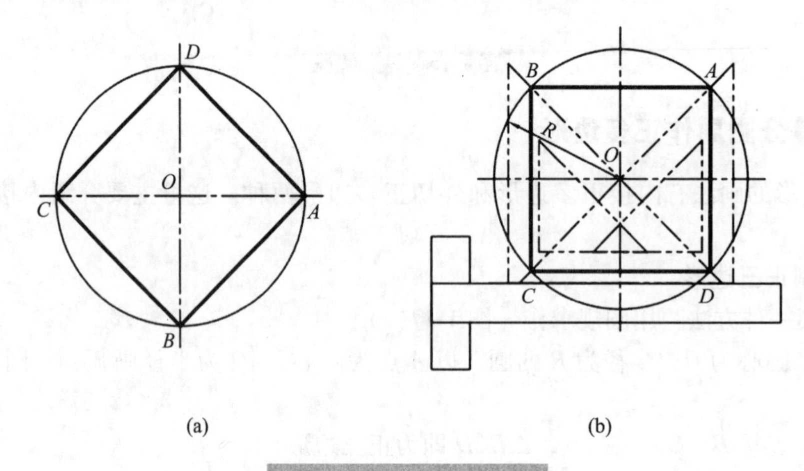

图 1-18　绘制正四边形

3. 绘制正五边形

步骤如下：

① 已知圆心为 O、半径为 R 的圆，作水平半径 OB 的中点 G，如图 1-19(a)所示，以 G 为圆心、GC 为半径作圆弧交 OA 于 H 点，CH 即为圆内接正五边形的边长，如图 1-19(b)所示。

② 以 CH 为边长，截得点 E、M、N、F，依次连接各点即可绘出正五边形，如图 1-19(c)所示。

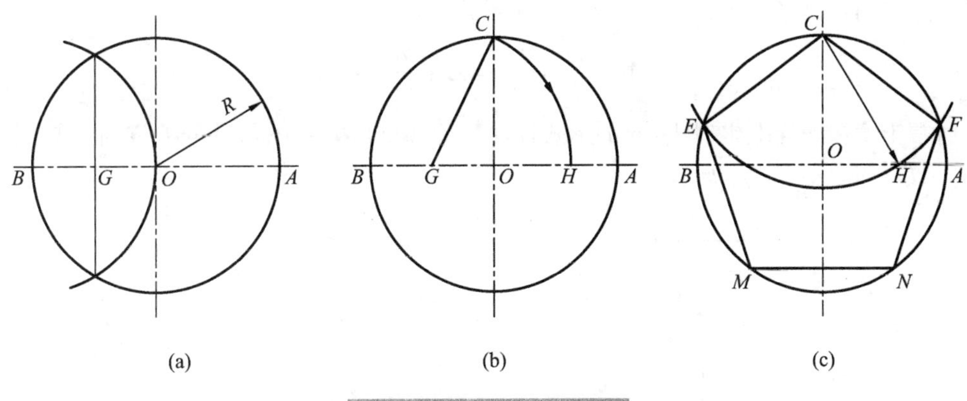

图 1-19　绘制正五边形

三、斜度与锥度

1. 斜度（GB/T 4458. 4—2003）

斜度是指一直线（或平面）相对于另一直线（或平面）的倾斜程度，其大小用这两条直线（或平面）夹角的正切值来表示（图 1-20），即

$$斜度=\tan\alpha=\frac{H}{L}=1-\frac{L}{H}$$

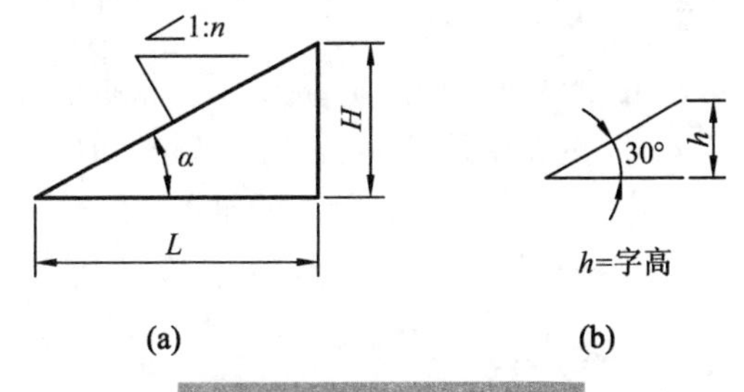

图 1-20　斜度及其标注

通常斜度在图样上以 1 ∶ *n* 的形式标注。标注斜度时，在比数前需加符号“∠”或“⊿”，且符号的方向应与斜度的方向一致。

斜度的画法如图 1-21 所示。根据已知图，作出斜度 1 ∶ 4。步骤如下：

① 作长度为 40 的直线 *AB*，作 $BG\perp AB$，取 *BE*=1 个单位，*BD*=4 个单位，连接 *D* 和 *E*，即为 1 ∶ 4 的斜度，如图 1-21(b)所示。

② 按照尺寸 5 作出 *F* 点，过点 *F* 作 *DE* 的平行线交 *BG* 于点 *C*，连接各点即完成作图，如图 1-21(c)所示。

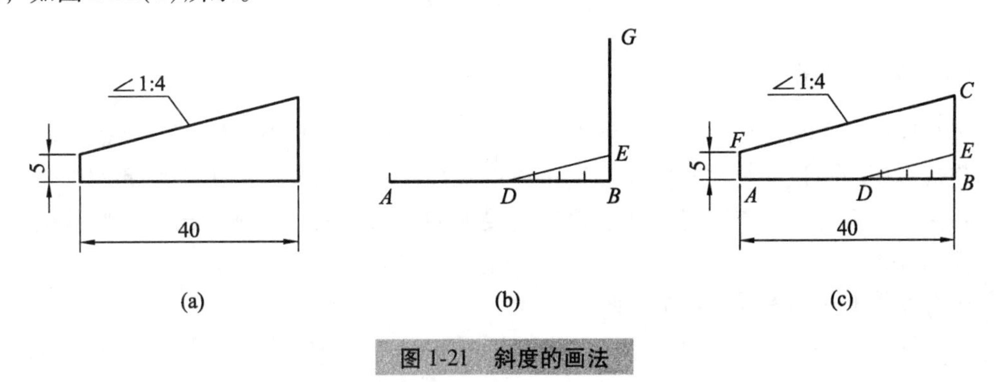

图 1-21　斜度的画法

2. 锥度（GB/T 15754—1995）

锥度是指正圆锥体的底圆直径与圆锥高度之比，如果是圆台，则为底圆直径与顶圆

直径之差与圆台高度之比，如图 1-22(a)所示，即

$$锥度=\frac{D}{L}=\frac{D-d}{l}=2\tan\frac{\alpha}{2}=1:n$$

通常锥度在图样上也以 1∶n 的形式标注。标注锥度时，图形符号的方向应与圆锥的方向一致，如图 1-22(b)所示。

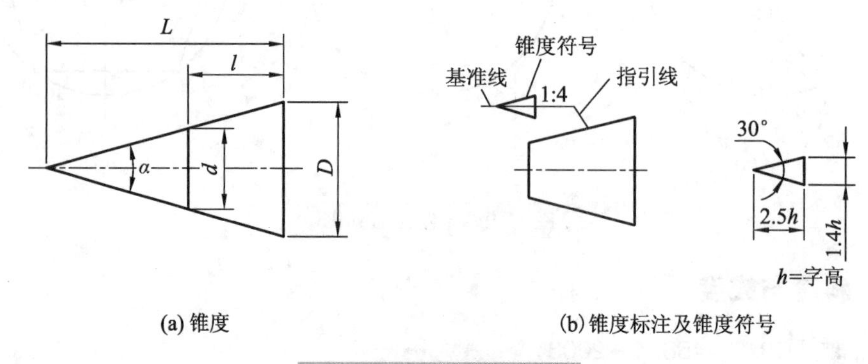

图 1-22　锥度及其标注

锥度的画法如图 1-23 所示。根据已知图，作出锥度 1∶4。步骤如下：

① 按图中尺寸画出已知部分，取 $DE=1$ 个单位，$OC=4$ 个单位，连接 DC、DE，如图 1-23(b)所示即为 1∶4 的锥度。

② 分别过点 A、B 作 DC、CE 的平行线 AF、BG，即完成作图，如图 1-23(c)所示。

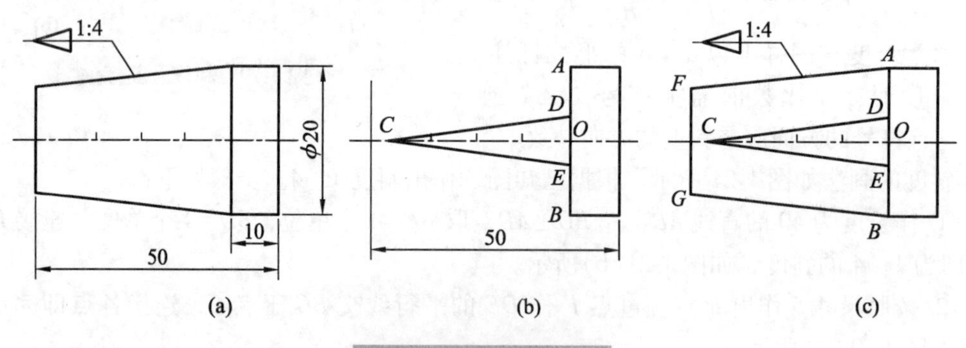

图 1-23　锥度的画法

四、圆弧连接

圆弧连接，实际上是用已知半径的圆弧去光滑地连接两已知线段（直线或圆弧）。其中起连接作用的圆弧称为连接圆弧。这里讲的连接，指圆弧与直线或圆弧和圆弧的连接处是相切的。因此，在作图时，必须根据连接弧的几何性质，准确求出连接圆弧的圆心和切点的位置。

圆弧连接的作图原理如表 1-6 所示。

表 1-6　圆弧连接的作图原理

圆弧与直线连接	圆弧与圆弧外连接（外切）	圆弧与圆弧内连接（内切）
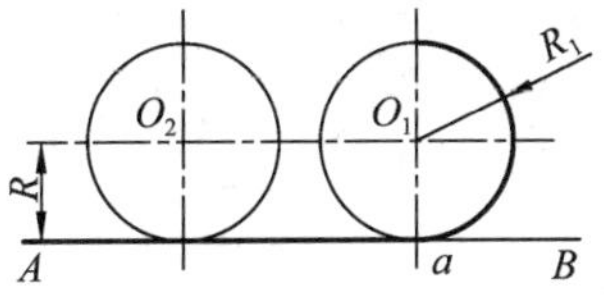 O_2 O_1 R_1 R A a B	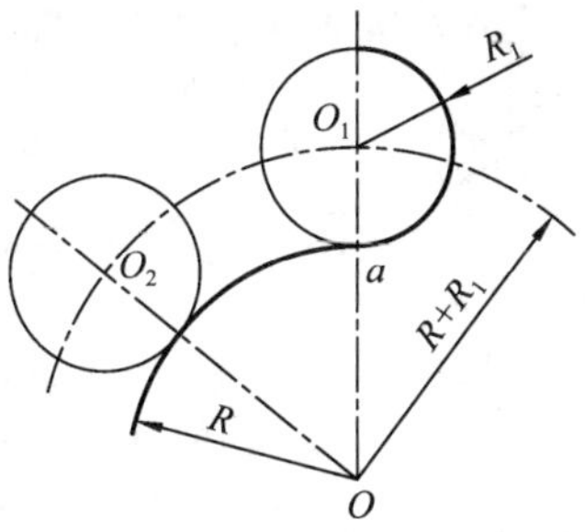 R_1 O_1 O_2 a $R+R_1$ R O	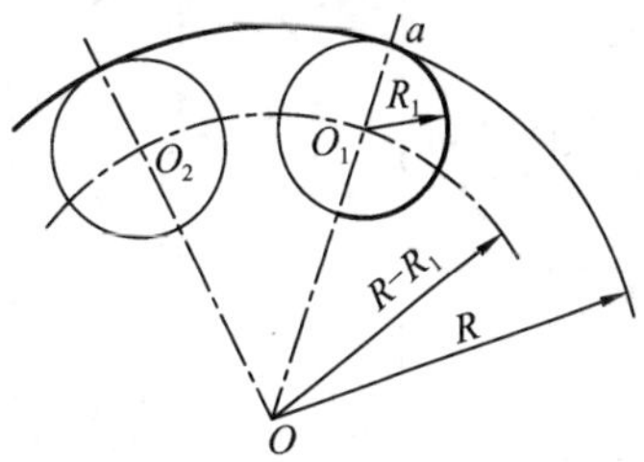 a R_1 O_2 O_1 $R-R_1$ R O
连接圆弧的圆心轨迹是与已知直线距离为 R 的平行线。过圆心向直线作垂线，垂足即为连接点（切点）	连接圆弧的圆心轨迹为已知圆弧的同心圆，其半径为 $R+R_1$，两圆心连线与已知圆弧的交点即为连接点（切点）	连接圆弧的圆心轨迹为已知圆弧的同心圆，其半径为 $R-R_1$，两圆心连线的延长线与已知圆弧的交点即为连接点（切点）

圆弧连接的作图方法和步骤如表 1-7 所示。

表 1-7　圆弧连接的作图方法和步骤

连接方式	作图	步骤	实例
用连接圆弧连接两已知直线	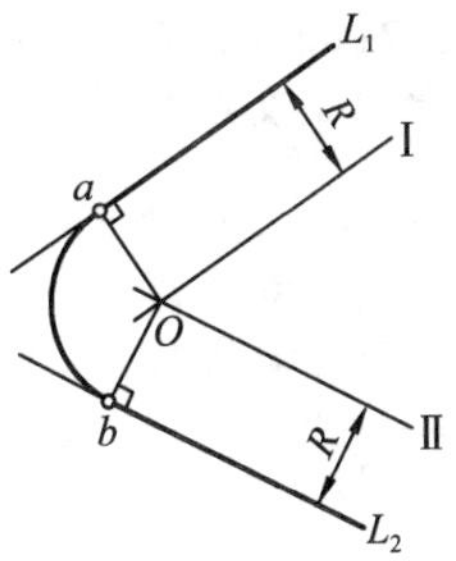 L_1 R Ⅰ a O b R Ⅱ L_2	① 求连接圆弧圆心 O：在与 L_1、L_2 距离为 R 处，分别作平行线Ⅰ、Ⅱ，其交点 O 即为所求 ② 求连接点 a、b：过圆心 O 分别作 L_1、L_2 的垂线，其垂足 a、b 即为连接点 ③ 作连接圆弧 ab：以 O 为圆心、R 为半径画连接圆弧 ab	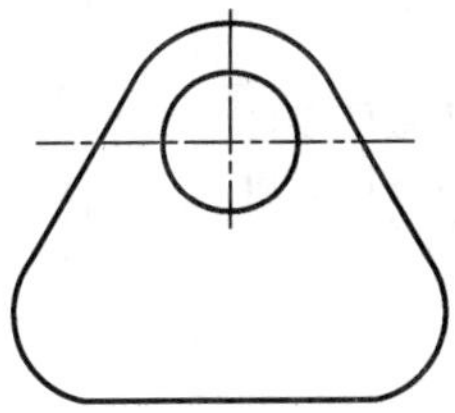
连接两已知圆弧（外连接）	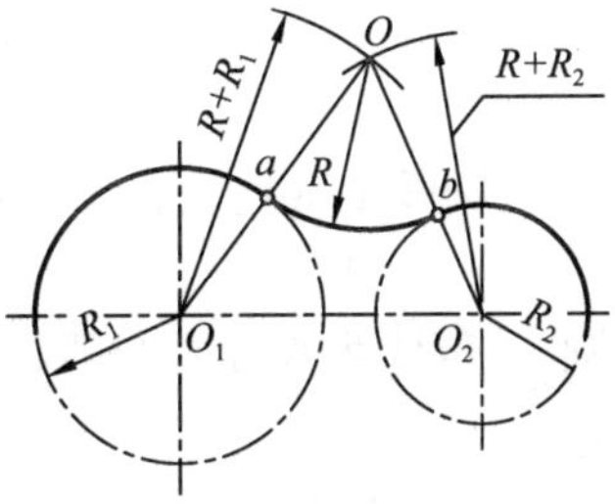 $R+R_1$ O $R+R_2$ a R b R_1 O_1 O_2 R_2	① 求连接圆弧圆心 O：分别以 O_1、O_2 为圆心，以 $R+R_1$、$R+R_2$ 为半径画弧，其交点 O 即为连接圆弧圆心 ② 求连接点 a、b：连接 OO_1、OO_2，与已知圆弧的交点 a、b 即为连接点 ③ 作连接圆弧 ab：以 O 为圆心、R 为半径画连接圆弧 ab	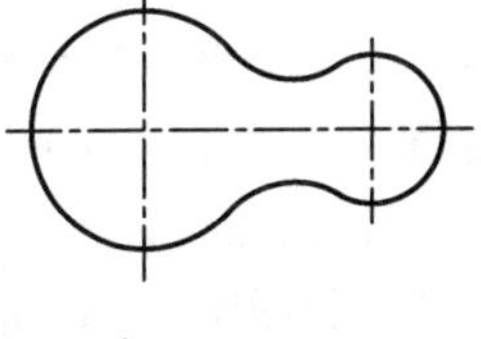

续表

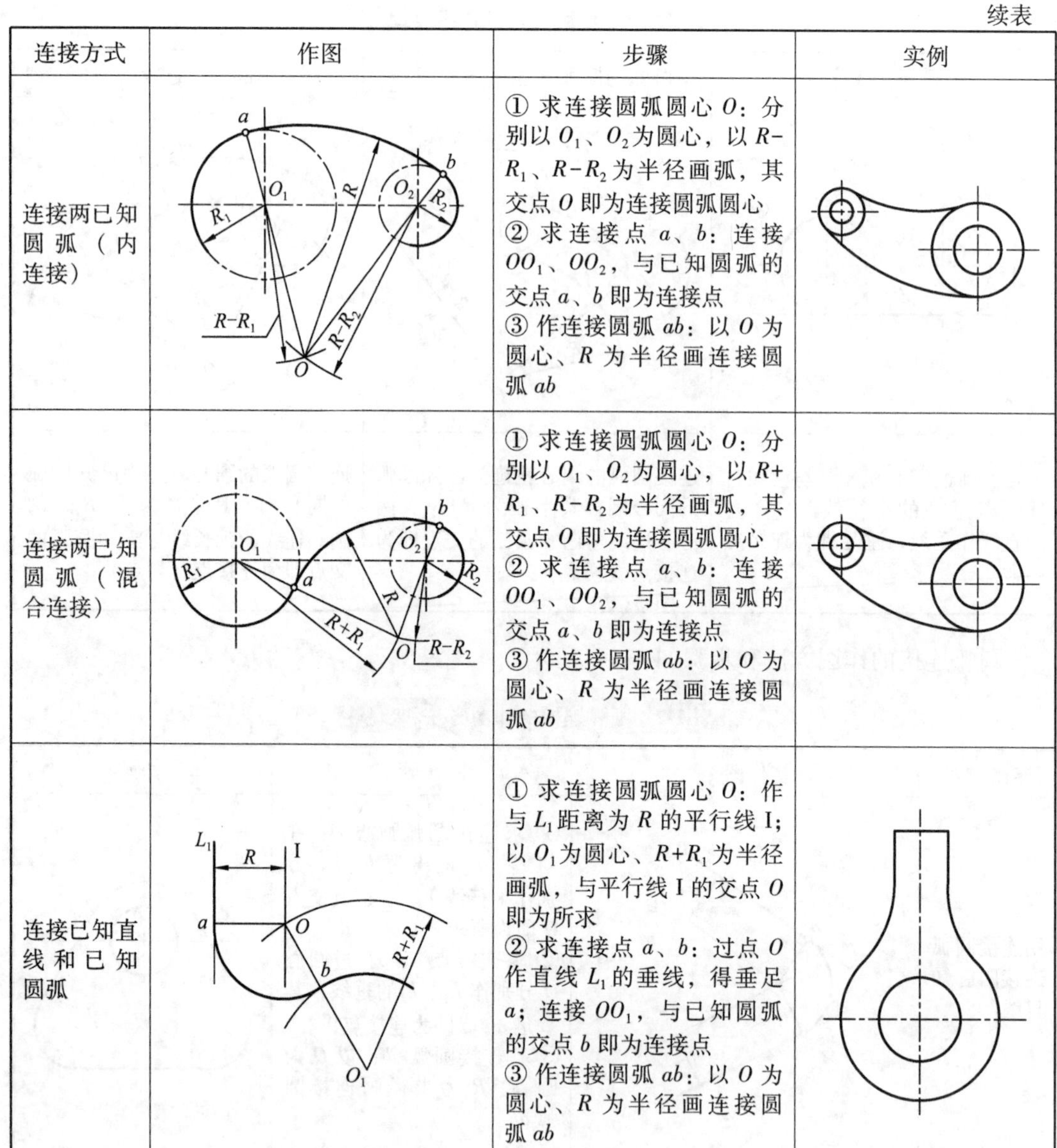

连接方式	作图	步骤	实例
连接两已知圆弧（内连接）		① 求连接圆弧圆心 O：分别以 O_1、O_2为圆心，以 $R-R_1$、$R-R_2$为半径画弧，其交点 O 即为连接圆弧圆心 ② 求连接点 a、b：连接 OO_1、OO_2，与已知圆弧的交点 a、b 即为连接点 ③ 作连接圆弧 ab：以 O 为圆心、R 为半径画连接圆弧 ab	
连接两已知圆弧（混合连接）		① 求连接圆弧圆心 O：分别以 O_1、O_2为圆心，以 $R+R_1$、$R-R_2$为半径画弧，其交点 O 即为连接圆弧圆心 ② 求连接点 a、b：连接 OO_1、OO_2，与已知圆弧的交点 a、b 即为连接点 ③ 作连接圆弧 ab：以 O 为圆心、R 为半径画连接圆弧 ab	
连接已知直线和已知圆弧		① 求连接圆弧圆心 O：作与 L_1距离为 R 的平行线 I；以 O_1为圆心、$R+R_1$为半径画弧，与平行线 I 的交点 O 即为所求 ② 求连接点 a、b：过点 O 作直线 L_1的垂线，得垂足 a；连接 OO_1，与已知圆弧的交点 b 即为连接点 ③ 作连接圆弧 ab：以 O 为圆心、R 为半径画连接圆弧 ab	

五、椭圆的近似画法

常用的椭圆近似画法为四心圆法，也就是绘制 4 段圆弧依次连接，以此近似图形代替椭圆，具体作图步骤如下（图 1-24）：

① 已知长轴 AB、短轴 CD，连接 AC，以 O 为圆心、OA 为半径画圆弧，交短轴 CD 于点 E，如图 1-24(a)所示。

② 以点 C 为圆心、CE 为半径画圆弧，交 AC 于点 F。作 AF 的垂直平分线，分别交长轴和短轴于点 1 和点 2，求出点 1、点 2 的对称点 3、4，如图 1-24(b)所示。

③ 分别以点 1、点 3 为圆心，R_1为半径画圆弧，分别以点 2、点 4 为圆心，R_2为半径画圆弧，并分别相切于点 M、M_1、N、N_1，如图 1-24(c)所示，即可求得椭圆。

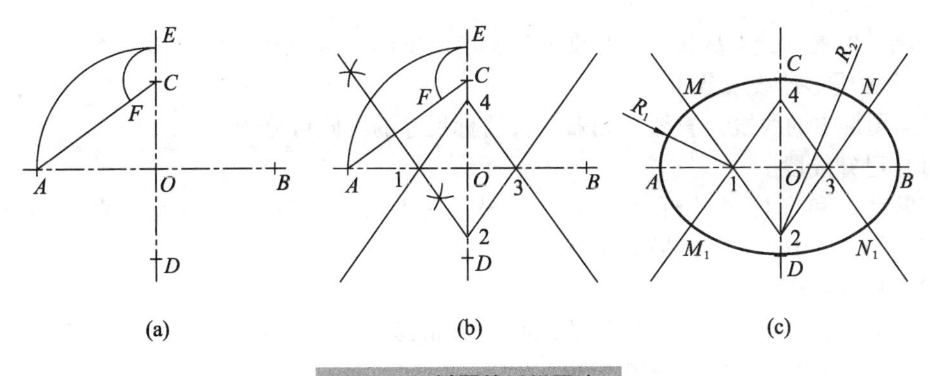

图1-24　椭圆的近似画法

六、绘制平面图形

平面图形一般包含一个或多个封闭图形，而每个封闭图形又由若干线段（直线、圆弧或曲线）组成，故只有对平面图形的尺寸和线段进行分析，才能正确地绘制图形。

1. 平面图形的尺寸分析

尺寸按其在平面图形中所起的作用，可分为定形尺寸和定位尺寸两类。现以图1-25所示的图形为例进行分析。

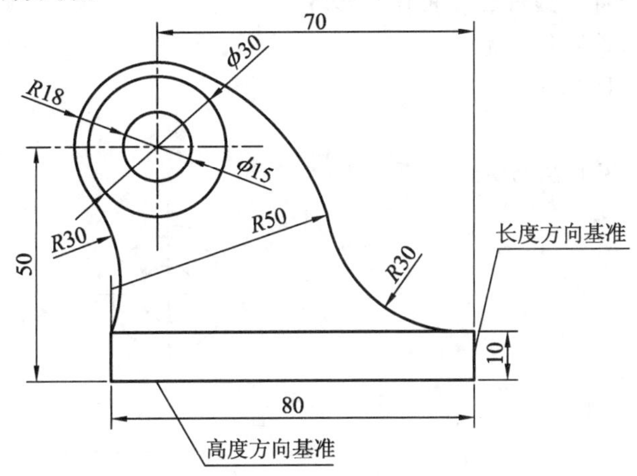

图1-25　平面图形的尺寸分析与线段分析

（1）尺寸基准

平面图形在进行尺寸标注时，常采用平面图形的对称线、圆的中心线和较长的直线等作为标注尺寸的起点，这个起点称为尺寸基准。平面图形是二维图形，因此需要两个方向的尺寸基准。如图1-25中的底线为高度方向基准，右端线为长度方向基准。同一方向可以有多个基准。

（2）定形尺寸

确定平面图形上几何元素大小的尺寸称为定形尺寸，如直线的长短、圆弧的直径或半径及角度的大小等。如图1-25中的80、10、ϕ15、ϕ30、R18、R30和R50等。

（3）定位尺寸

确定平面图形上几何元素间相对位置的尺寸称为定位尺寸，如图1-25所示，为了确

定 ϕ15 圆心位置，分别从长度、高度方向基准出发标出两个定位尺寸 70 和 50。

2. 平面图形的线段分析

平面图形中的线段（直线或圆弧）按所标尺寸的不同可分为三类。

（1）已知线段

定形尺寸和定位尺寸标注完全的线段，它不借助其他任何线段可直接画出，如图 1-25中的 80、10、ϕ15、ϕ30、*R*18 等。

（2）中间线段

给定了定形尺寸和一个定位尺寸，必须依靠其与一端相邻线段的连接关系才能画出的线段，如图 1-25 中的左边圆弧 *R*30、*R*50。

（3）连接线段

只有定形尺寸，而无定位尺寸的线段，也必须依靠其余两端线段的连接关系才能确定画出，如图 1-25 中右边的线段 *R*30。

3. 平面图形的绘图步骤

画平面图形的顺序为：先定出图形在图面中的基准位置，再画已知线段，然后画中间线段，最后画出连接线段。具体步骤如下：

（1）绘图前的准备工作

① 分析图形的尺寸与线段，初拟作图步骤。

② 确定比例，选取图纸幅面。

③ 拟定具体的作图顺序。

（2）画底稿

画底稿的步骤如图 1-26 所示。

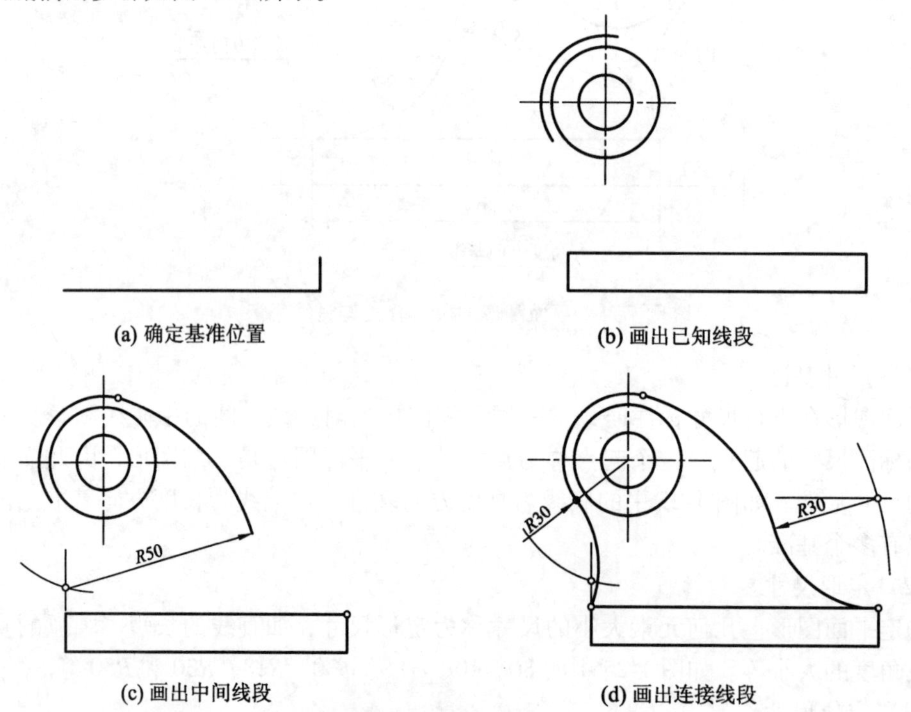

图 1-26　画底稿的步骤

注意：画底稿时，选择 H 或 2H 铅笔；底稿上，各种线型均暂不分粗细，并要画得很轻很细。

（3）描深

按标准线型描深图线，描深的顺序为：

① 先粗后细：先描深全部粗实线（HB 或 B 铅笔），再描深全部虚线、点画线和细实线（H 或 2H 铅笔），以提高绘图速度并保证同类线型粗细一致。

② 先曲后直：描深同一种线型时，应先画圆弧，后画直线段，以保证连接光滑。

③ 先水平后垂直：先从上而下画水平线，再从左到右画垂直线，最后画倾斜线，以保证图面清洁。

注意：

① 在用铅笔描深前，必须全面检查底稿，修正错误，把画错的线条及作图辅助线用软橡皮轻轻擦干净。

② 尽量减少三角板在已描深的图线上反复摩擦。

③ 描深后的图线很难擦净，故要尽量避免画错。

任务实施

指出图 1-27 中手柄图形的定位尺寸、定形尺寸、已知线段、中间线段和连接线段，并拟定作图方案，在 A4 图纸上绘制手柄平面图形。

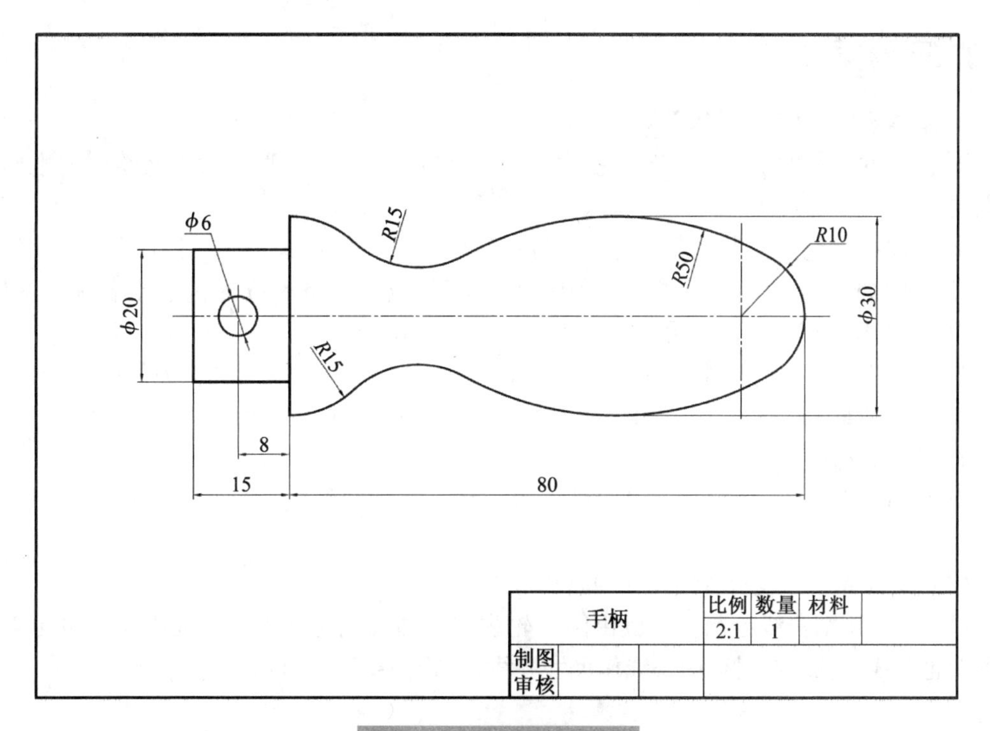

图 1-27　手柄平面图形

定位尺寸________________________________

定形尺寸________________________________

已知线段________________________________

中间线段________________________________

连接线段________________________________

任务三　对平面图形进行尺寸标注

任务描述

尺寸是图样中的重要内容，图样中的视图只能表示物体的形状，各部分的真实大小及准确的相对位置要靠尺寸标注来确定。标注尺寸时，必须严格遵守国家标准的规定，做到正确、完整、清晰、合理。

目标：

（1）了解尺寸标注的基本规则和尺寸的组成；

（2）能正确标注尺寸。

知识准备

1. 基本规定（GB/T 4458.4—2003）

① 机件的真实大小应以图样所注的尺寸数值为依据，与图形的大小及绘图的准确程度无关。

② 图样中（包括技术要求和其他说明）的尺寸以 mm 为单位时，不需要标注计量单位的代号或名称；若采用其他单位，则必须注明相应的计量单位的代号或名称。例如，角度为 30 度 10 分 5 秒，则在图样上应标注成“30°10′5″”。

③ 图样中所标注的尺寸为该图样所示机件的最后完工尺寸，否则应另加说明。

④ 机件的每一个尺寸一般只标注一次，并应标注在反映该结构最清晰的视图上。

2. 尺寸的组成

图样上的尺寸，应该包括尺寸界线、尺寸线、尺寸线终端、尺寸数字四个要素，如图 1-28(a)所示。

（1）尺寸界线：表示所注尺寸的起止范围

尺寸界线用细实线绘制，一般由图形轮廓线、轴线或对称中心线处引出，也可直接用图形轮廓线、轴线或对称中心线作尺寸界线，如图 1-28(a)所示。

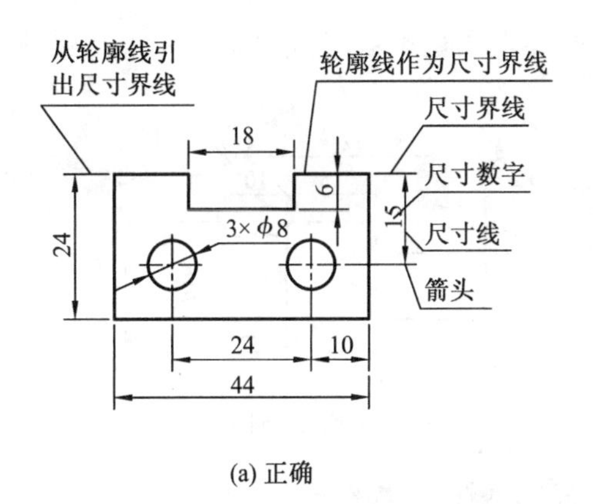

(a) 正确

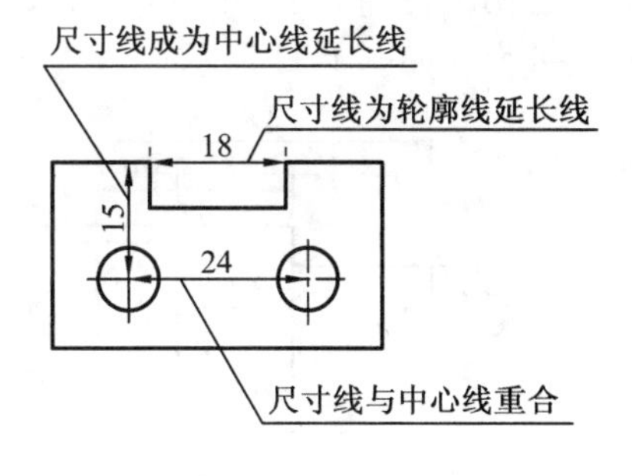

(b) 错误

图 1-28　尺寸的组成

尺寸界线一般与尺寸线垂直，并超出尺寸线约 3 mm，必要时允许倾斜，但两尺寸界线应互相平行。在光滑过渡处标注尺寸时，必须用细实线将轮廓线延长，从交点处引出尺寸界线，如图 1-29 所示。

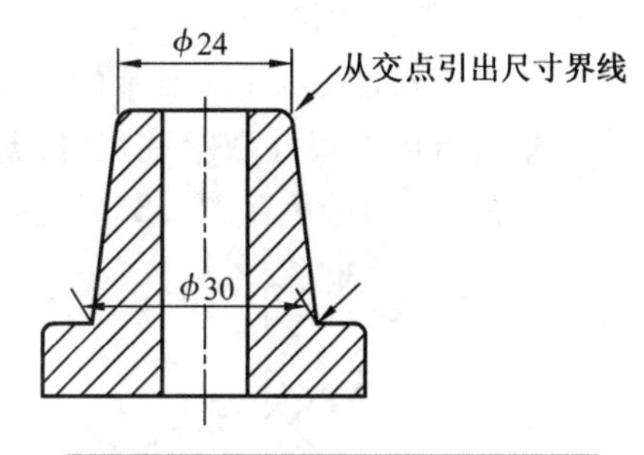

图 1-29　倾斜引出的尺寸界线

（2）尺寸线：表示所标注尺寸的方向

尺寸线必须用细线单独绘制，不能用其他图线代替，一般也不得与其他图线（如图形轮廓线、中心线等）重合或画在其延长线上，如图 1-28(b)所示。

标注线性尺寸时，尺寸线必须与所标注的线段平行。尺寸线与轮廓线的距离及相互平行的尺寸线间的距离应尽量一致，一般应大于 6 mm，以便注写尺寸数字和有关符号，如图 1-30(a)所示。

尺寸标注应尽量避免尺寸线之间及尺寸界线之间相交，如图 1-30(b)所示。

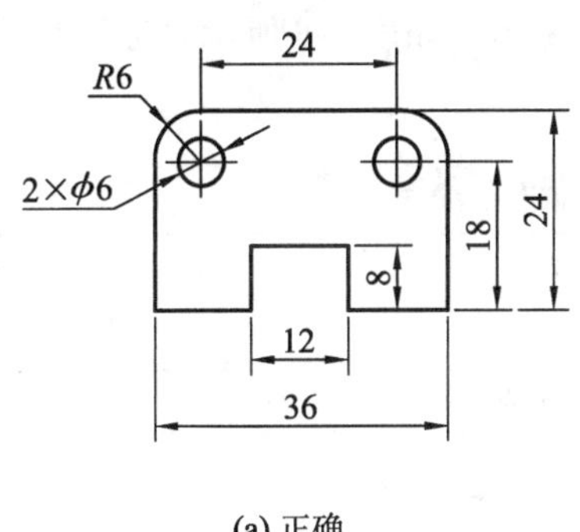

(a) 正确

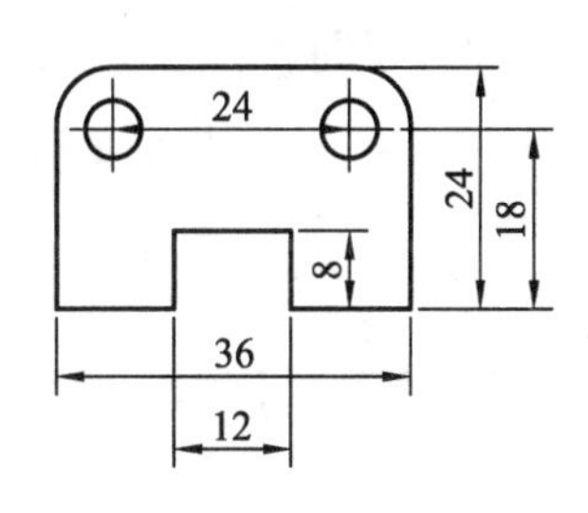

(b) 错误

图 1-30　尺寸线

相互平行的尺寸，小尺寸应靠近图形轮廓线，大尺寸应依次等距离地平行外移，如图 1-30(b)中的 12、36 尺寸和 18、24 尺寸的排列是错误的。

（3）尺寸线终端

尺寸线终端有两种形式，如图 1-31 所示。

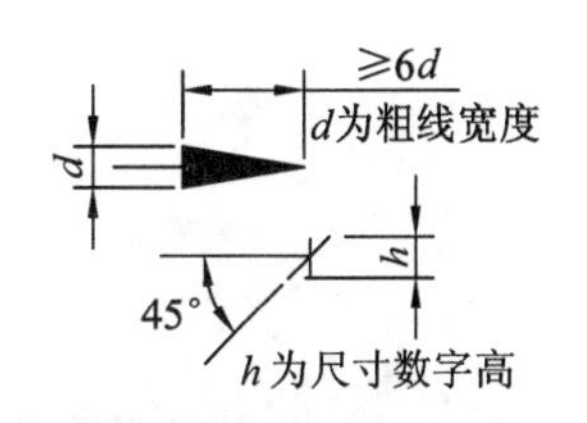

图 1-31　尺寸线终端的结构形式及画法

箭头形式适用于各种类型的图样。当尺寸线的终端采用斜线形式时，尺寸线与尺寸界线必须相互垂直，如图 1-32 所示。

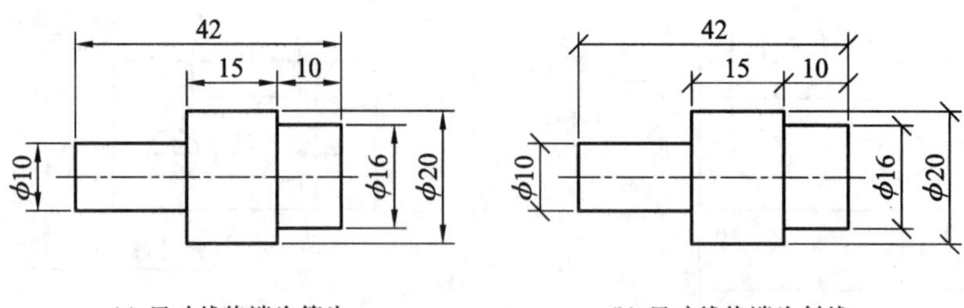

(a) 尺寸线终端为箭头　　(b) 尺寸线终端为斜线

图 1-32　同一张图样中尺寸终端形式应统一

在同一张图样中，尺寸终端只能采用其中一种形式，一般不混合使用。

(4) 尺寸数字

数字应按图 1-33(a)所示的方向注写（水平方向的尺寸数字在尺寸线的上方，字头朝上；垂直方向的尺寸数字在尺寸线的左侧，字头朝左；倾斜方向的尺寸数字字头趋于朝上)，并尽可能避免在图 1-33(b)所示的 30°范围内注尺寸。

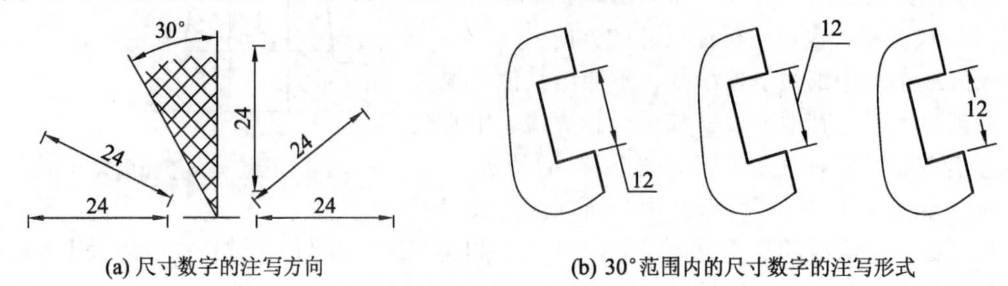

(a) 尺寸数字的注写方向　　(b) 30°范围内的尺寸数字的注写形式

图 1-33　尺寸数字

尺寸数字前面的符号是对数字标注的补充与说明。如表 1-8 所示，标注尺寸时，应尽可能使用符号和缩写词。

表 1-8　尺寸标注常用符号及缩写词

名词	直径	半径	球直径	球半径	正方形
符号或缩写词	ϕ	R	$S\phi$	SR	□
名词	45°倒角	深度	沉孔或锪平	埋头孔	均布
符号或缩写词	C	↧	⌴	∨	EQS

尺寸数字不得被任何图线通过，即当无法避免时，必须把图线断开，如图 1-34 所示。

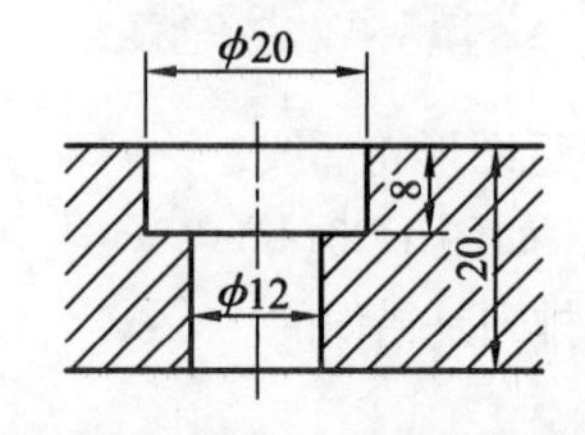

图 1-34　尺寸数字不得被任何图线通过

3. 常用的尺寸标注方法

在实际绘图中，尺寸标注的形式很多，常用的尺寸标注方法如表1-9所示。

表1-9　常用的尺寸标注方法

尺寸种类	图　例	说　明
圆和圆弧	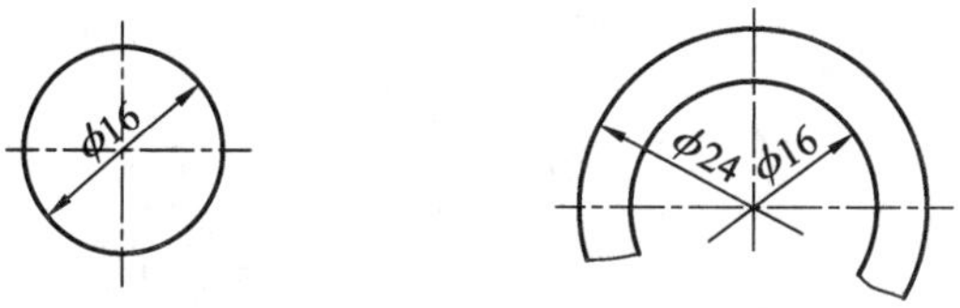 φ16　φ24　φ16	在直径、半径尺寸数字前，分别加注符号 ϕ、R； 尺寸线应通过圆心（对于直径）或从圆心画出（对于半径）
大圆弧	 R84　SR110	需要标明圆心位置，但圆弧半径过大，在图纸范围内又无法标出其圆心位置时，用左图；不需要标明圆心位置时，用右图
角度	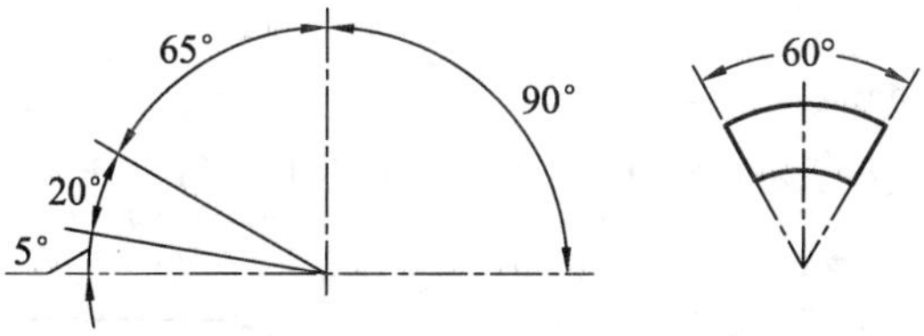 65°　90°　20°　5°　60°	尺寸界线沿径向引出；尺寸线是以角度顶点为圆心的圆弧。尺寸数字一律水平书写，一般写在尺寸线的中断处，也可注在外边或引出标注
小尺寸和小圆弧	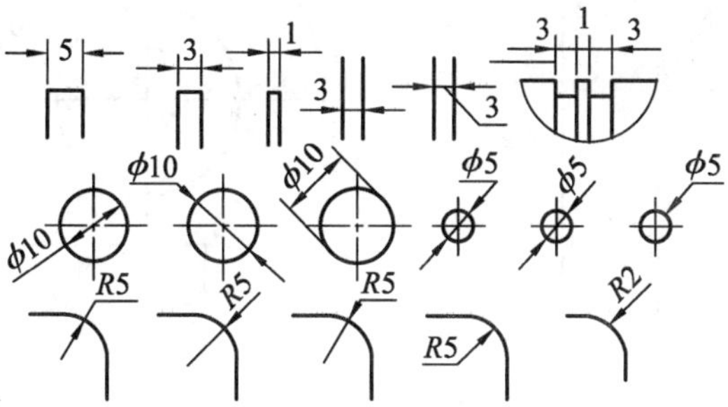 5　3　1　3　3　3　1　3 φ10　φ10　φ10　φ5　φ5　φ5 R5　R5　R5　R5　R2	位置不够时，箭头可画在外边，允许用小圆点或斜线代替两个连续尺寸间的箭头。 在特殊情况下，标注小圆的直径允许只画一个箭头；有时为了避免产生误解，可将尺寸线断开
对称尺寸	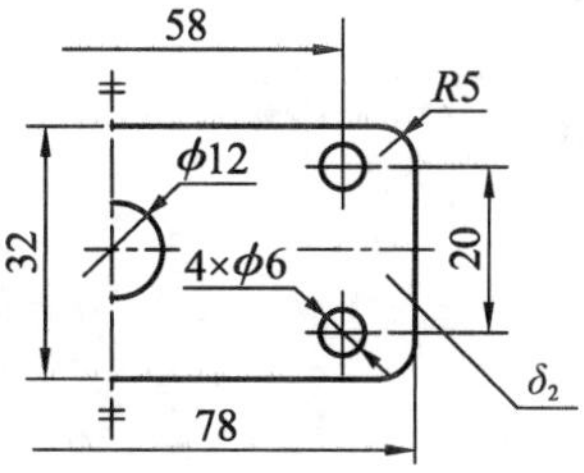 58　R5　φ12　32　4×φ6　20　δ_2　78	对称机件的图形如只画出一半或略大于一半时，尺寸线应略超过对称中心线或断裂线。此时只在靠尺寸界线的一端画出箭头

续表

尺寸种类	图　例	说　明
球　面	$S\phi16$　　$SR10$	一般应在“ϕ”或“R”前面加注符号“S”。但在不致引起误解的情况下，也可不加注
弧长和弦长	30　　$\overset{\frown}{32}$	尺寸界线应平行于该弦的垂直平分线；表示弧长的尺寸线用圆弧，同时在尺寸数字上加注“⌒”

任务实施

1. 将手柄图形的尺寸标注完整（图 1-27）。
2. 图 1-35(a)中尺寸标注方法有误，将正确的标注在图 1-35(b)中。

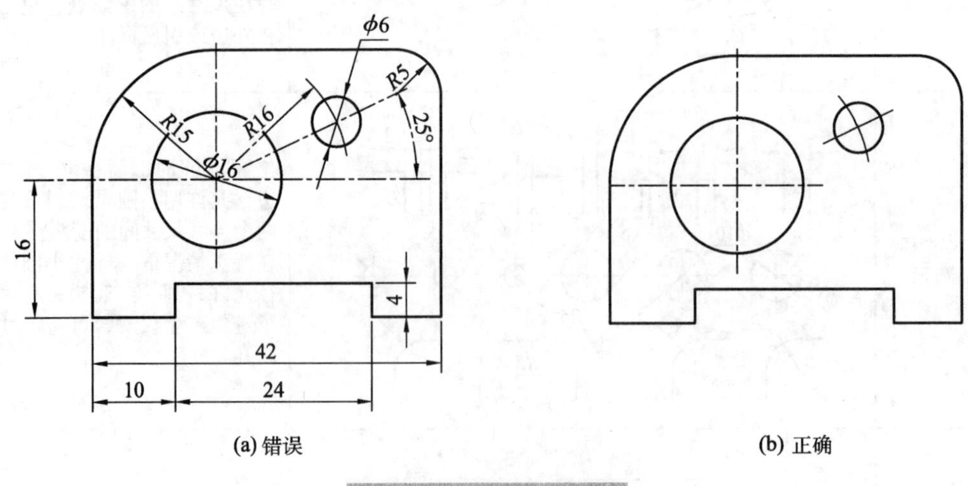

图 1-35　尺寸标注方法

项目 2

三视图的绘制与识读

任务一　认识投影和三视图

在工程实际中，为了在平面上表达空间物体的结构形状，广泛采用投影的方法绘制技术图样，工程图样就是用正投影法绘制的，因此，熟练掌握正投影法对于本课程的学习是非常重要的。

目标：

（1）了解正投影法及其投影特性；

（2）掌握三视图的形成和投影规律；

（3）掌握点、直线、平面的投影特性；

（4）能正确绘制点、直线、平面的投影。

一、投影的概念及投影法的分类

1. 投影的概念

物体在阳光或灯光的照射下，在地面或墙面上会产生影子，人们对这种自然现象加以抽象研究，总结其中规律，提出了投影的方法。

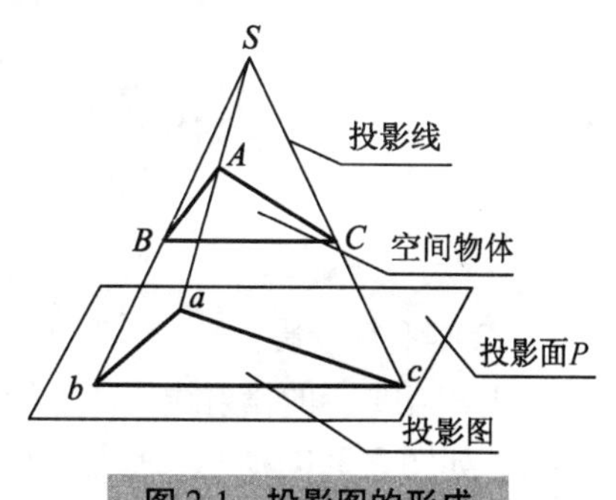

图 2-1　投影图的形成

在图 2-1 中，把光源抽象成一点 S，S 被称为投射中心，直线 SAa、SBb、SCc 称为投射线。在投影面 P 上获得的影像 $\triangle abc$ 即 $\triangle ABC$ 的投影，点 a、b、c 就是空间点 A、B、C 在 P 面上的投影。

投射线通过物体，向选定的面投射，并在该面上得到图形的方法称为投影法，用投影法画出的物体图形称为投影图。投影线、物体、投影面是投影的三要素。

2. 投影法的分类

根据投射方式的不同情况，一般可以将投影法分为两类：中心投影法和平行投影法，如图 2-2 所示。

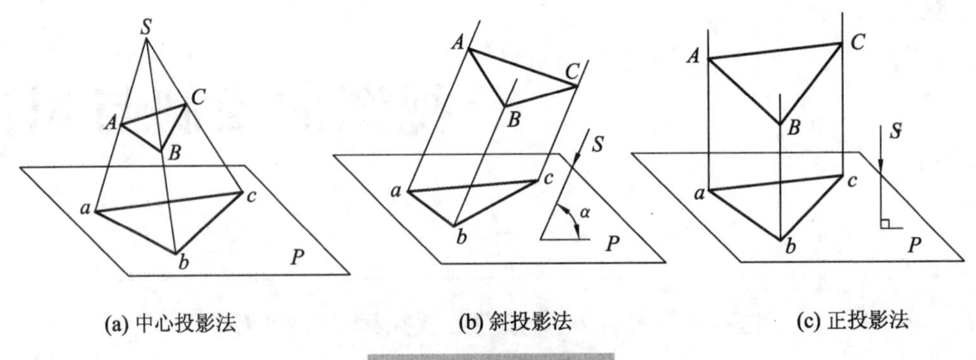

图 2-2 投影的分类

（1）中心投影法

由一点发射的投射线所产生的投影称为中心投影，如图 2-2(a)所示。

中心投影法的特点：投射线相交于一点，投影图的大小与投影中心 *S* 距离投影面远近有关，在投影中心 *S* 与投影面 *P* 距离不变的情况下，物体离投影中心 *S* 越近，投影图愈大，反之愈小。

日常生活中的照相、放映电影都是中心投影法的实例。透视图也是用中心投影法绘制的（图 2-3)，与人们的视觉习惯相符，能体现近大远小的效果，形象逼真，具有强烈的立体感，广泛用于建筑方案设计图、机械产品等效果图。但绘制比较烦琐，而且真实形状和大小不能直接在图中度量，不能作为施工图用。

图 2-3 电梯透视图

（2）平行投影法

由相互平行的投射线所产生的投影称为平行投影。平行投射线倾斜于投影面的称为斜投影法，如图 2-2(b)所示；平行投射线垂直于投影面的称为正投影法，如图 2-2(c)所示。

正投影法的图示方法简单，能够真实地反映物体的形状和大小，度量性好，适用于绘制工程设计图、施工图，但这种图缺乏立体感，只有学过投影知识，经过一定训练之后才能看懂。正投影法的基本特性见表 2-1。

表 2-1　正投影法的基本特性

投影性质	真实性	积聚性	类似性
图例			
说明	直线、平面平行于投影面时，投影反映实形	直线、平面垂直于投影面时，投影积聚成点和直线	平面倾斜于投影面时，投影形状与原形状类似

二、三视图的形成及对应关系

1. 三投影面体系的建立与展开

一般情况下，物体的一个投影不能确定其形状。如图 2-4 所示，三个形状不同的物体，它们在同一个投影面上的投影却相同。所以，要反映物体的完整形状，必须增加不同投射方向得到的投影图，互相补充，才能将物体表达清楚。工程上常用三投影面体系来表达外形简单的物体形状。

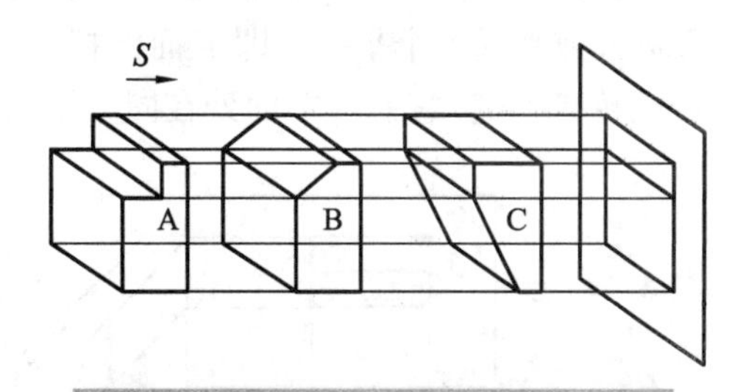

图 2-4　单面投影不能确定物体形状

通常，采用三个相互垂直的平面作为投影面，构成三投影面体系，如图 2-5 所示。

水平位置的平面称作水平投影面，用字母 H 表示；与水平投影面垂直相交呈正立位置的平面称为正立投影面，用字母 V 表示；位于右侧与 H、V 面均垂直相交的平面称为侧立投影面，用字母 W 表示。三个投影面的交线 OX、OY、OZ 称为投影轴，三个投影轴也相互垂直。

将物体置于三投影面体系中，如图 2-6 所示，分别向三个投影面作正投影。

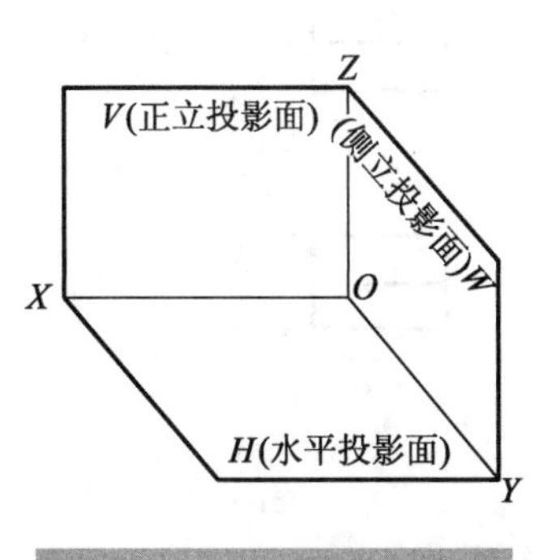

图 2-5　三投影面的建立

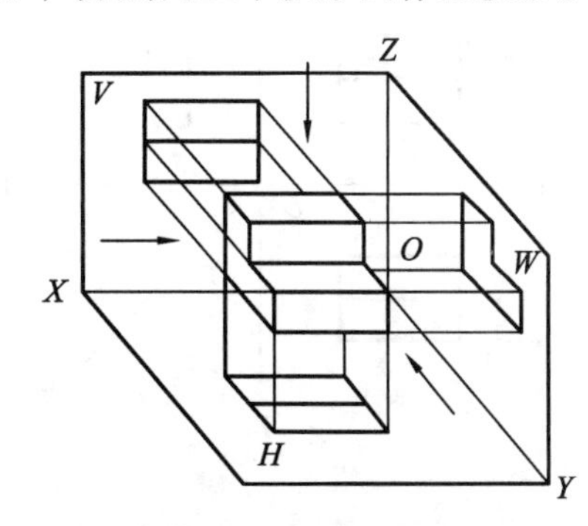

图 2-6　三视图的形成

由上往下在 H 面上得到的投影称作俯视图（水平投影图）。

由前往后在 V 面上得到的投影称作主视图（正立投影图）。

由左往右在 W 面上得到的投影称作左视图（侧立投影图）。

空间形体都有长、宽、高三个方向的尺度。

如一个四棱柱，当它的正面确定之后，其左、右两个侧面之间的垂直距离称为长度；前、后两个侧面之间的垂直距离称为宽度；上、下两个平面之间的垂直距离称为高度，如图 2-7 所示。

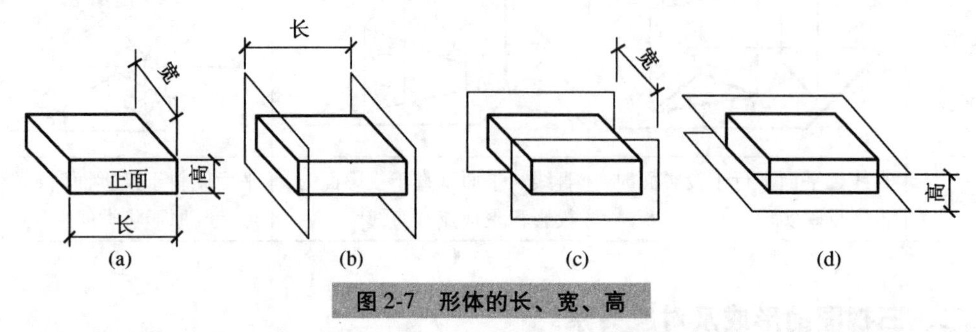

图 2-7　形体的长、宽、高

为了把空间三个投影面上所得到的投影画在一个平面上，需将三个相互垂直的投影面展开摊平成一个平面，即 V 面保持不动，H 面绕 OX 轴向下翻转 90°，W 面绕 OZ 轴向右翻转 90°，使它们与 V 面处在同一平面上，如图 2-8 所示。

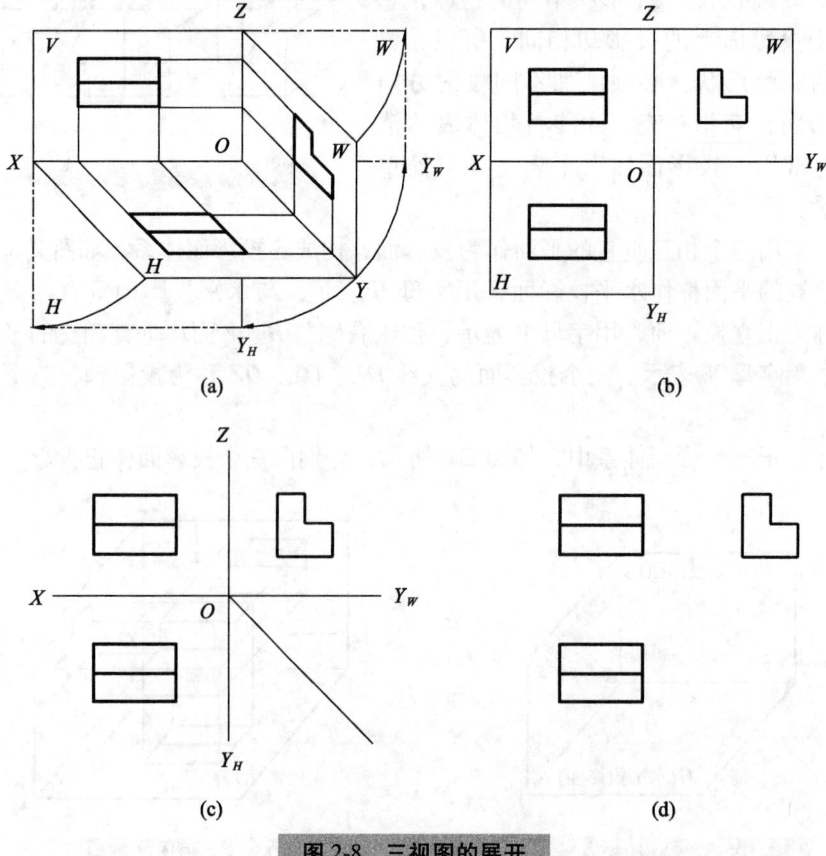

图 2-8　三视图的展开

2. 三视图之间的对应关系

（1）投影对应关系（图 2-9）

主、俯视图**长对正**（等长）；

主、左视图**高平齐**（等高）；

俯、左视图**宽相等**（等宽）。

（2）方位对应关系（图 2-10）

在三面投影图中，每个投影图各反映其中四个方位的情况：俯视图反映物体的左右和前后；主视图反映物体的左右和上下；左视图反映物体的前后和上下。

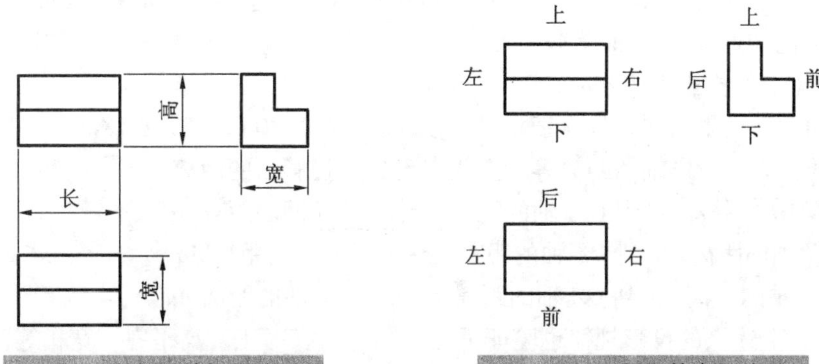

图 2-9 三视图的投影关系　　图 2-10 三视图的方位关系

由于物体的三视图反映了物体的三个面（上面、正面和侧面）的形状和三个方向（长向、宽向和高向）的尺寸，因此，三视图通常是可以确定物体的形状和大小的。但形体的形状是多种多样的，有些形状复杂的形体，用三个投影表示不够清楚，则可增加几个投影，有些形状简单的形体，用两个或一个投影图也能表示清楚。但需注意，两个投影图常常不能准确、肯定地表示出一个形体。

三、点的投影

1. 点的三面投影

如图 2-11(a)所示，由空间点 A 分别作垂直于 H 面、V 面和 W 面的投射线，其垂足

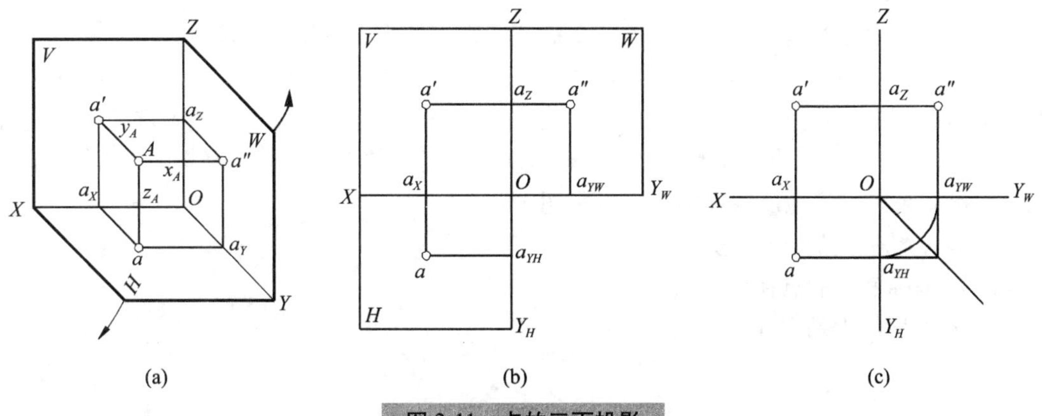

图 2-11 点的三面投影

a、a'、a''即为点 A 在 H 面、V 面和 W 面上的投影。a 称为点 A 的水平投影；a'称为点 A 的正面投影；a''称为点 A 的侧面投影。

为了把空间点 A 的三面投影表示在一个平面上，保持 V 面不动，H 面绕 OX 轴向下旋转 90°与 V 面重合，W 面绕 OZ 轴向右旋转 90°与 V 面重合。在展开过程中，OX 轴和 OZ 轴位置不变，OY 轴被“一分为二”，其中随 H 面向下旋转与 OZ 轴重合的一半，用 OY_H表示；随 W 面向右旋转与 OX 轴重合的一半，用 OY_W表示，如图 2-11(b)所示。

擦去投影面边界线，则得到 A 点的三面投影图，如图 2-11(c)所示。

2. 点的三面投影规律

从图 2-11 中可以看出，空间点 A 在三投影面体系中有唯一确定的一组投影（a，a'，a''）；反之，已知点 A 的三面投影即可确定点 A 的坐标值，也就确定了其空间位置。因此，可以得出点的投影规律：

① 点的两面投影的连线垂直于相应的投影轴：$aa' \perp OX$，$a'a'' \perp OZ$。

② 点的投影到投影轴的距离等于空间点到相应投影面的距离，即

a'到 OX 轴的距离 = a''到 OY_W轴的距离 = 点 A 到 H 面的距离 Aa

a 到 OX 轴的距离 = a''到 OZ 轴的距离 = 点 A 到 V 面的距离 Aa'

a 到 OY_H轴的距离 = a'到 OZ 轴的距离 = 点 A 到 W 面的距离 Aa''

实际上，上述点的投影规律也验证了三视图的“长对正、高平齐、宽相等”。

为了保持点的三面投影之间的关系，作图时应使 $aa' \perp OX$、$a'a'' \perp OZ$。而 $aa_X = a''a_Z$ 可用以 O 为圆心、aa_X或 $a''a_Z$为半径的圆弧，或用过 O 点与水平面成 45°的辅助线来实现，如图 2-11(c)所示。

3. 点的投影的直角坐标表示法

如果把三投影面体系看作笛卡尔直角坐标系，则 H、V、W 面为坐标面，OX、OY、OZ 轴为坐标轴，O 为坐标原点，则点 A 到三个投影面的距离可以用直角坐标表示。

点 A 的位置可由其坐标（x_A，y_A，z_A）唯一确定。其投影的坐标分别为：水平投影 $a(x_A, y_A, 0)$、正面投影 $a'(x_A, 0, z_A)$、侧面投影 $a''(0, y_A, z_A)$。

因此，已知一点的三个坐标，就可作出该点的三面投影。反之，已知一点的两面投影，也就等于已知该点的三个坐标，即可利用点的投影规律求出该点的第三面投影。

4. 两点相对位置的确定

点的位置由点的坐标确定，两点的相对位置则由两个点的坐标差确定。

如图 2-12(a)所示，空间有两个点 $A(x_A, y_A, z_A)$、$B(x_B, y_B, z_B)$。若以 B 点为基准，则两点的坐标差为 $\Delta x_{AB} = x_A - x_B$、$\Delta y_{AB} = y_A - y_B$、$\Delta z_{AB} = z_A - z_B$。$x$ 坐标差确定两点的左右位置，y 坐标差确定两点的前后位置，z 坐标差确定两点的上下位置。从图 2-12(b)看出，三个坐标差可以准确地反映在两点的投影图中，即

① X 坐标值大的点在左边。

② Y 坐标值大的点在前边。

③ Z 坐标值大的点在上边。

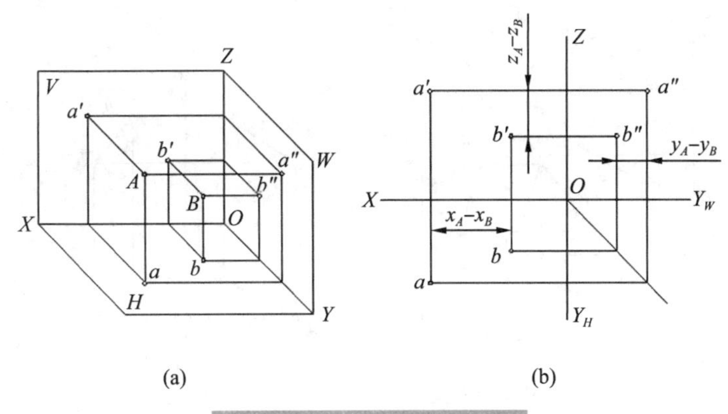

图 2-12　两点的相对位置

5. 重影点

当两点位于某一投影面的同一条投射线上时，这两点在该投影面上的投影重合，称这两点为对该投影面的重影点。显然，两点在某一投影面上的投影重合时，它们必有两对相等的坐标。在投影图中，对于重影的投影，在不可见点投影的字母两侧画上圆括号，如图 2-13 所示。

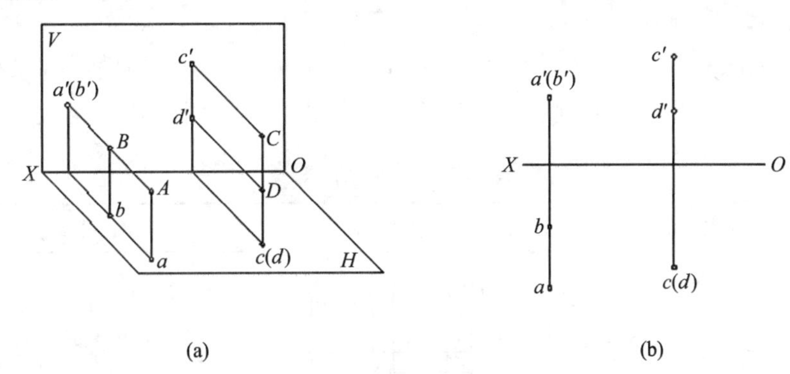

图 2-13　重影点

四、直线的投影

直线的投影一般仍为直线，特殊情况下积聚为一点。要作一直线的三面投影图，只要作出该直线的两个端点 A、B 的三面投影，如图 2-14 所示，求出 A、B 两点的三面投影，然后将两点的同面投影连接起来，即得直线的三面投影 ab、$a'b'$、$a''b''$。

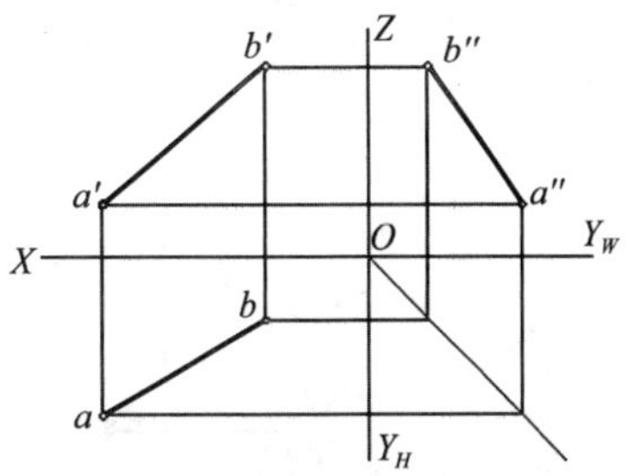

图 2-14　直线的三面投影图

直线根据其与投影面的位置不同，可以分为三类：一般位置直线、投影面垂直线、投影面平行线，其中后两类直线统称为特殊位置直线。

1. 一般位置直线

一般位置直线是指与三个基本投影面都倾斜的直线。

一般位置直线的三面投影既不垂直于投影面，也不倾斜于投影面，是一条小于实长的倾斜线，如图 2-15 所示。

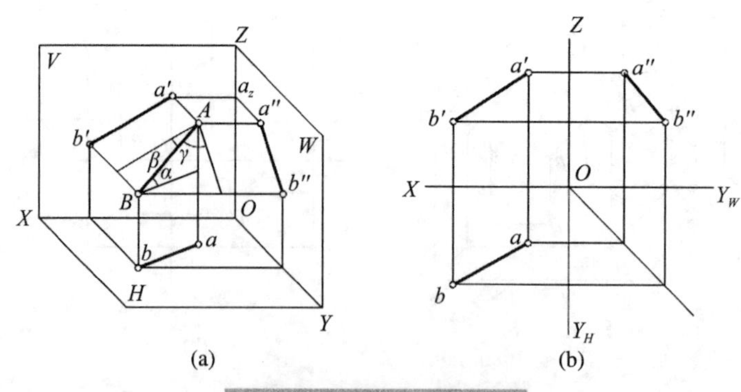

图 2-15　一般位置直线

2. 投影面垂直线

投影面垂直线是指垂直于某一个投影面的直线。在三投影面体系中有三个投影面，因此这类直线有三种，即

正垂线：垂直于 V 面的直线。

铅垂线：垂直于 H 面的直线。

侧垂线：垂直于 W 面的直线。

在三投影面体系中，投影面垂直线垂直于某个投影面，它必然同时平行于其他两个投影面，所以这类直线的投影具有反映直线实长和积聚的特点，具体投影特性见表 2-2。

表 2-2　投影面垂直线

名称	立体图	投影图	投影特性
正垂线			(1) $a'b'$积聚成一点； (2) $ab \perp OX$，$a''b'' \perp OZ$，且反映实长，即 $ab=a''b''=AB$
铅垂线			(1) ab 积聚成一点； (2) $a'b' \perp OX$，$a''b'' \perp OY_W$，且反映实长，即 $a'b'=a''b''=AB$
侧垂线			(1) $a''b''$积聚成一点； (2) $a'b' \perp OZ$，$ab \perp OY_H$，且反映实长，即 $ab=a'b'=AB$

续表

名称	立体图	投影图	投影特性
投影面垂直线的投影特性： （1）直线在与其垂直的投影面上的投影积聚成一点； （2）直线在其他两个投影面的投影分别垂直于相应的投影轴，且反映该线段的实长（两投影互相平行）			

3. 投影面平行线

投影面平行线是指只平行于某一个投影面的直线。因为在三投影面体系中有三个投影面，所以这类直线有三种，即

正平线：与 V 面平行，与 H 面和 W 面倾斜的直线。

水平线：与 H 面平行，与 V 面和 W 面倾斜的直线。

侧平线：与 W 面平行，与 H 面和 V 面倾斜的直线。

在三投影面体系中，投影面的平行线只平行于某一个投影面，与另外两个投影面倾斜。这类直线的投影具有反映直线实长和对投影面倾角的特点，没有积聚性，具体投影特性见表 2-3。

表 2-3　投影面平行线

名称	立体图	投影图	投影特性
正平线	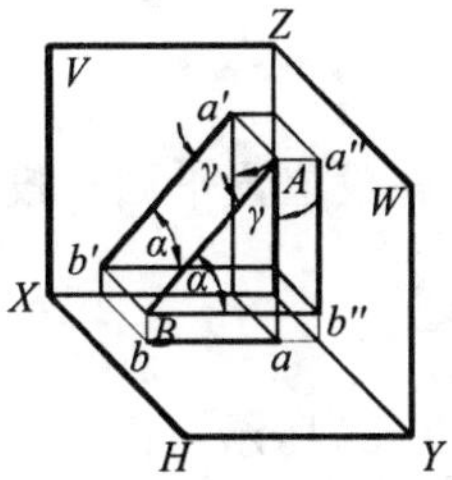	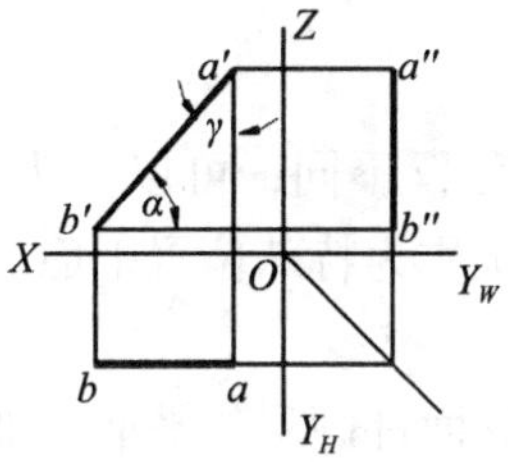	（1）$a'b'$ 反映实长和真实倾角 α、γ； （2）$ab // OX$，$a''b'' // OZ$，长度缩短
水平线	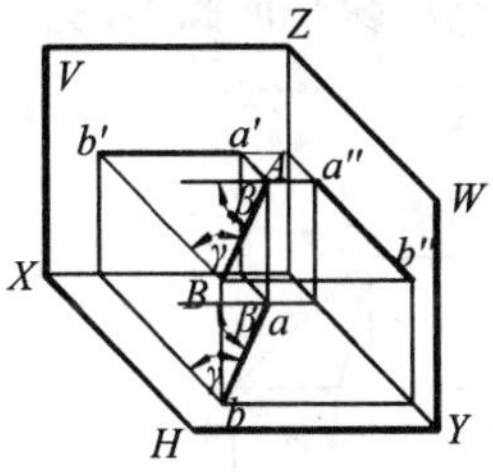	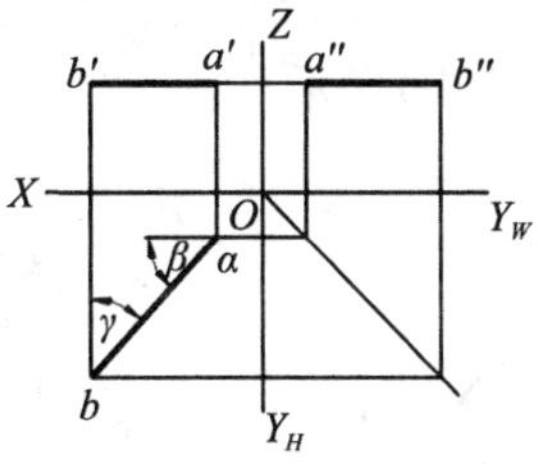	（1）ab 反映实长和真实倾角 β、γ； （2）$a'b' // OX$，$a''b'' // OY_W$，长度缩短
侧平线	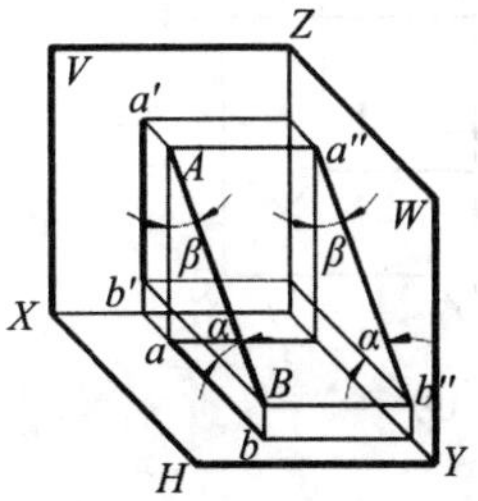	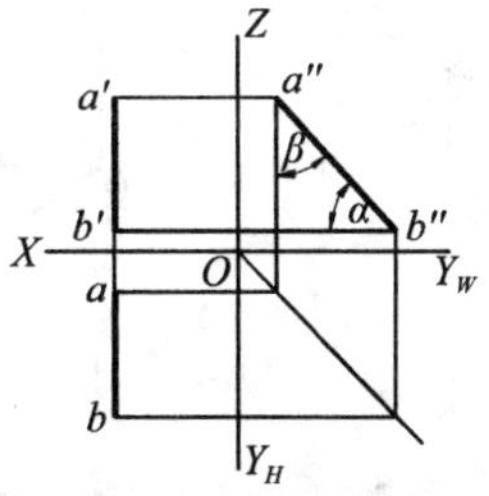	（1）$a''b''$ 反映实长和真实倾角 α、β； （2）$a'b' // OZ$，$ab // OY_H$，长度缩短
投影面平行线的投影特性： （1）直线在与其平行的投影面上的投影，反映该线段的实长及该直线与其他两个投影面的倾角； （2）直线在其他两个投影面的投影分别平行于相应的投影轴			

4. 直线上的点

（1）从属性

点在直线上，则点的各面投影必在该直线的同面投影上；反之亦然。

（2）定比性

点分割的线段之比，等于点的各面投影分割线段的同面投影之比。

如图 2-16(a)所示，M 点在直线 AB 上，则 m' 在 $a'b'$ 上，m 在 ab 上。若点不在直线上，则点的投影至少有一个不在该直线的同面投影上。如图 2-16(b)所示，N 点不在直线 AB 上，而是在 AB 的前方。

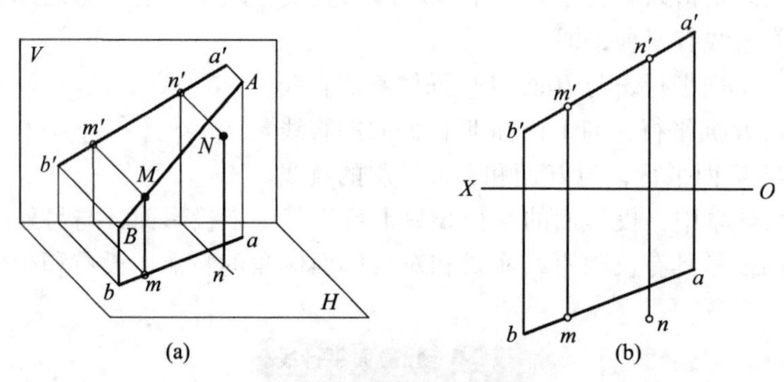

图 2-16　点在直线上

五、平面的投影

平面根据其对投影面的相对位置不同，可以分为三类：一般位置平面、投影面垂直面、投影面平行面，其中后两类统称为特殊位置平面。

1. 一般位置平面

一般位置平面是指与三个投影面都倾斜的平面，如图 2-17(a)所示。由于一般位置平面对 H、V 和 W 面既不垂直也不平行，所以它的三面投影既不反映平面图形的实形，也没有积聚性，均为类似形，如图 2-17(b)所示。

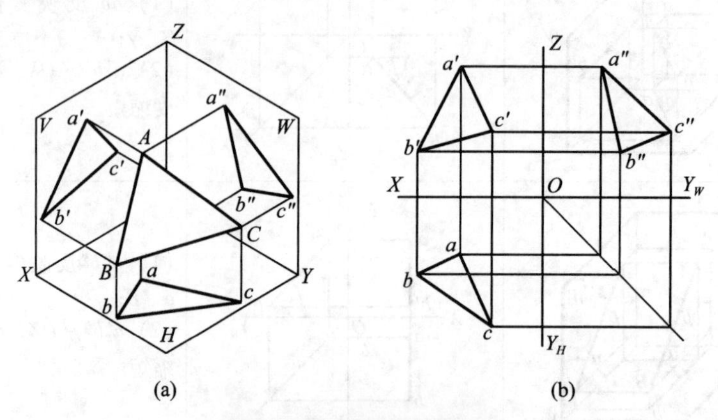

图 2-17　一般位置平面

2. 投影面垂直面

投影面垂直面是指只垂直于某一投影面，与另外两个投影面倾斜的平面。在三投影

面体系中有三个投影面，所以投影面的垂直面有三种，即

正垂面：与 *V* 面垂直，与 *H* 面和 *W* 面都倾斜的平面。

铅垂面：与 *H* 面垂直，与 *V* 面和 *W* 面都倾斜的平面。

侧垂面：与 *W* 面垂直，与 *H* 面和 *V* 面都倾斜的平面。

投影特性见表 2-4。

表 2-4　投影面垂直面的投影

名称	立体图	投影图	投影特性
铅垂面	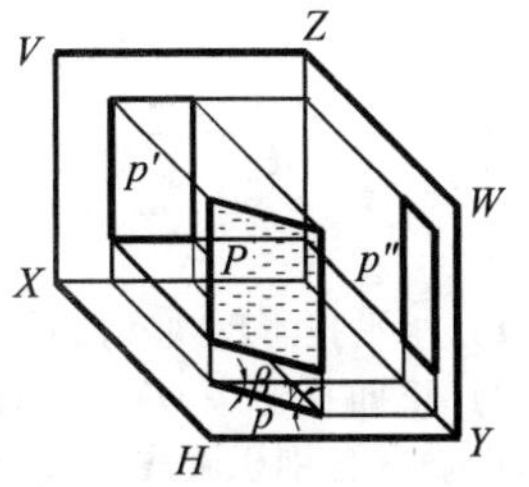 V Z p′ W P p″ X p H Y	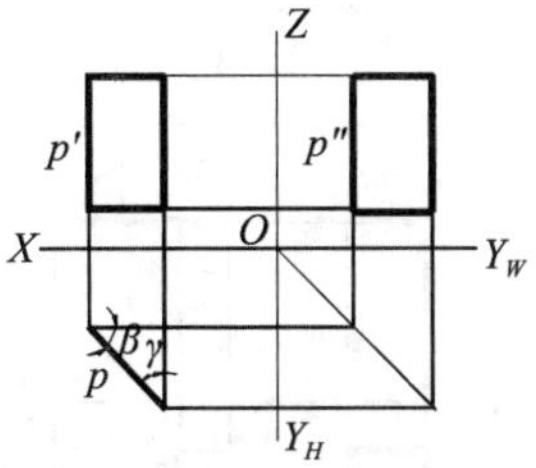 Z p′ p″ X O Y_W β γ p Y_H	（1）水平投影积聚成一直线，并反映真实倾角 β、γ；（2）正面投影和侧面投影仍为平面图形，但面积缩小
正垂面	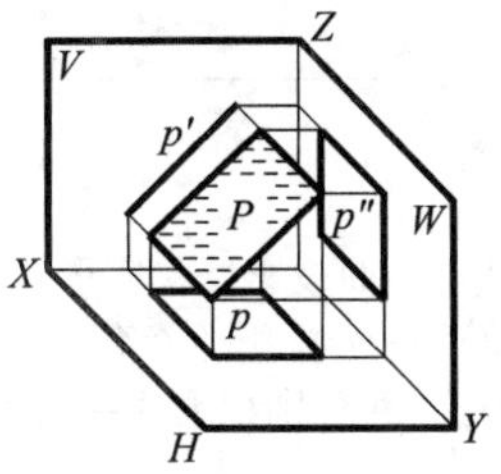 Z V p′ P p″ W X p H Y	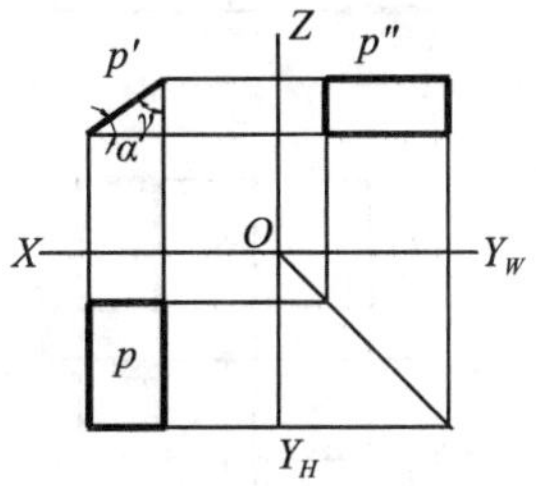 p′ Z p″ γ α X O Y_W p Y_H	（1）正面投影积聚成一直线，并反映真实倾角 α、γ；（2）水平投影和侧面投影仍为平面图形，但面积缩小
侧垂面	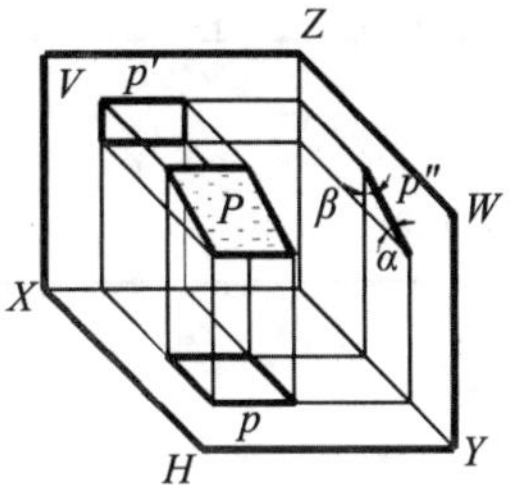 Z V p′ P β p″ W α X p H Y	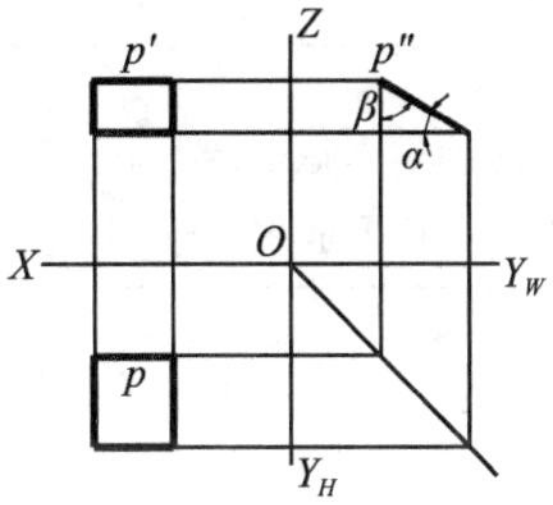 p′ Z p″ β α X O Y_W p Y_H	（1）侧面投影积聚成一直线，并反映真实倾角 α、β；（2）正面投影和水平投影仍为平面图形，但面积缩小
投影面垂直面的投影特性： （1）平面在与其垂直的投影面上的投影积聚成一直线，并反映该平面对其他两个投影面的倾角； （2）平面在其他两个投影面的投影都是面积小于原平面图形的类似形			

3. 投影面平行面

投影面平行面是指平行于某一个投影面，与另外两个投影面垂直的平面。投影面平行面有三种，即

正平面：与 *V* 面平行，与 *H* 面和 *W* 面都垂直的平面。

水平面：与 *H* 面平行，与 *V* 面和 *W* 面都垂直的平面。

侧平面：与 *W* 面平行，与 *H* 面和 *V* 面都垂直的平面。

投影特性见表 2-5。

表 2-5　投影面平行面的投影

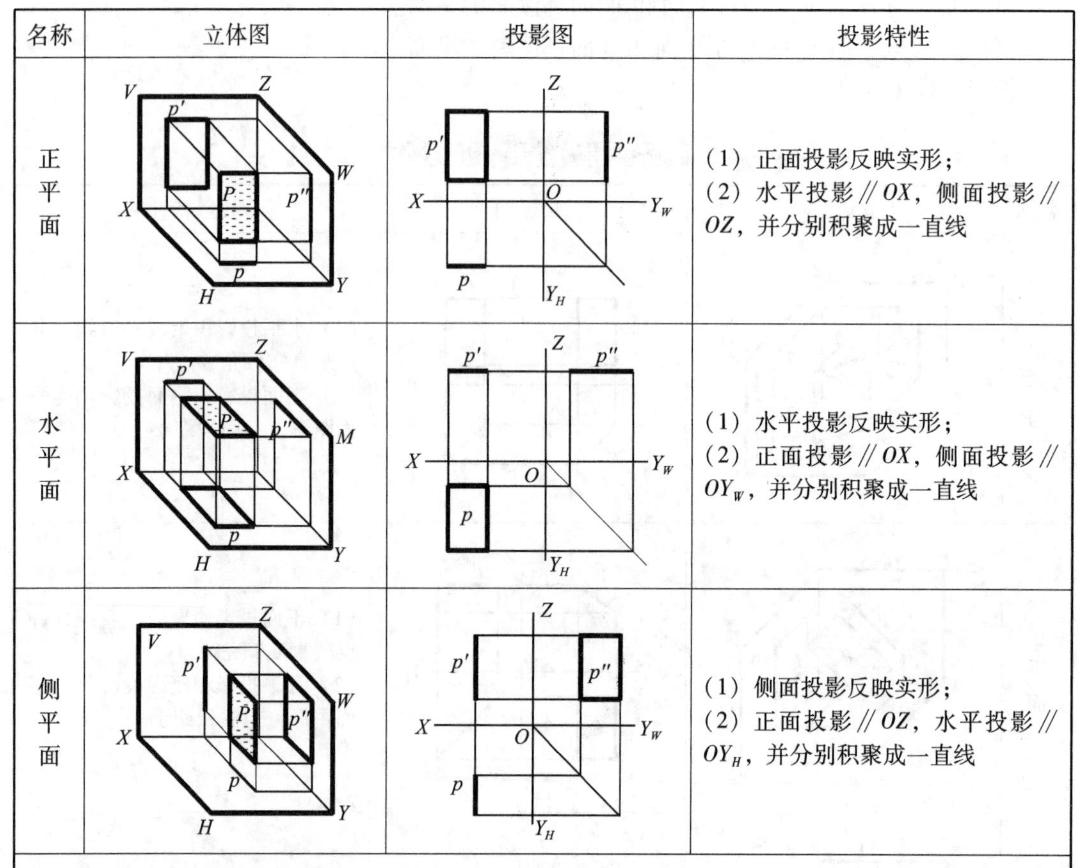

名称	立体图	投影图	投影特性
正平面			(1) 正面投影反映实形； (2) 水平投影 // OX，侧面投影 // OZ，并分别积聚成一直线
水平面			(1) 水平投影反映实形； (2) 正面投影 // OX，侧面投影 // OY_W，并分别积聚成一直线
侧平面			(1) 侧面投影反映实形； (2) 正面投影 // OZ，水平投影 // OY_H，并分别积聚成一直线
投影面平行面的投影特性： (1) 平面在与其平行的投影面上的投影反映平面实形； (2) 平面在其他两个投影面的投影都积聚成平行于相应投影轴的直线			

4. 属于平面的点和直线

(1) 属于平面的点

由立体几何可知：若点属于平面，则该点必属于该平面内的一条直线；反之，若点属于平面内的一条直线，则该点必属于该平面。如图 2-18(a)所示，平面 P 由相交两直线 AB、BC 确定，M、N 两点分别属于直线 AB、BC，故点 M、N 属于平面 P。

在投影图上，若点属于平面，则该点的各个投影必属于该平面内的一条直线的同面投影；反之，若点的各个投影属于平面内一条直线的同面投影，则该点必属于该平面。如图 2-18(b)所示，在直线 AB、BC 的投影上分别作 m、m'、n、n'，则空间点 M、N 必属于由相交两直线 AB、BC 确定的平面。

(2) 属于平面的直线

由立体几何可知：若直线属于平面，则该直线必通过该平面内的两个点，或该直线通过该平面内的一个点，且平行于该平面内的另一已知直线；反之，若直线通过平面内的两个点，或该直线通过该平面内的一个点，且平行于该平面内的另一已知直线，则该直线必属于该平面。

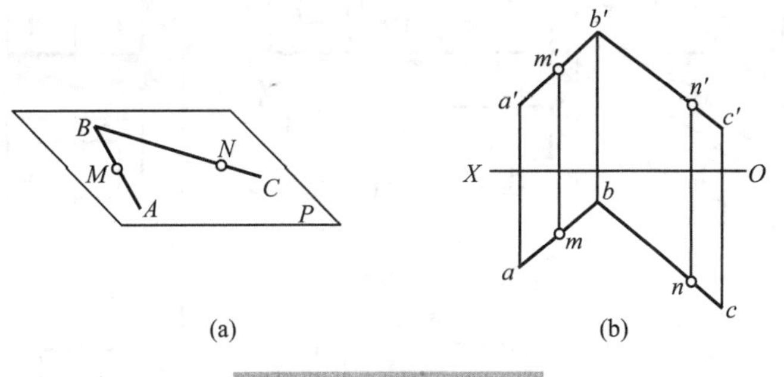

图 2-18　平面上的点

如图 2-19(a)所示，平面 *P* 由相交两直线 *AB*、*BC* 确定，*M*、*N* 两点属于平面 *P*，故直线 *MN* 属于平面 *P*。在图 2-19(b)中，*L* 点属于平面 *P*，且 *KL*∥*BC*，因此，直线 *KL* 属于平面 *P*。

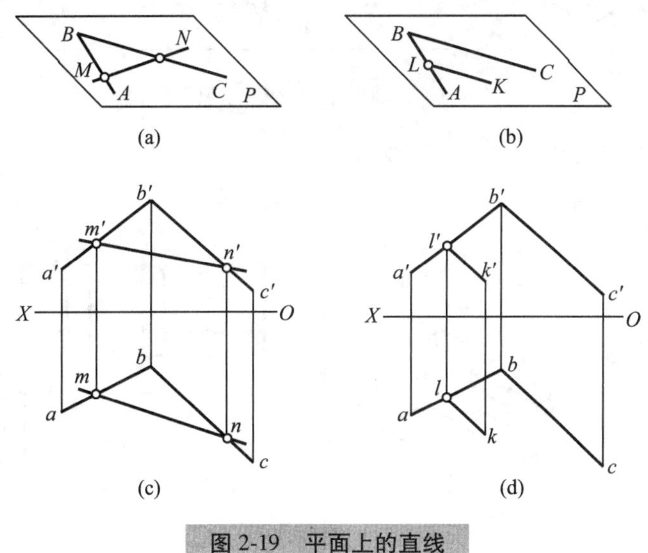

图 2-19　平面上的直线

在投影图上，若直线属于平面，则该直线的各个投影必通过该平面内两个点的同面投影，或通过该平面内一个点的同面投影，且平行于该平面内另一已知直线的同面投影；反之，若直线的各个投影通过平面内两个点的同面投影，或通过该平面内一个点的同面投影，且平行于该平面内另一已知直线的同面投影，则该直线必属于该平面。如图 2-19(c)所示，通过直线 *AB*、*BC* 上的点 *M*、*N* 的投影分别作直线 *mn*、*m′n′*，则直线 *MN* 必属于由相交两直线 *AB*、*BC* 确定的平面。如图 2-19(d)所示，通过直线 *AB* 上的点 *L* 的投影分别作直线 *kl*∥*bc*、*k′l′*∥*b′c′*，则直线 *KL* 必属于由相交两直线 *AB*、*BC* 确定的平面。

任务实施

1. 补全图 2-20 所示的视图中所缺的图线。

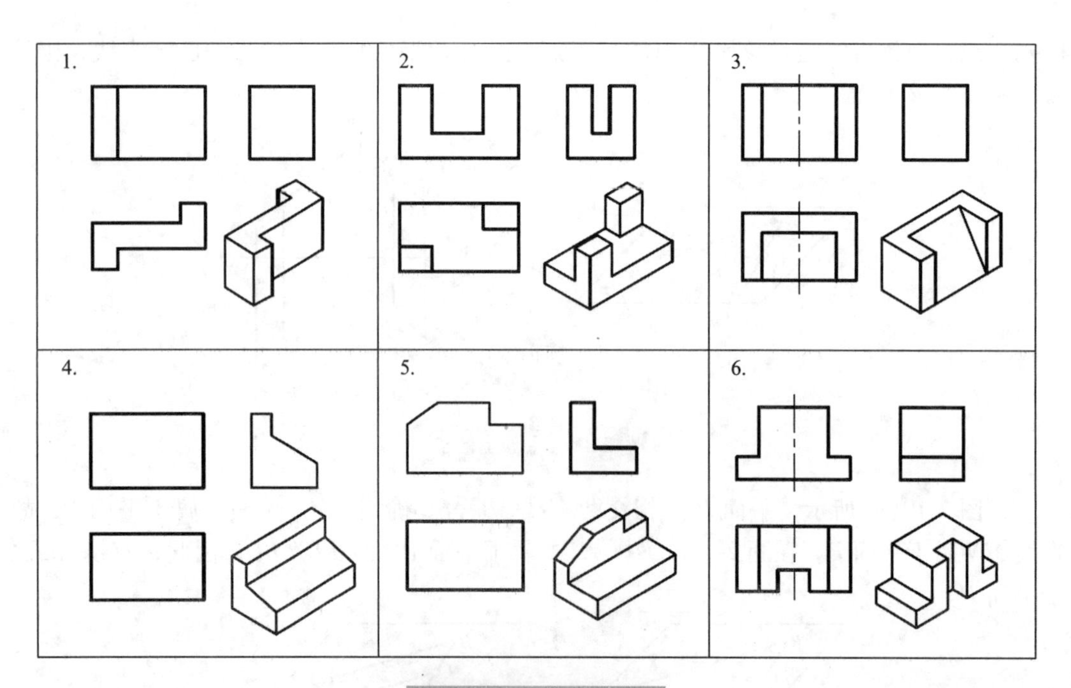

图 2-20 补画缺漏线

2. 补画图 2-21 所示的视图中所缺视图。

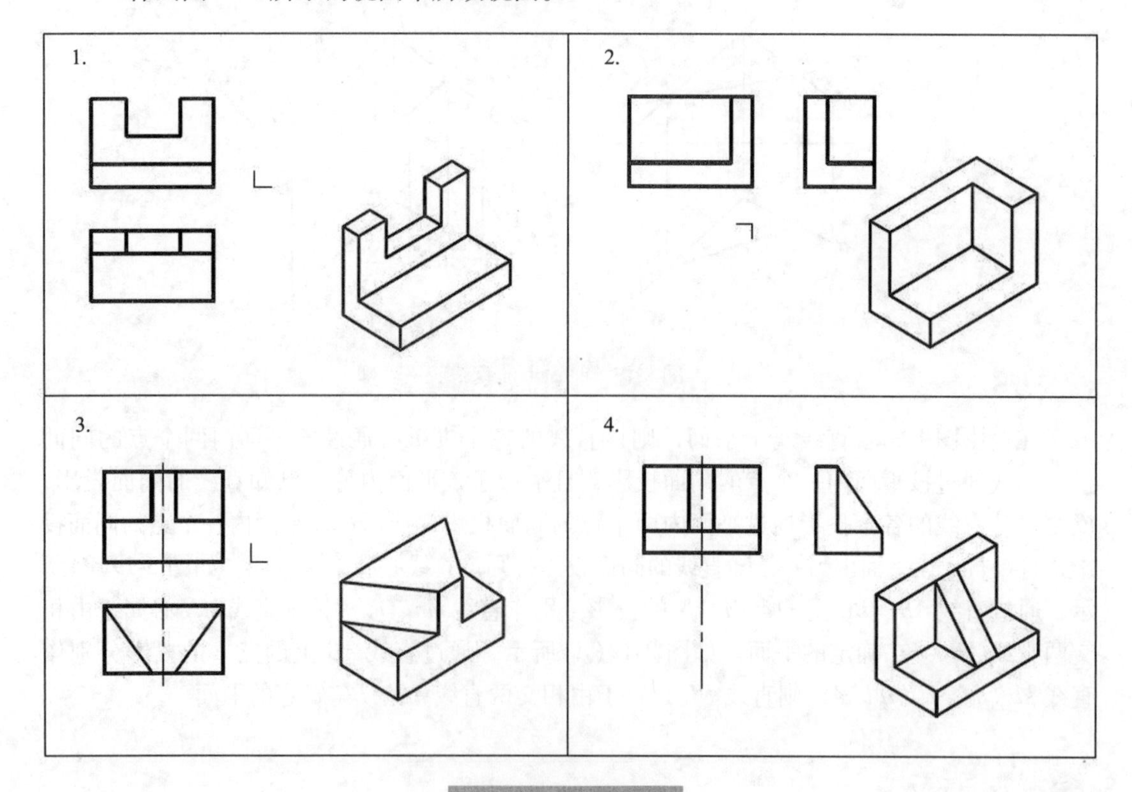

图 2-21 补画视图

任务二　绘制简单形体的三视图

任务描述

机器零件的形状虽然是多种多样的，但都可以看作是由一些简单的几何体组成。如图2-22所示的六角头螺栓毛坯，可看作是由六棱柱、圆柱和圆台叠加而成的。这些简单的几何体称为基本体。本任务将绘制基本体和简单形体的三视图。

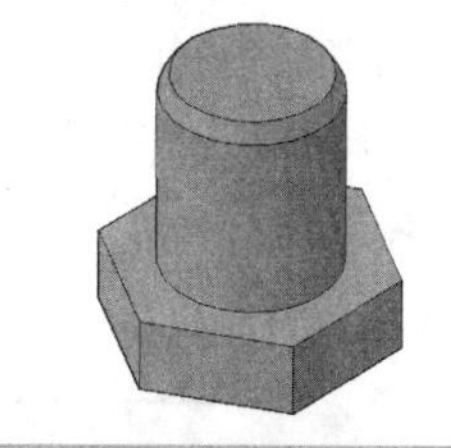

图2-22　螺栓毛坯

目标：

（1）掌握基本体的投影特性及表面取点方法；

（2）能绘制简单形体的三视图。

知识准备

基本体可分为平面立体和曲面立体两大类。表面都是由平面所构成的立体称平面立体；表面包含曲面的立体称为曲面立体。

表2-6　平面立体的作图方法和步骤

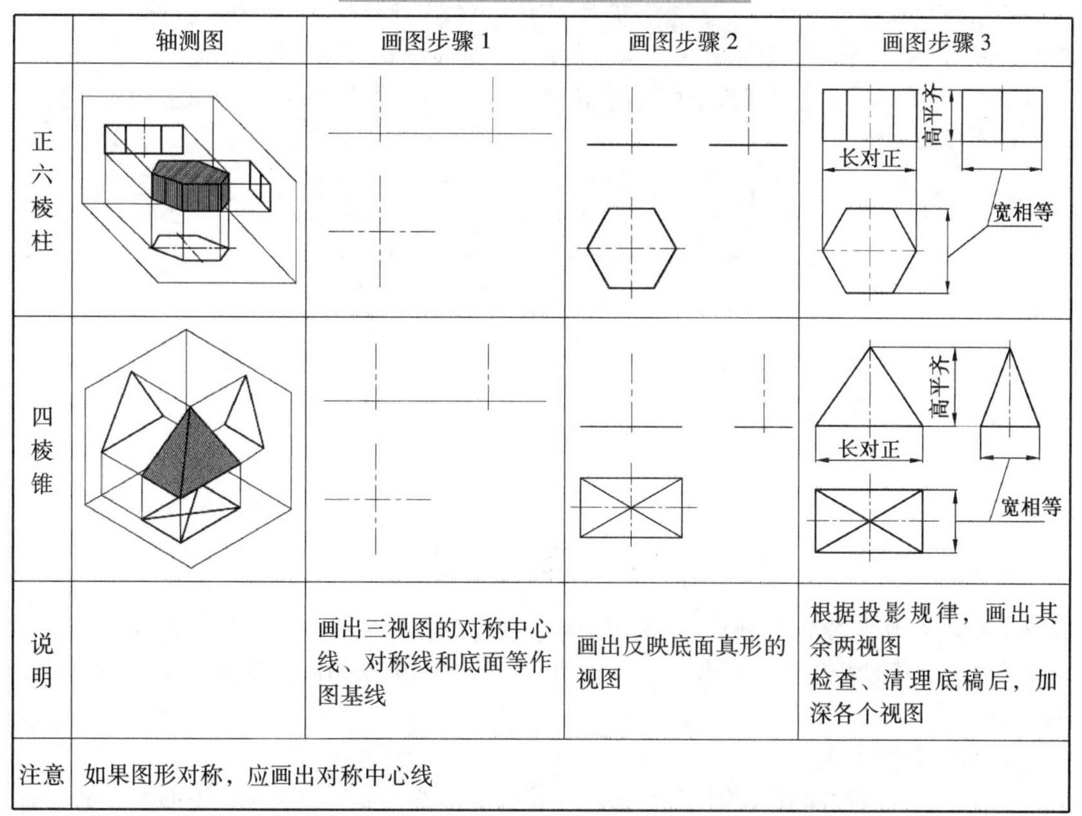

	轴测图	画图步骤1	画图步骤2	画图步骤3
正六棱柱				
四棱锥				
说明		画出三视图的对称中心线、对称线和底面等作图基线	画出反映底面真形的视图	根据投影规律，画出其余两视图 检查、清理底稿后，加深各个视图
注意	如果图形对称，应画出对称中心线			

一、平面立体

1. 棱柱、棱锥的投影

常见的平面立体有棱柱和棱锥两种。由于平面立体的各个表面都是平面，因此平面立体的投影可归结为绘制各平面和棱线的投影，然后判断可见性，可见棱线的投影画成粗实线，不可见棱线的投影用虚线表示。表 2-6 以正六棱柱和四棱锥为例，说明平面立体的图示特征和作图方法。

机件中各种形状的棱柱较多，如图 2-23 所示的立体都属于棱柱。

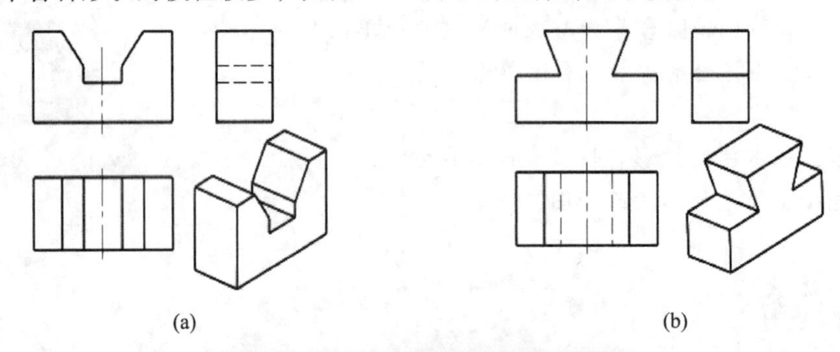

图 2-23　机件中常见棱柱的三视图

2. 棱柱表面上取点

由于棱柱表面都处在特殊位置，所以棱柱表面上点的投影均可利用平面投影的积聚性来作图。在判断可见性时，若该平面处于可见位置，则该面上点的同面投影也可见，反之为不可见。有积聚投影的平面上的点的投影，不必判断其可见性。

如图 2-24 所示，已知正六棱柱棱面 *ABCD* 上点 *M* 的正面投影 m'，求该点的水平投影 m 和侧面投影 m''。

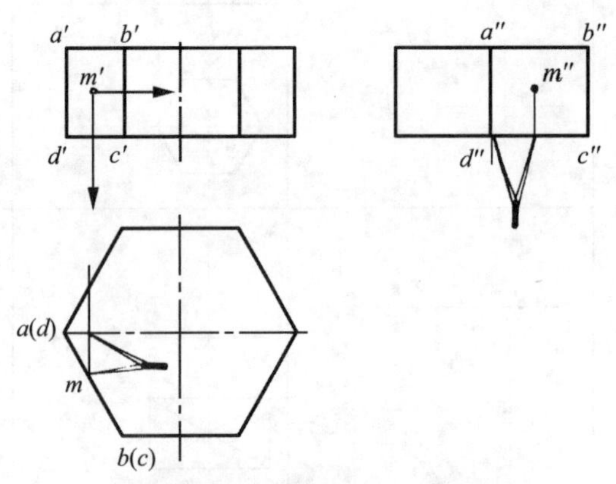

图 2-24　正六棱柱表面上取点

由于点 *M* 所属棱面 *ABCD* 为铅垂面，其水平投影有积聚性，因此点 *M* 的水平投影 m 必在该棱面积聚性投影上，根据 m'、m 求出 m''，由于 *ABCD* 的侧面投影为可见，故 m''也为可见。

3. 棱锥表面上取点

组成棱锥的表面既有特殊位置平面，也有一般位置平面。特殊位置平面上点的投影可利用平面的积聚性作图，一般位置平面上点的投影，可选取适当的辅助直线作图。

如图 2-25 所示，已知 K 点的正面投影 k'，求 K 点的另外两个面的投影。

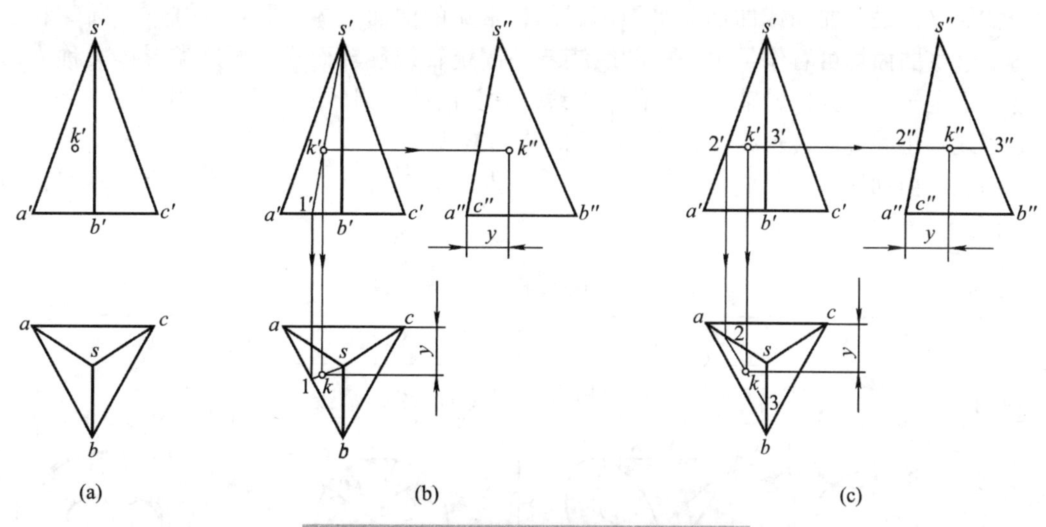

图 2-25　正三棱锥的投影及其表面取点

方法一：由于 k' 可见，所以 K 点在棱面 SAB 上，棱面 SAB 处于一般位置，因此可过 S 及 K 点作一辅助直线 SⅠ，并作出 SⅠ的各投影，如图 2-25(b)所示。因 K 点在直线 SⅠ上，K 点的投影必在 SⅠ的同面投影上，由 k' 可求得 k 和 k''。

方法二：也可过 K 点在 SAB 面上作平行于 AB 的直线ⅡⅢ为辅助线（$2'3' // a'b'$、$23 // ab$、$2''3'' // a''b''$），因点 K 在ⅡⅢ线上，由 k' 可求得 k 和 k''，如图 2-25(c)所示。

4. 尺寸标注

① 标注底面尺寸和高度尺寸，如图 2-26(a)所示。

② 底面为正五边形，标注高度尺寸后，底面尺寸只需标注其外接圆尺寸，如图 2-26(b)所示。

③ 标注高度尺寸后，底面尺寸有两种标注法，一种是标注正六边形的对角线尺寸，另一种是标注正六边形的对边尺寸，如图 2-26(c)所示。

④ 棱台必须要标注上下底面的长宽尺寸和高度尺寸，如图 2-26(d)所示。

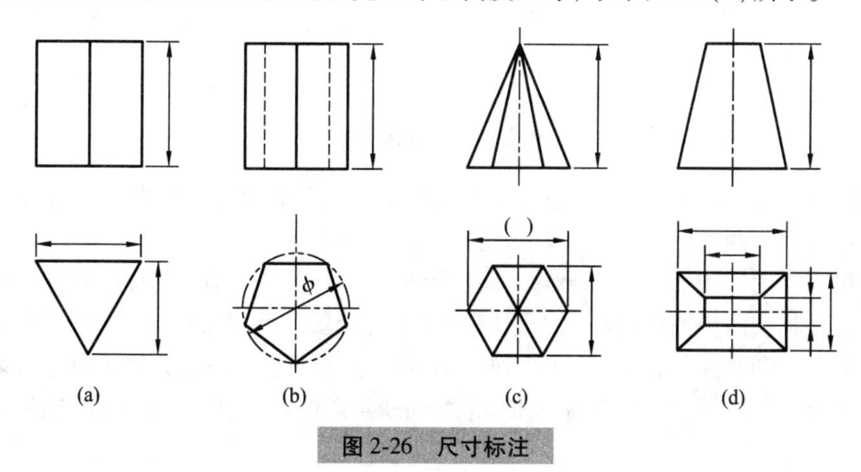

图 2-26　尺寸标注

二、曲面立体

曲面立体是由曲面或曲面与平面围成的，常见的曲面立体有圆柱、圆锥、圆球和圆环等。这些曲面均可看作是由一根动线绕着一固定轴线旋转而成，故这类形体又称为回转体。固定轴线称为回转轴，动线称为母线。常见的四种回转面的形成方式见表 2-7。

素线：母线绕回转轴旋转到任一位置时称为素线。

纬圆：由回转体的形成可知，母线上任一点的运动轨迹为圆，该圆垂直于轴线，即为纬圆。

表 2-7　四种回转面的形成方式

圆柱面	圆锥面	圆球面	圆环面

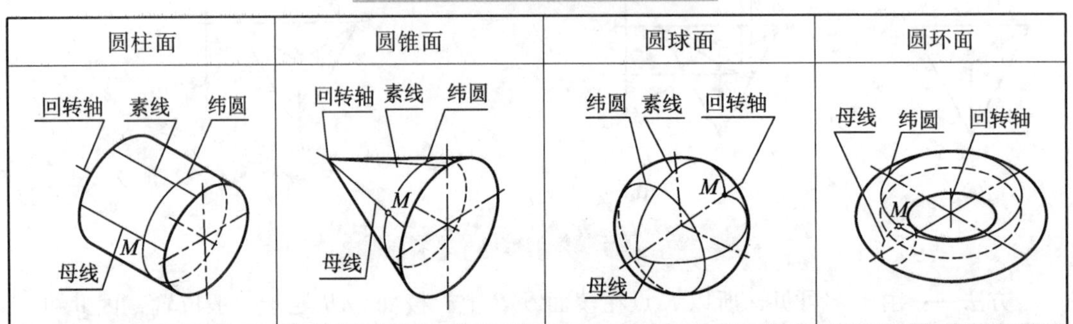

1. 圆柱的投影

圆柱是由圆柱面及顶、底平面围成的，它的三面投影如图 2-27 所示。

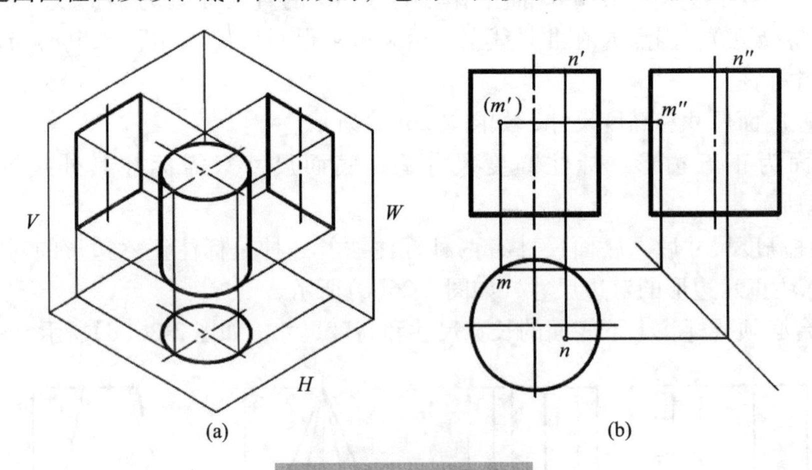

图 2-27　圆柱的投影

V 面投影：为一矩形。该矩形的上下两边线为顶面和底面的积聚投影，而另外两边线则是圆柱面的前后两条轮廓素线（转向轮廓线）的投影。

W 面投影：为一矩形。该矩形与 *V* 面投影全等，但含义不同。*V* 面投影中的矩形线框表示的是圆柱体中前半圆柱面与后半圆柱面的重合投影，而 *W* 面投影中的矩形线框表示的是圆柱体左半圆柱面与右半圆柱面的重合投影，上下两边线是顶面和底面的积聚投影。

H 面投影：为一圆形。它既是顶面和底面的重合投影（实形），又是圆柱面的积聚投影。

关于可见性问题，对正面投影来说，前半个圆柱面是可见的；对侧面投影来说，左半个圆柱面是可见的。

2. 圆柱表面上取点

圆柱面上点的投影可利用投影的积聚性来作图。

如图 2-27(b)所示，已知 M 点的 V 面投影 m' 和 N 点的 H 面投影 n，求 M 点和 N 点的另两面投影。

因为点 M 的 V 面投影 m' 加括号（不可见），所以点 M 在后左半圆柱表面上，H 面的投影积聚在圆上。首先求出点 M 在具有积聚性的 H 面投影 m，根据投影关系求出 W 面投影 m''。

因为点 N 的 H 面投影 n 在圆周内部，所以点 N 应该在圆柱顶面上，V 面投影 n' 和 W 面投影 n'' 积聚在线上。直接根据投影关系，可求出 V 面投影 n' 和 W 面投影 n''。

3. 圆锥的投影

圆锥是由圆锥面和底平面围成的，它的三面投影如图 2-28 所示。

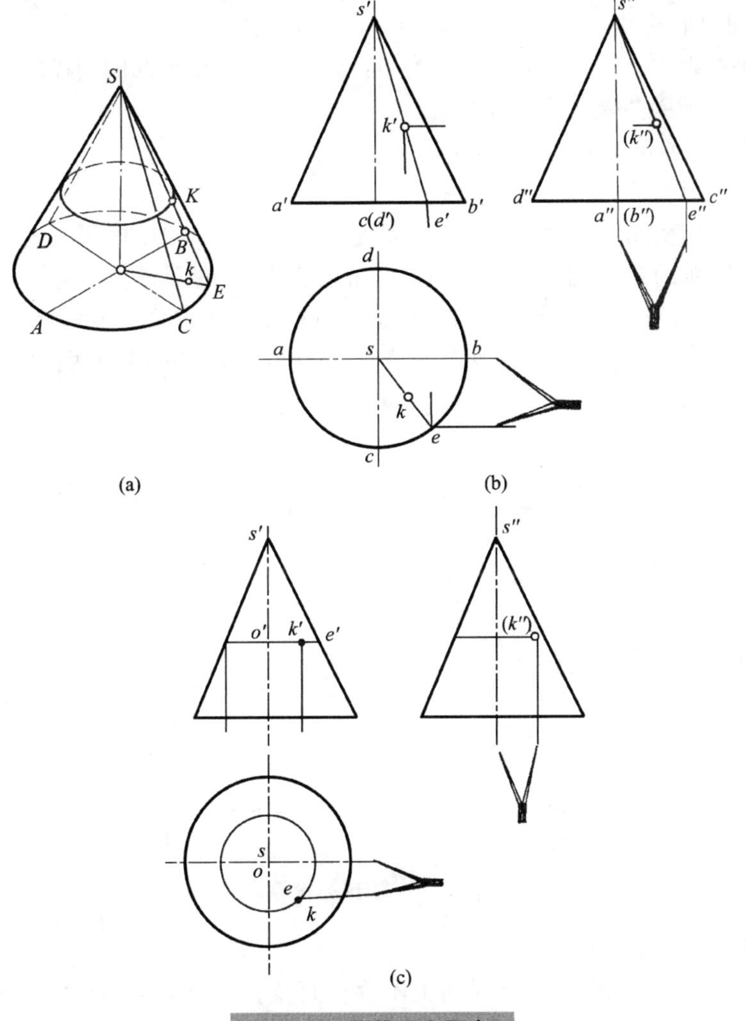

图 2-28　圆锥面上取点

由图 2-28(b)可知，圆锥面的三面投影都没有积聚性，正面投影和侧面投影中的左右外形线分别是圆锥面上最左、最右素线和最后、最前素线的投影，水平投影中圆的范围既是圆锥底面的投影，也是圆锥面的投影。

4. 圆锥表面上取点

由于圆锥面的投影没有积聚性，故在圆锥面上取点、取线，必须通过在圆锥面上作辅助线的方法求解。既可过锥顶作直素线为辅助线，也可作纬圆为辅助线。如已知圆锥面上点 K 的正面投影 k'，试求其他两面投影时，具体作法如下。

（1）方法一：素线法［图 2-28(b)］

① 由锥顶 s' 过 k' 作直线 $s'k'$ 并延长交底圆的投影于 e'。

② 求出点 E 的水平投影 e，并连接 se。

③ 按点的投影规律在 se 上作 K 的水平投影 k。

④ 根据 k' 和 k 便可求得 k''。

（2）方法二：纬圆法［图 2-28(c)］

① 过 k' 作直线垂直于轴线的投影且与外形线相交于 e'，与轴线的投影相交于 o'，则 $o'e'$ 为辅助纬圆的半径。

② 在水平投影中，以 o 为圆心、oe 为半径画圆，即是辅助纬圆的投影。

③ 根据 k' 在辅助圆周上即可得 k。

④ 由 k' 和 k，便可作出侧面投影 k''。

5. 圆球的投影

圆球的三面投影如图 2-29 所示，它们都是与球直径相等的圆。这三个圆分别为球面上平行于各投影面的最大圆的投影。其中，正面投影上的圆是前半球与后半球分界线（即主子午线）的投影，其水平投影与平行于 X 轴的中心线重合，侧面投影与平行于 Z 轴的中心线重合。至于水平投影、侧面投影上的圆及与之对应的其余两投影的位置，读者可自行分析。

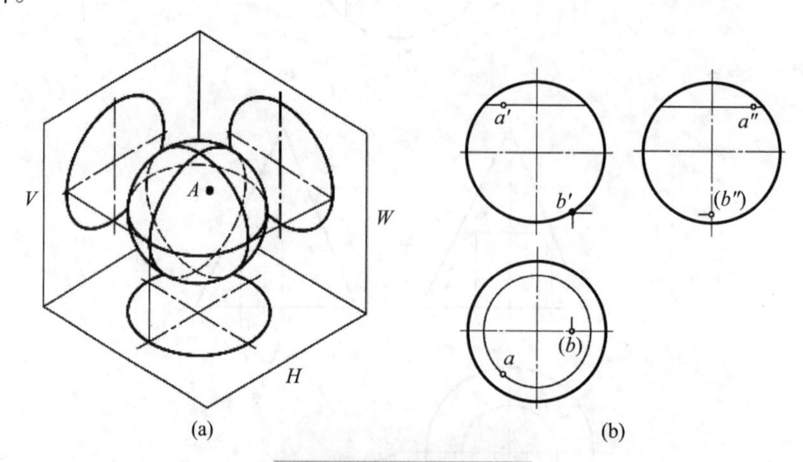

图 2-29　圆球的投影

6. 圆球表面上取点

由于球面投影没有积聚性，且球面上不存在直线，所以必须采用纬圆法求其表面上点的投影。

如图 2-29，已知点 A 的正面投影 a'，求 a 和 a'' 时，可过点 A 作平行于 H 面的圆为辅助圆，也可过点 A 作平行于 W 面或平行于 V 面的圆为辅助圆，图中是通过点 A 作平行于 H 面的辅助圆而获得 a 和 a''。点 B 是特殊点，已知正面投影 b'，可直接求得 b 和 b''。

7. 曲面体的尺寸标注

① 圆柱或圆锥应注出底圆直径和高度尺寸，如图 2-30(a)所示。

② 圆台应注出上下底面的直径和高度尺寸，如图 2-30(b)所示。

③ 圆环应注出母线圆及中心圆的直径尺寸，如图 2-30(c)所示。

④ 球体只要用一个视图加注尺寸即可，但是在直径方向上应加注 $S\phi$，如图 2-30(d)所示。

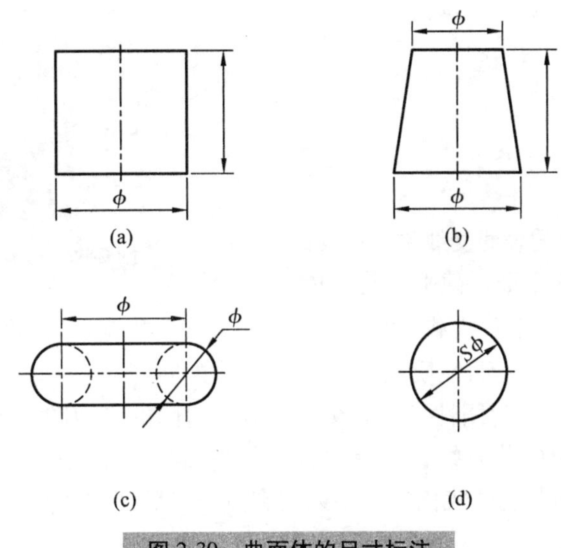

图 2-30　曲面体的尺寸标注

任务实施

如图 2-31 所示，选用合适的比例，试在 A4 图纸上绘制两简单形体的三视图，比例自定。

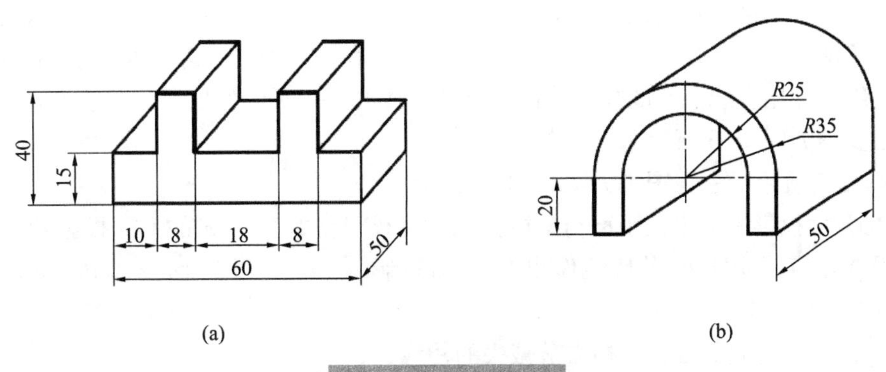

图 2-31　简单形体

任务三　绘制截断体的三视图

任务描述

构成机件的几何体经常会根据零件的功用被截切，几何体被截切后的投影是怎样的？

本任务将学习如何绘制截断体的三视图。

目标：

（1）了解截交线的概念及画法；

（2）能绘制截断体的三视图。

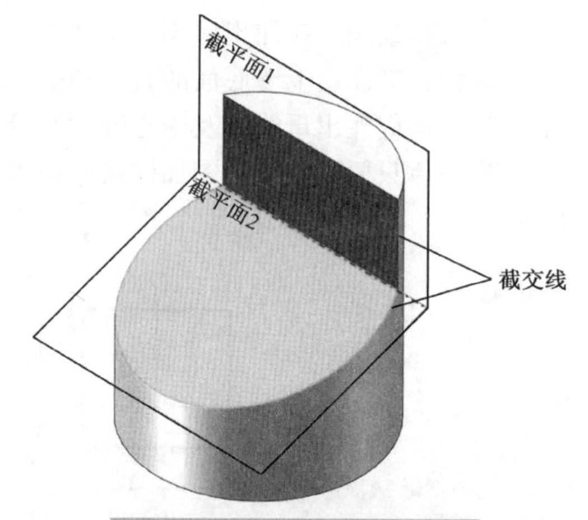

图 2-32　立体表面的截交线

知识准备

平面截切立体所得的表面交线称为截交线。截切立体的平面称为截平面。截平面与立体接触部分即截交线围成的图形称为截断面，如图 2-32 所示。被截切后的立体称为截断体。

截交线的形状与立体表面性质及截平面与立体的相对位置有关，但任何截交线都具有下列两个基本性质：① 封闭性——截交线一般为封闭的平面图形；② 共有性——截交线是截平面和立体表面的共有线，其上的点是截平面与立体表面的共有点。因此，求截交线可归结为求截平面与立体表面的一系列共有点，然后把它们按一定顺序连线即可。

一、平面与平面立体相交

1. 单一平面与平面立体截交

由于平面立体的表面都是平面，所以平面立体的截交线应是平面多边形。多边形的顶点是截平面与立体棱线的交点，多边形的每一条边是截平面与立体表面的交线。

例 1　如图 2-33(a)所示，求截切后三棱锥的三视图。

分析：三棱锥被一正垂面 P 截切，且截平面截过了三棱锥的三条棱线，故截交线构成一个三角形，其顶点是各棱线与平面 P 的交点。利用投影的积聚性可直接找到截交线的正面投影，利用直线上点的投影特性，由截交线的 V 面投影作出 H 面投影和 W 面投影。

作图步骤如图 2-33 所示：

① 作出三棱锥的三视图，如图 2-33(b)所示。

② 在 V 面投影中找出截平面与三棱锥三条棱线交点 D、E、F 的 V 面投影 d'、e'、f'，然后根据点在直线上的投影特性作出其 H 面投影 d、e、f 和 W 面投影 d''、e''、f''，如图 2-33(c)所示。

③ 连接各点的同面投影，擦去被截去的棱线。

④ 判断各棱线的可见性，完成截切后的三棱锥，如图 2-33(d)所示。

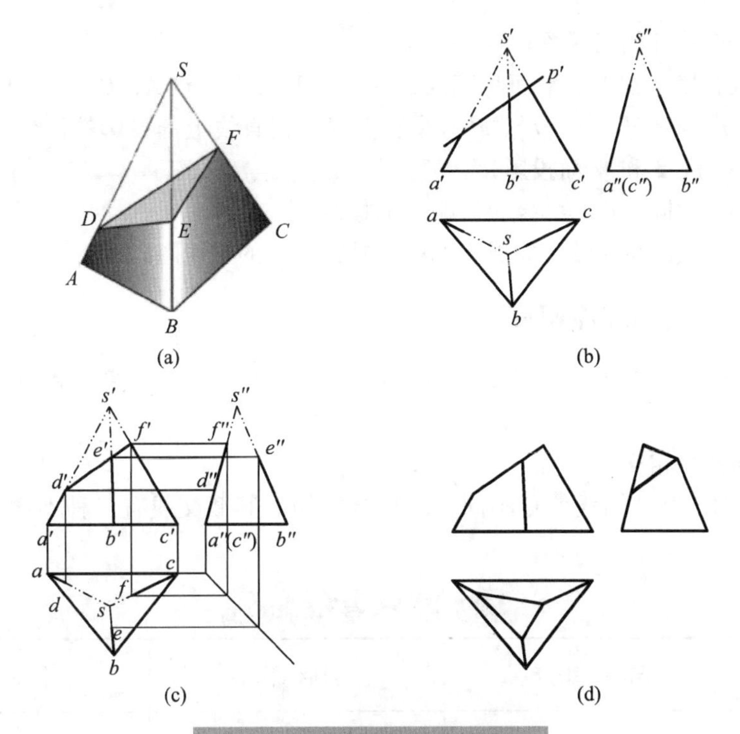

图 2-33　三棱锥被正平面切割

2. 若干平面截切平面立体

当几个平面截切平面立体时，不仅截平面与立体表面之间产生截交线，截平面之间也产生交线，并且截断面多边形的顶点也不完全在平面立体的棱线或底边线上。

例 2　完成截切后正四棱柱的投影。

分析：两个截平面分别为正垂面和侧平面，都是特殊位置平面，因此，截交线在 V 面积聚为直线，作图步骤如下（图 2-34）：

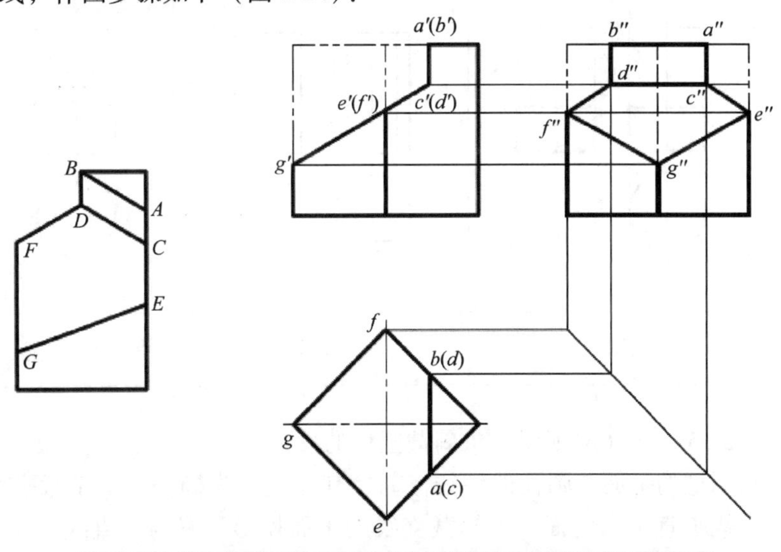

图 2-34　切割正四棱柱的投影或带切口的正四棱柱的投影

① 作出正四棱柱的三视图。

② 在 V 面投影中找出截平面与正四棱柱棱线和表面交点 A、B、C、D、E、F、G 的正面投影 a'、b'、c'、d'、e'、f'、g'，然后根据点在直线上的投影特性作出其 H 面投影 a、b、c、d、e、f、g 和 W 面投影 a''、b''、c''、d''、e''、f''、g''。

③ 连接各点的同面投影，擦去被截去的棱线。

④ 判断各棱线的可见性，完成正四棱柱被截切后的三视图。

二、平面与曲面立体相交

平面与曲面立体相交，其截交线通常是封闭的平面曲线或曲线和直线组成的平面图形。

1. 平面与圆柱相交

根据截平面与圆柱轴线位置不同，圆柱被截切后其截交线有三种不同的形状，如表 2-8 所示。

表 2-8 平面与圆柱相交

截平面位置	与轴线垂直	与轴线平行	与轴线倾斜
立体图	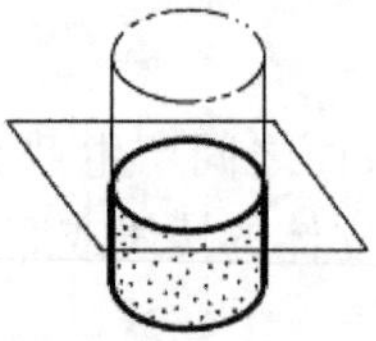	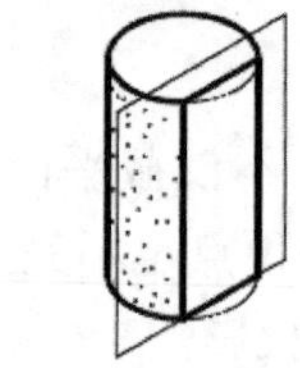	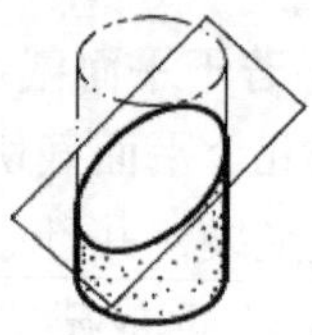
投影图	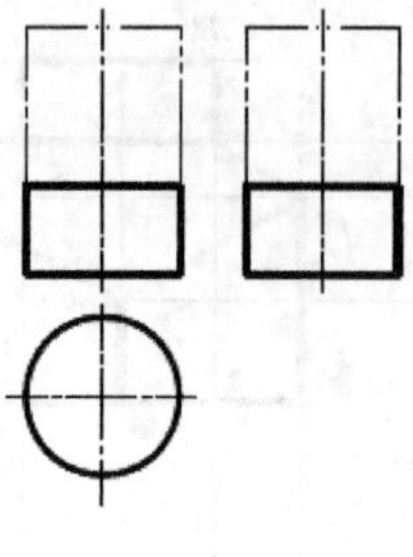	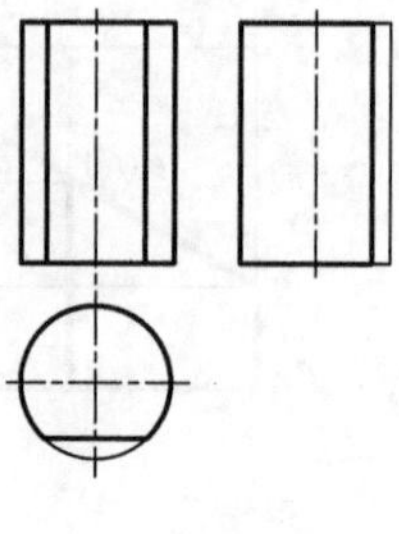	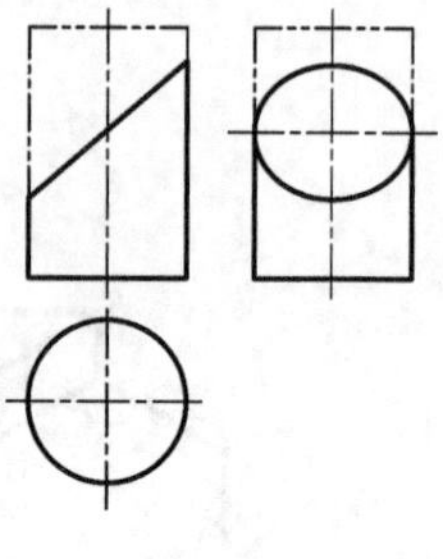
截交线形状	圆	矩形	椭圆

例 3 如图 2-35(a)、(b)所示，求斜截圆柱的投影。

分析：截切圆柱的平面与圆柱的轴线倾斜，其截交线为椭圆。由于截平面 P 是正垂面，且圆柱的轴线垂直于水平面，可知截交线的正面投影积聚为一直线，而水平投影为圆。截交线的侧面投影可根据另两面投影求得。

作图步骤如下：

① 求特殊点：可先求出椭圆长短轴的四个端点。长轴的两个端点 A、B 是椭圆的最低点和最高点，位于圆柱的最左和最右两条素线上［图 2-35(c)］；短轴的两个端点 C、D 是椭圆的最前点和最后点，位于圆柱的最前和最后两条素线上［图 2-35(d)］。根据投影特性，可以求出 A、B、C、D 点的三面投影，即可确定椭圆的大致范围。

② 求一般点：在水平投影上，取对称于中心线的 e、f、g、h 四个点，按投影规律可找到另两面投影［图 2-35(e)］。

③ 依次光滑连接各投影点，即可得到截交线的侧面投影［图 2-35(f)］。

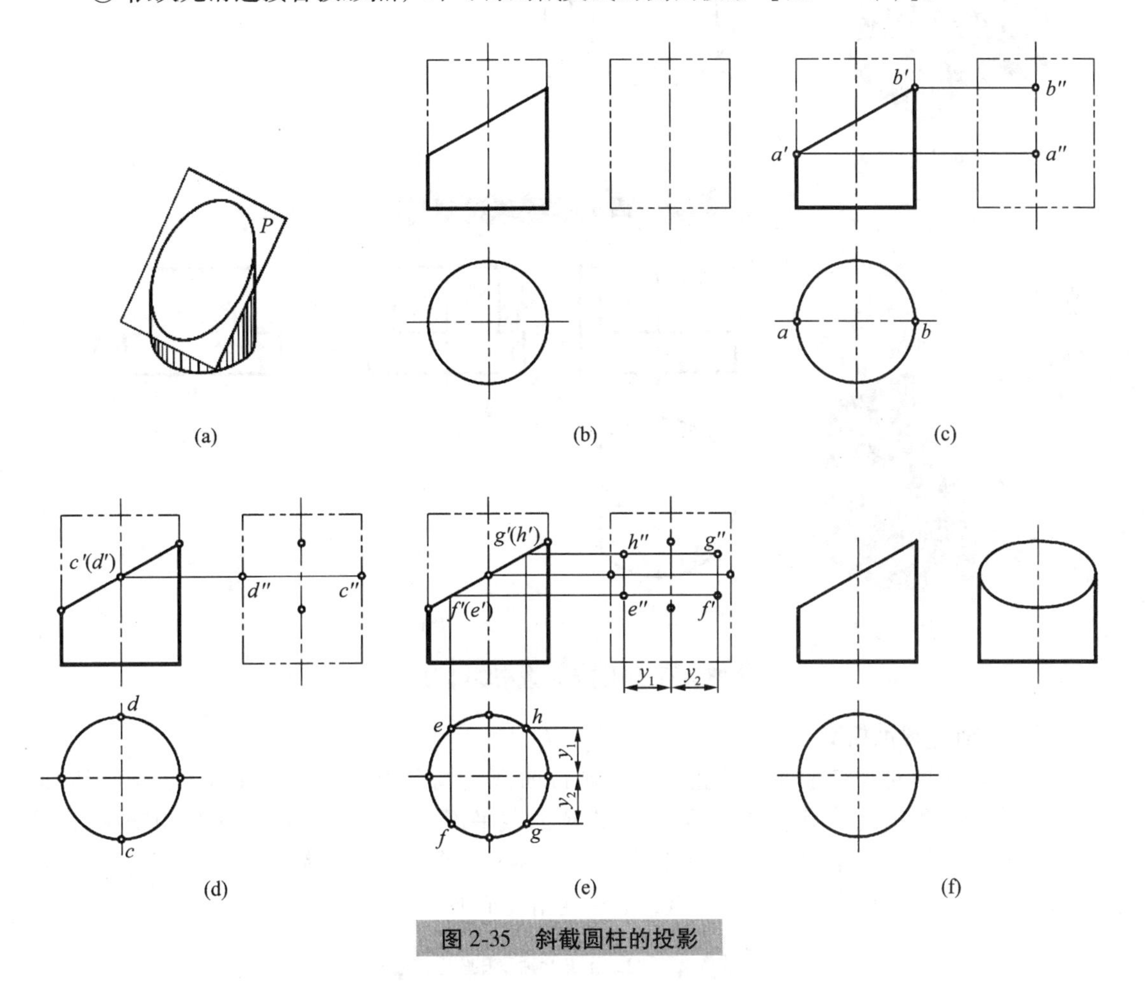

图 2-35　斜截圆柱的投影

圆柱体同时被几个平面截切，则是表 2-8 中截切形式的组合。

图 2-36 中，圆柱被水平面 P 和侧平面 Q 截切，截断面是表 2-8 中前两种情况的组合，截交线是圆弧和矩形。因截平面在 V 面具有积聚性，因此在 V 面先作出截切的缺口，然后根据投影关系分别作出俯视图和左视图。注意，水平面 P 只是截去了圆柱体上部最左和最右的素线，并未与圆柱体最前和最后的素线相交，如图 2-36(b)所示。

图 2-37 与图 2-36 情况类似，只是圆柱左上方大部分被截去，包括最前、最后和最左素线。

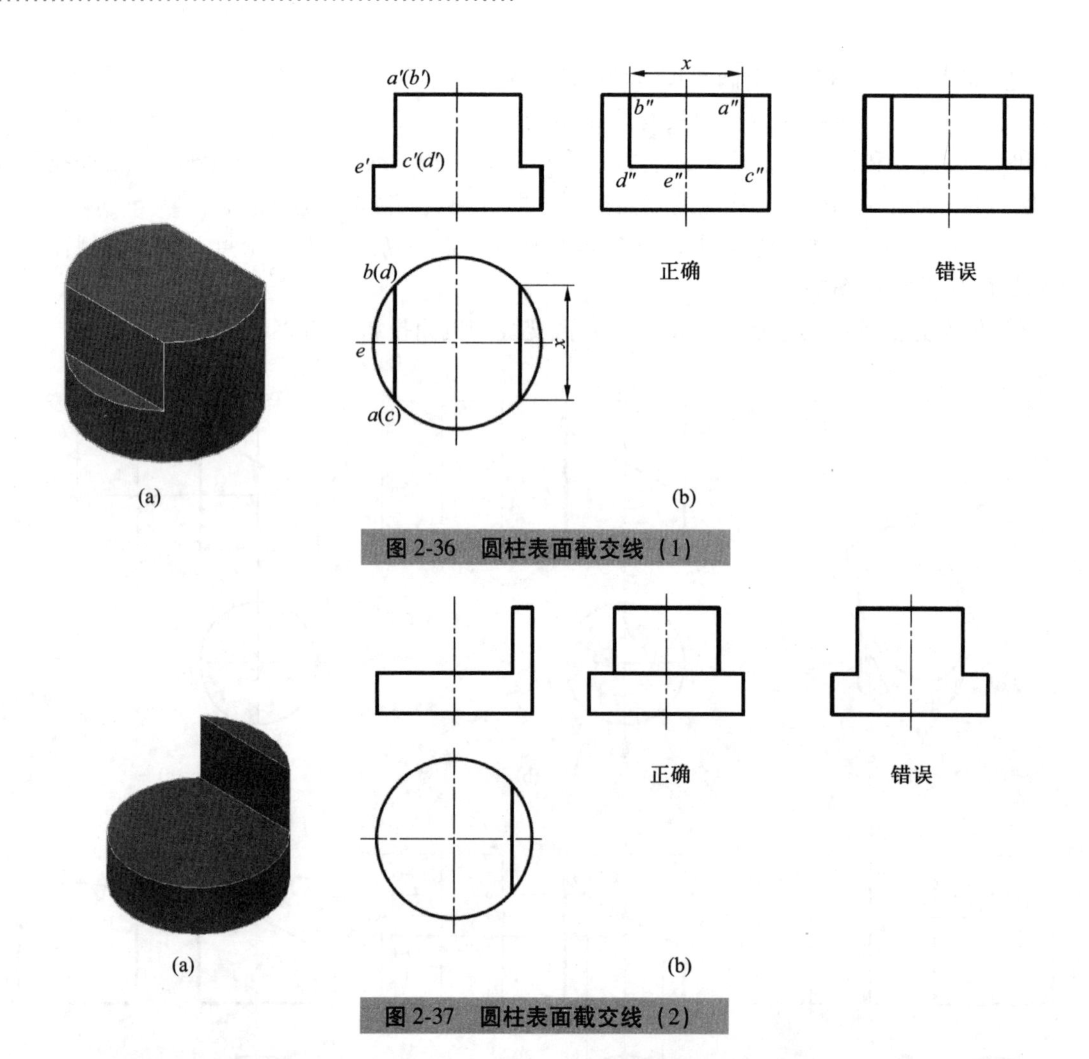

图 2-36　圆柱表面截交线（1）

图 2-37　圆柱表面截交线（2）

2. 平面与圆锥相交

根据截平面对圆锥轴线的位置不同，圆锥面截交线有圆、椭圆、双曲线、抛物线和相交两直线五种情况，见表 2-9。除了过锥顶的截平面与圆锥面的截交线是相交两直线外，其他四种情况都是曲线，除圆外不论何种曲线，其作图步骤都是一样的，先作出截交线上的特殊点，再作出若干中间点，然后光滑连成曲线。

表 2-9　平面与圆锥相交的截交线

截平面位置	过锥顶	不过锥顶			
		与轴线垂直	$\theta>\alpha$	平行于圆锥素线 $\theta=\alpha$	与轴线平行 $\theta<\alpha$
立体图					

续表

截平面位置	过锥顶	不过锥顶			
		与轴线垂直	$\theta>\alpha$	平行于圆锥素线 $\theta=\alpha$	与轴线平行 $\theta<\alpha$
投影图					
截交线形状	三角形	圆	椭圆	抛物线加直线	双曲线加直线

如图 2-38 所示，圆锥被正平面截切，求作截交线的投影。

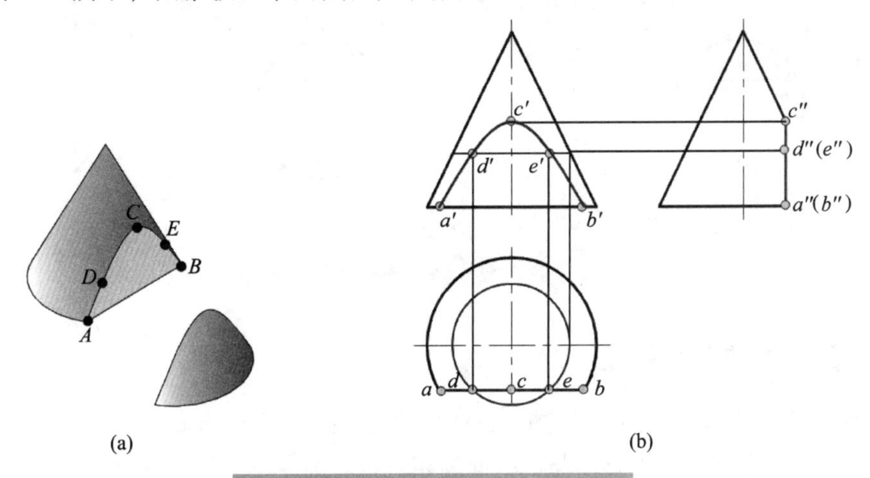

图 2-38　圆锥被正平面截切的投影

分析：因为正平面与圆锥的轴线平行，所以截交线是双曲线。双曲线的水平投影和侧面投影积聚成一直线，而正面投影则反映实形。

作图方法如下：

① 求特殊点：A、B 两点位于底圆上，分别是截交线上最低的最左点和最低的最右点，C 点位于圆锥的最前素线上，是最高点［图 2-38(a)］。可利用投影关系直接求得 a'、b'、c'。

② 求一般点：在特殊点之间作水平辅助圆，求作中间点 D、E。在俯视图上作出辅助圆的水平投影，与截交线的水平投影交于 d、e，由投影关系求得 d'、e'。

③ 依次光滑连接各投影点，即可得到截交线的正面投影［图 2-38(b)］。

3. 圆球切割

对于圆球来说，用任何方向的截平面切割，其截交线均为圆，圆的大小由截平面与球心之间的距离而定。

如图2-39(a)所示，半圆球被一正平面P和一水平面Q截切，正平面P的水平投影和侧面投影具有积聚性，正面投影反映实形；水平面Q的水平投影反映实形，另两面投影具有积聚性，具体作图分别如图2-39(b)、(c)、(d)所示。

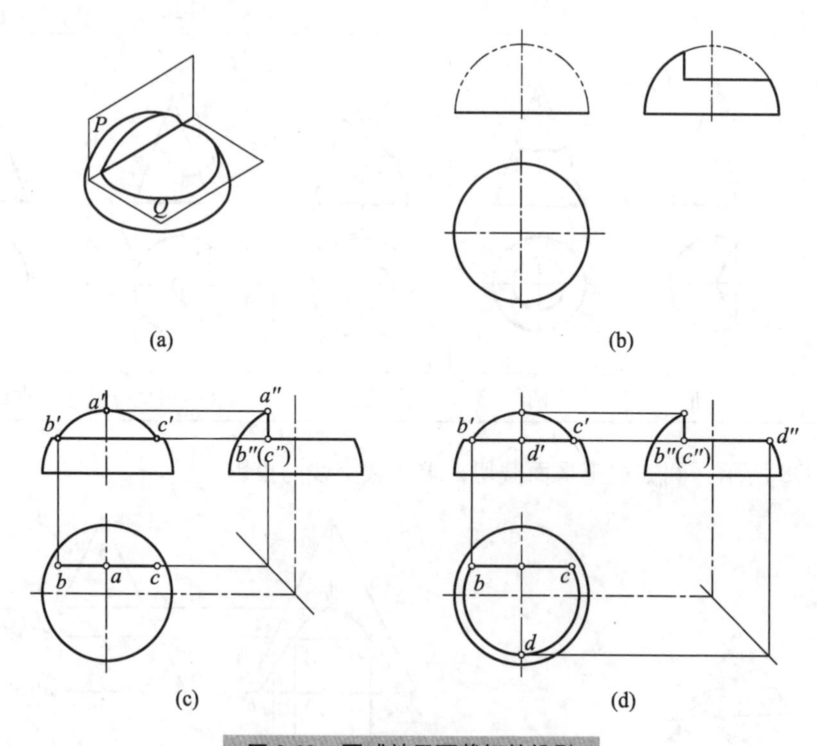

图2-39　圆球被平面截切的投影

三、截断体的尺寸标注

对于带切口的形体，除了标注基本形体尺寸外，还要标注出确定截平面位置的尺寸，如图2-40所示。注意：由于形体与截平面的相对位置确定后，切口的交线已经完全确定，因此不应标注出截交线的尺寸。图中打“×”的为多余尺寸。

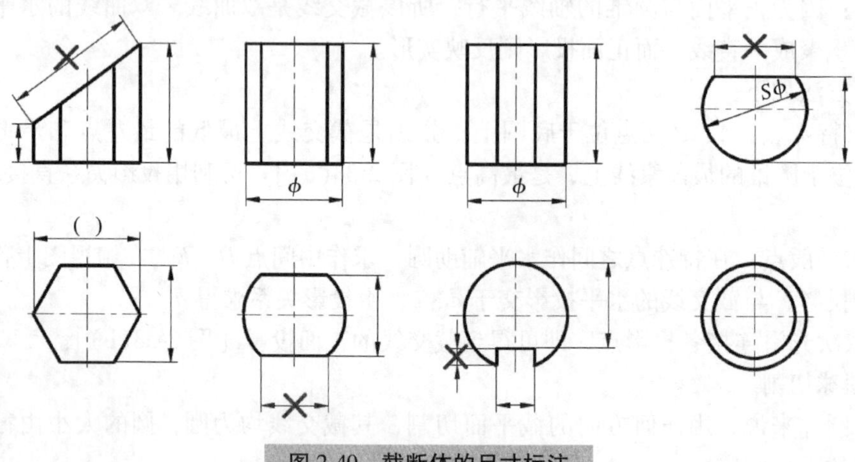

图2-40　截断体的尺寸标注

任务实施

读懂图 2-41 所示的立体，将三视图补充完整。

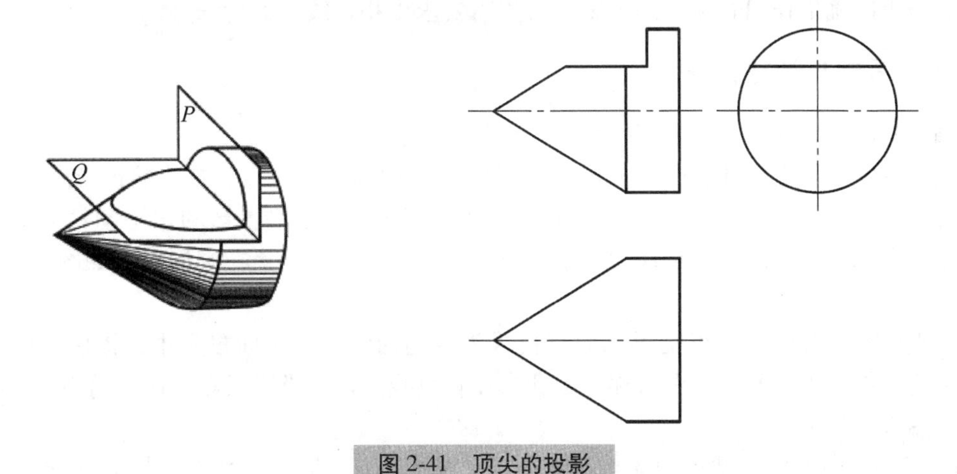

图 2-41　顶尖的投影

任务四　绘制相贯体的三视图

任务描述

物体上经常会出现各种立体相交的情况。例如，通风管的交叉处是由圆柱、圆台相交而成。本任务将学习如何绘制相贯体三视图。

目标：

（1）了解相贯线的概念及画法；

（2）能绘制相贯体三视图。

知识准备

两立体相交称为相贯，其表面产生的交线为相贯线，如图 2-42 所示。相贯线的形状取决于两回转体各自的形状、大小和相对位置，相贯的形式有平面立体与平面立体相贯、平面立体与曲面立体相贯、曲面立体与曲面立体相贯和多个立体之间相贯。本任务主要讨论曲面立体与曲面立体相贯。

图 2-42　相贯线及零件示例

相贯线的性质如下：

封闭性——相贯线一般为封闭的空间曲线，特殊情况下也可能是平面曲线或直线。

共有性——相贯线是两立体表面的共有线，也是两相交立体的分界线。相贯线上的点一定是两立体表面的共有点。

因此，求相贯线的实质是求两立体表面的一系列共有点，然后依次光滑地连接。作图时，为更准确地作出相贯线的投影，首先需要求出相贯线上的特殊点。

一、圆柱与圆柱相交

圆柱与圆柱相交，主要是利用积聚性求相贯线。

例 1　两个直径不相等的圆柱正交，如图 2-43(a)所示，求作相贯线的投影。

分析：两圆柱轴线垂直相交称为正交，直立圆柱面的水平投影和水平圆柱面的侧面投影都具有积聚性，所以相贯线的水平投影和侧面投影分别积聚在圆周上，如图 2-43(b)所示。

两直径不相等的圆柱正交形成的相贯线为空间曲线，在正面投影中，该曲线的前半部分和后半部分重合并且左右对称，因此求作相贯线的正面投影只需要作出前面的一半。

作图步骤如下：

① 求特殊点：水平圆柱的最高素线和直立圆柱最左、最右素线的交点 A、B 是相贯线的最高点，也是最左、最右点；点 C（D）是相贯线上的最低点，也是最前点（最后点），如图 2-43(c)所示；根据投影特性可求得 A、B、C、D 的三面投影。

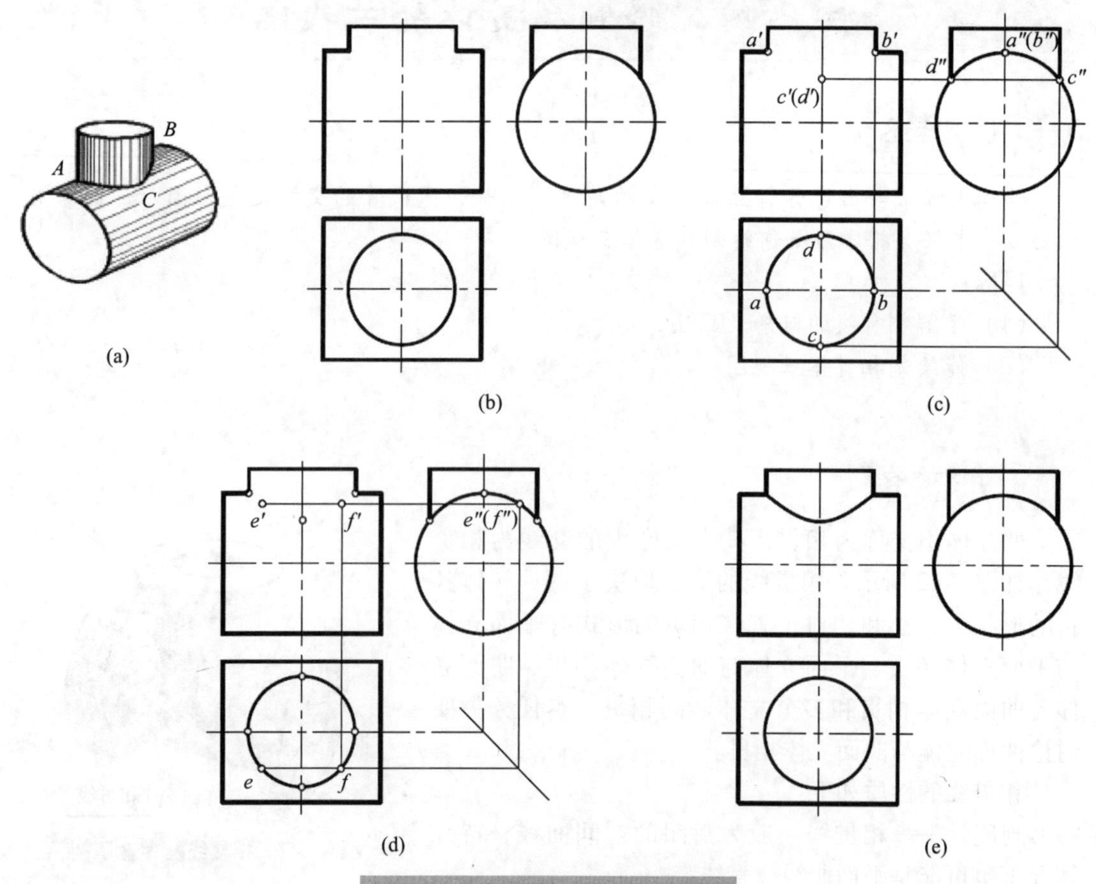

图 2-43　求两圆柱的相贯线投影

② 求一般点：利用积聚性，在 W 面投影和 H 面投影上定出 e''、f'' 和 e、f，再作出 e'、f'，如图 2-43(d) 所示。

③ 光滑连接 a'、e'、c'、f'、b' 即为相贯线的 V 面投影，作图结果如图 2-43(e) 所示。

国家标准规定，允许采用简化画法作出相贯线的投影，即以圆弧代替非圆曲线。当轴线垂直相交，且平行于正面的两个不等径圆柱（直径分别为 ϕ_1、ϕ_2，且 $\phi_1<\phi_2$）相交时，相贯线的正面投影以 R（$R=\phi_2/2$）为半径画圆弧即可，如图 2-44 所示。

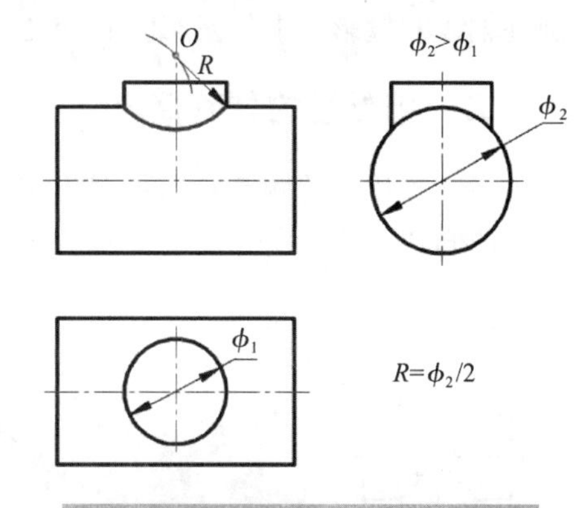

图 2-44 圆柱相贯线的简化画法

作图口诀：圆心落在小圆轴线上，半径为大圆半径，凸向大圆轴线方向，起终点为两圆柱转向轮廓线的交点。

如图 2-45 所示，若在水平圆柱上穿孔，就出现了圆柱外表面与圆柱孔内表面的相贯线，相贯线的作图方法与上例求两圆柱外表面相贯线相同。

再如图 2-46 所示，若要求作两圆柱孔内表面的相贯线，作图方法与求作两圆柱外表面相贯线的方法相同。

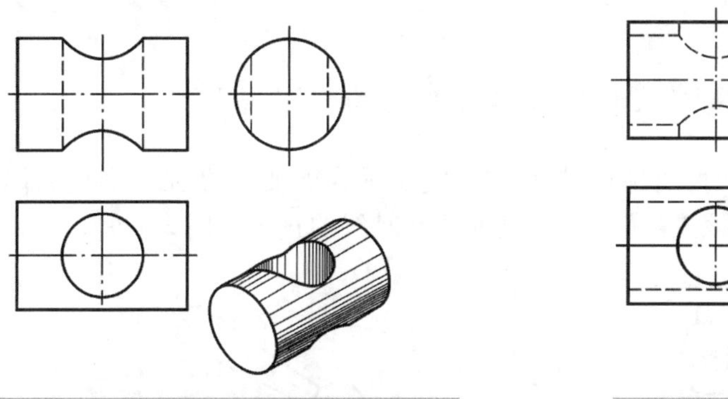

图 2-45 圆柱外表面与圆柱孔内表面相贯

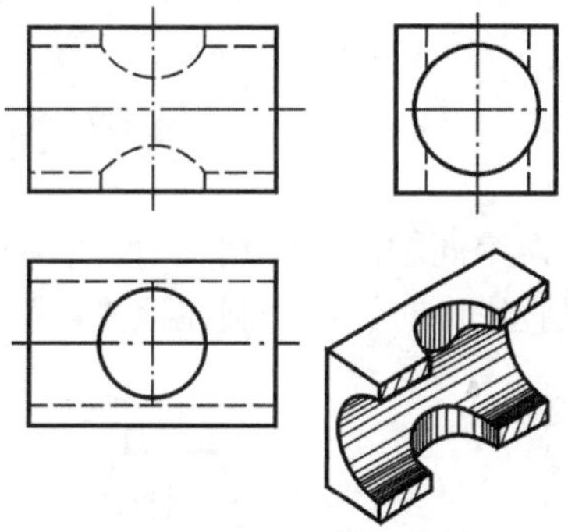

图 2-46 两圆柱孔内表面相贯

以上三种情况中，由于两相交立体的形状、大小和相对位置均相同，因而相贯线的形状也是相同的。

当正交两圆柱的相对位置不变，而相对大小发生变化时，相贯线的形状和位置也将随之变化，如图 2-47 所示。

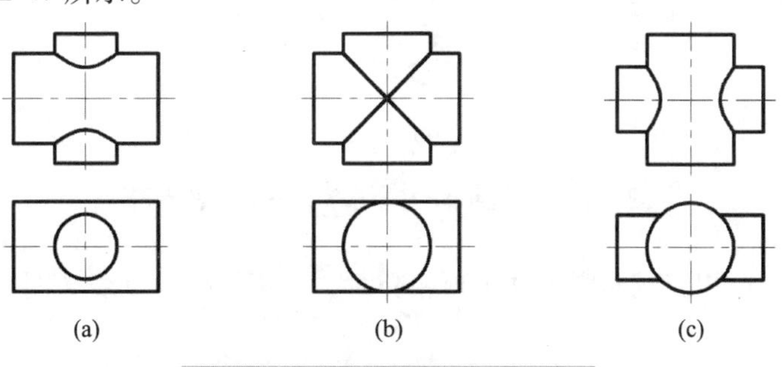

图 2-47 两圆柱相贯线的变化

直径不相等的两正交圆柱相贯，相贯线在平行于两圆柱轴线的投影面上的投影为双曲线，曲线的弯曲趋势总是向大圆柱投影内弯曲，如图 2-47 中(a)、(c)所示。

当两正交圆柱直径相等时，其相贯线为两条平面曲线——椭圆，相贯线在平行于两圆柱轴线的投影面上的投影为相交两直线，如图 2-47(b)所示。

二、相贯线的特殊情况

当轴线相交的两圆柱或圆柱与圆锥公切于一个球面时，相贯线是平面曲线——两个相交的椭圆。椭圆所在的平面垂直于两条轴线所决定的平面（图 2-48）。

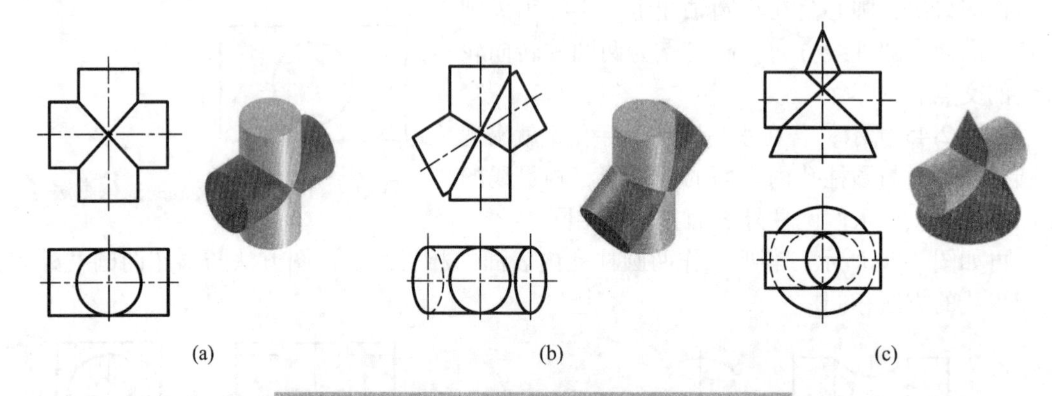

图 2-48　相贯线的特殊情况——相贯线为椭圆

两个同轴回转体相交时，它们的相贯线一定是垂直于轴线的圆，当回转体轴线平行于某投影面时，这个圆在该投影面的投影为垂直于轴线的直线（图 2-49）。

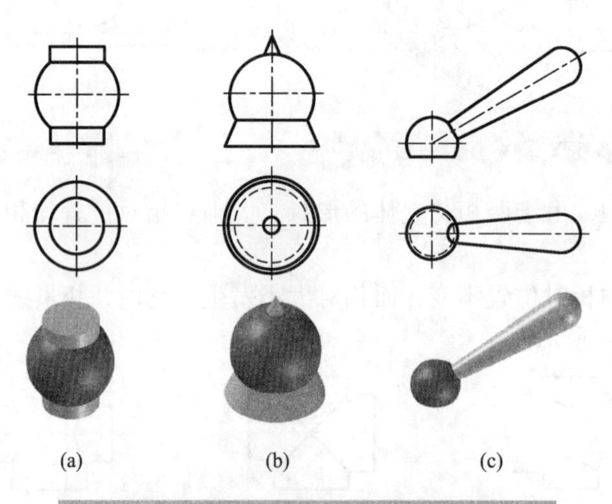

图 2-49　相贯线的特殊情况——相贯线为圆

两圆柱轴线平行相交或两圆锥共锥顶相交时，其相贯线为直线（图 2-50）。

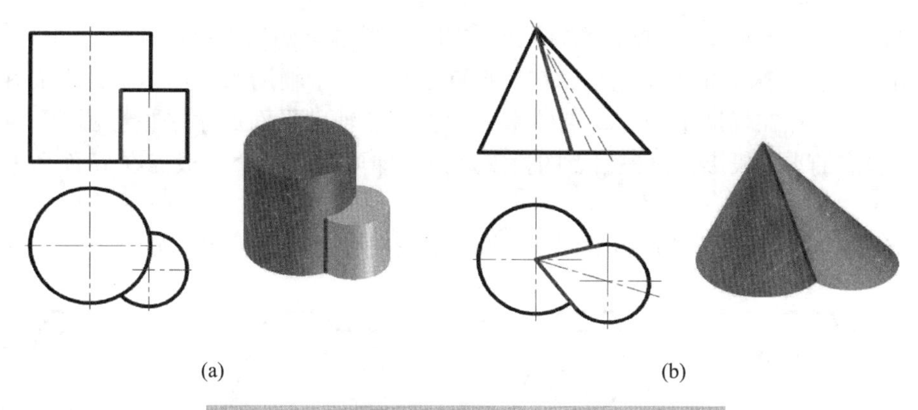

(a)　(b)

图 2-50　相贯线的特殊情况——相贯线为直线

任务实施

读懂图 2-51 所示相贯体的三视图，求作相贯线。

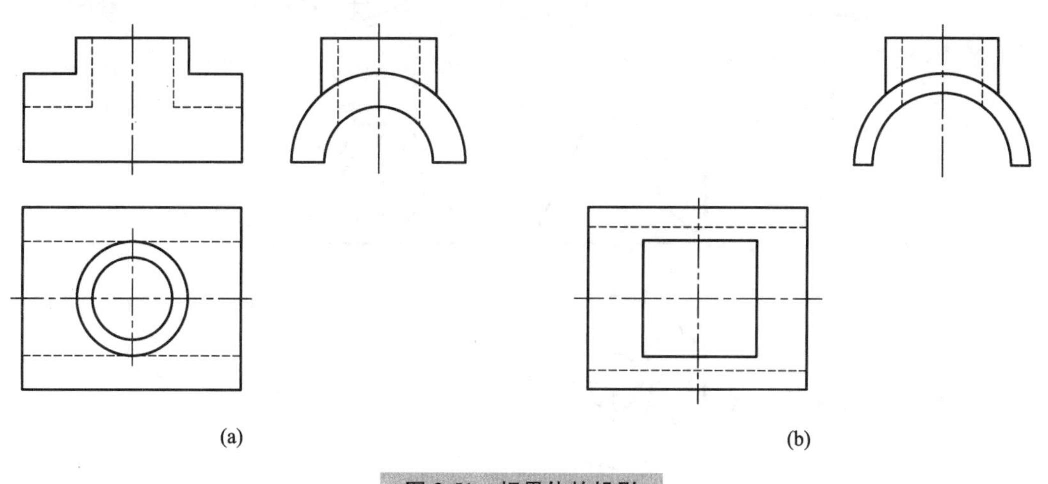

(a)　(b)

图 2-51　相贯体的投影

知识拓展

圆柱和圆锥、圆球相交的相贯线

因圆锥、圆球的投影没有积聚性，因此圆柱和圆锥相交后产生的相贯线一般需作辅助平面，即采用辅助平面法。选择辅助平面应在两立体相交的范围内，并且辅助平面与两曲面立体表面的截交线称为最简单的形式，如直线、圆等。

例 2　求圆柱与圆台的相贯线。

分析：如图 2-52 所示，辅助平面 *P* 与圆柱的交线为矩形，与圆锥的交线为圆。在 *H* 面投影上，两条交线具有真实性，在 *V* 面和 *W* 面上具有积聚性，很容易求出交线的交点。

作图步骤如下：

① 求特殊点：圆柱的最高、最低素线和圆台最左素线的交点是相贯线的最高点和最

低点，如图 2-52(c)所示；根据投影特性可求得 2 个特殊点的三面投影。

② 求一般点：采用辅助平面法，在特殊点之间找三个辅助水平面，辅助平面在 H 面上的投影为圆。点在辅助平面上，点的水平投影就在辅助平面的水平投影圆上，可以找到 6 个一般点的水平投影，再根据点的投影规律，即可得到 6 个一般点在 H 面和 W 面的投影。

③ 光滑连接各点投影即可得到圆柱与圆台相交的相贯线三视图，如图 2-52(c)所示。

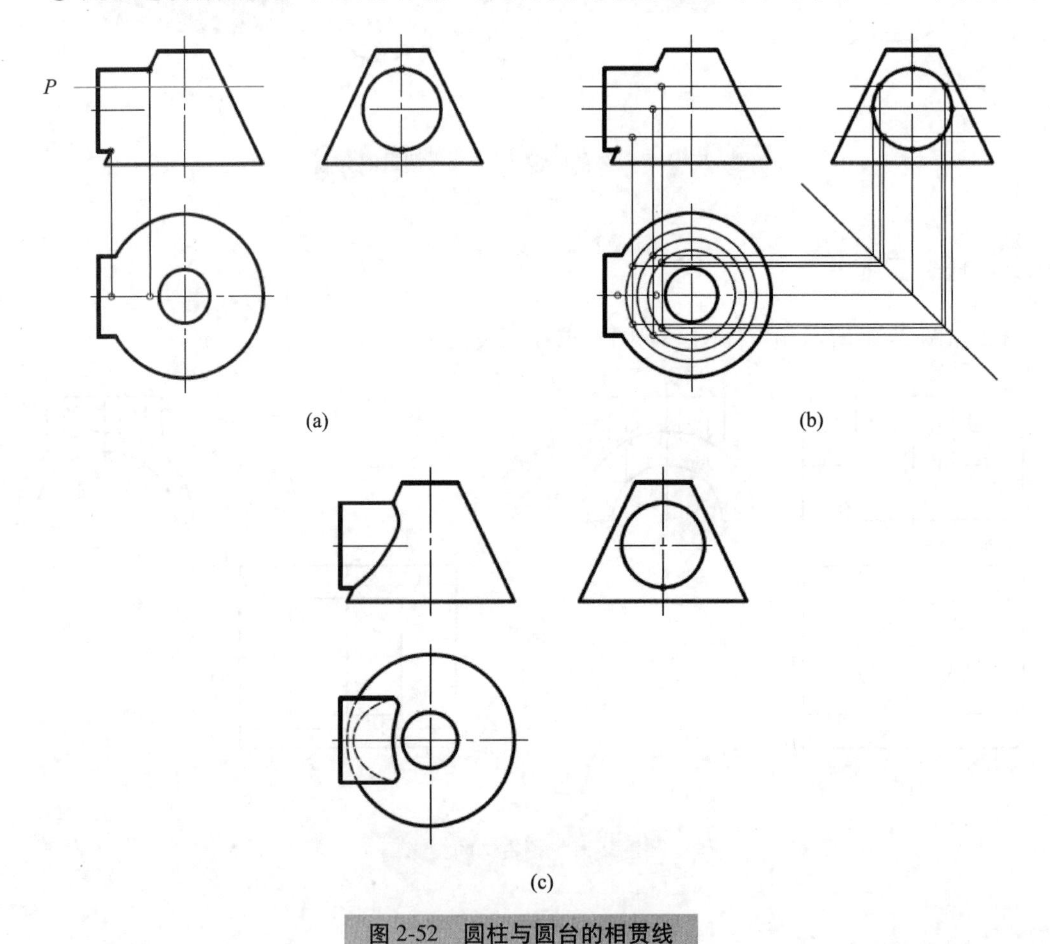

图 2-52　圆柱与圆台的相贯线

任务五　绘制组合体的三视图

任务描述

任何机器零件，从形体的角度来分析，都可以看成是由一些简单的基本体经过叠加、切割或穿孔等方式组合而成的。这种由两个或两个以上的基本体组合构成的整体称为组合体。本任务将学习组合体三视图的绘制和尺寸标注。

目标：

（1）了解组合体组合形式及分类；

（2）掌握组合体表面连接关系及画法；

（3）能选用合适方法对组合体形体进行分析，并绘制三视图。

知识准备

一、组合体及其形体分析

1. 组合体的构成方式

为了便于分析，组合体按其构成方式通常分为叠加型、切割型和综合型，见图 2-53。

叠加型组合体：由各种基本形体简单叠加而成的组合体［图 2-53(a)］。

切割型组合体：由一个基本形体进行切割（如钻孔、挖槽等）后形成的组合体［图 2-53(b)］。

综合型组合体：由若干个基本形体经叠加和切割后形成的组合体，是最常见的一类组合体［图 2-53(c)］。

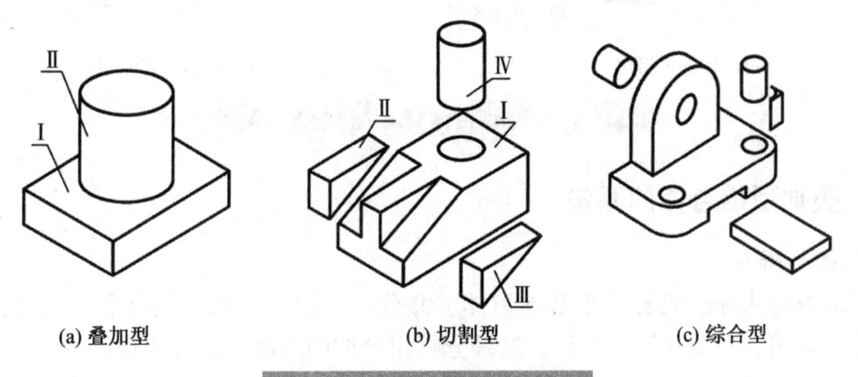

(a) 叠加型　(b) 切割型　(c) 综合型

图 2-53　组合体的构成方式

2. 组合体上相邻表面之间的连接关系

构成组合体的各基本形体的相邻表面之间可能形成平齐、不平齐、相切或相交四种特殊关系。

（1）表面平齐或不平齐

相邻两形体的表面平齐（共面）叠加时，不应有线隔开，如图 2-54(a)所示；相邻两形体的表面不平齐（不共面）叠加时，应有线隔开，如图 2-54(b)所示。

（2）表面相切

相邻两形体的表面相切时，由于相切处两表面是光滑过渡的，相切处不应画线，如图 2-54(c)所示。

（3）表面相交

相邻两形体的表面相交时，在相交处应画交线（截交线或相贯线），如图 2-54(d)所示。

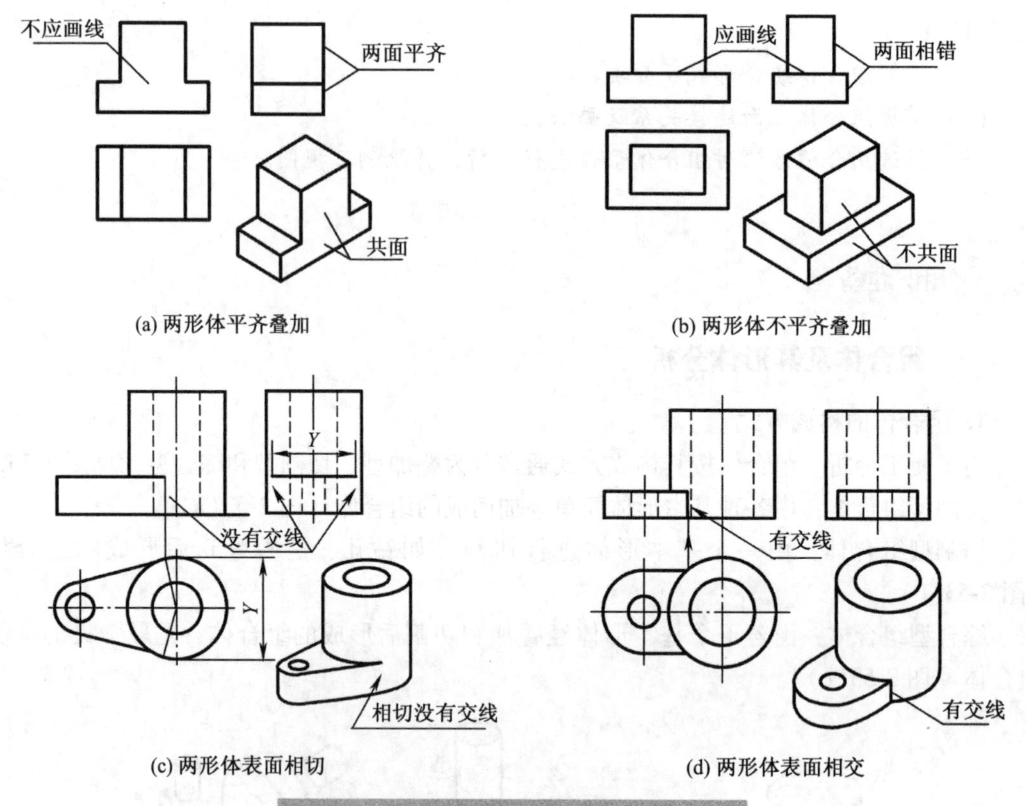

(a) 两形体平齐叠加　(b) 两形体不平齐叠加

(c) 两形体表面相切　(d) 两形体表面相交

图 2-54　相邻两形体表面之间的连接关系

二、叠加型组合体的画法

1. 形体分析

假想将组合体分解成若干个基本形体，并分析它们的形状、组合形式和表面连接关系，以便于画图、看图和尺寸标注，这种分析组合体的思维方法称为形体分析法。

如图 2-55 所示的支座，根据其结构特点，可将其分解为五个部分，从图中可以看出，支撑板Ⅱ与圆筒Ⅳ相切，圆筒Ⅳ和小圆筒Ⅴ正交，肋板Ⅲ与底板Ⅰ、支撑板Ⅱ、圆筒Ⅳ都是相交关系。

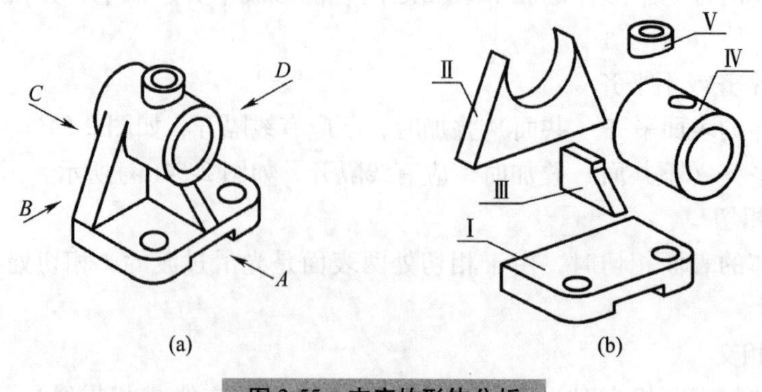

(a)　(b)

图 2-55　支座的形体分析

2. 视图方向的选择

主视图是一组视图的核心，是最重要的视图。确定主视图时，应选取最能反映组合体形状结构特征的视图作为主视图，即所选择的主视图要能够较清晰或较多地反映组合体各组成部分的形状及相对位置。

如图 2-56 所示，将支座按自然位置安放后，根据主视图选择原则，比较箭头所示 *A*、*B*、*C*、*D* 四个投射方向，*A* 方向的视图更适合作为主视图的投射方向。

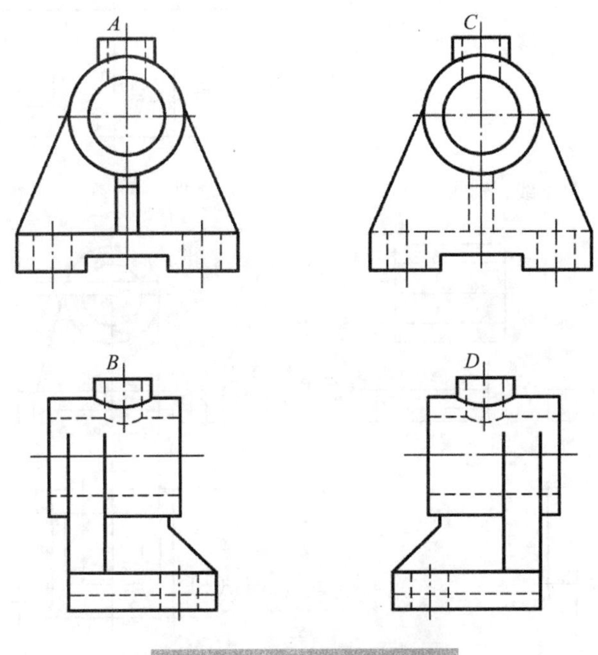

图 2-56　支座的视图选择

3. 画图步骤

① 选择好适当的比例（尽量选用 1∶1 的比例），再根据组合体长、宽、高三个方向的尺寸，大致计算出各视图所需的面积，并在视图间留出标注尺寸的位置及适当的间隔，按大小选用合适的标准图幅。画出各视图主要中心线和基准线，如图 2-57(a)所示。

② 运用形体分析法，逐个画出各部分的基本形体，同一形体的三视图应按投影关系同时画出，而不是先画完组合体的一个视图后，再画另一个视图；画每一部分的基本形体时，应先画反映该部分形体的特征视图。例如，底板和小圆筒等都在俯视图上反映它们的形状特征，所以应先画俯视图，再画主、左视图。画图顺序遵循以下原则：一般先画实体，后画虚体；先画较大形体，后画较小的形体；先画主要轮廓，后画细节，画法如图 2-57(b)至图 2-57(e)所示。

③ 底稿画好后，应按形体逐个进行仔细检查，纠正错误，补画缺漏线，确认无误后用规定的线型描深全图。描深时，为使图线连接光滑，可先描深圆弧，再描深直线，如图 2-57(f)所示。

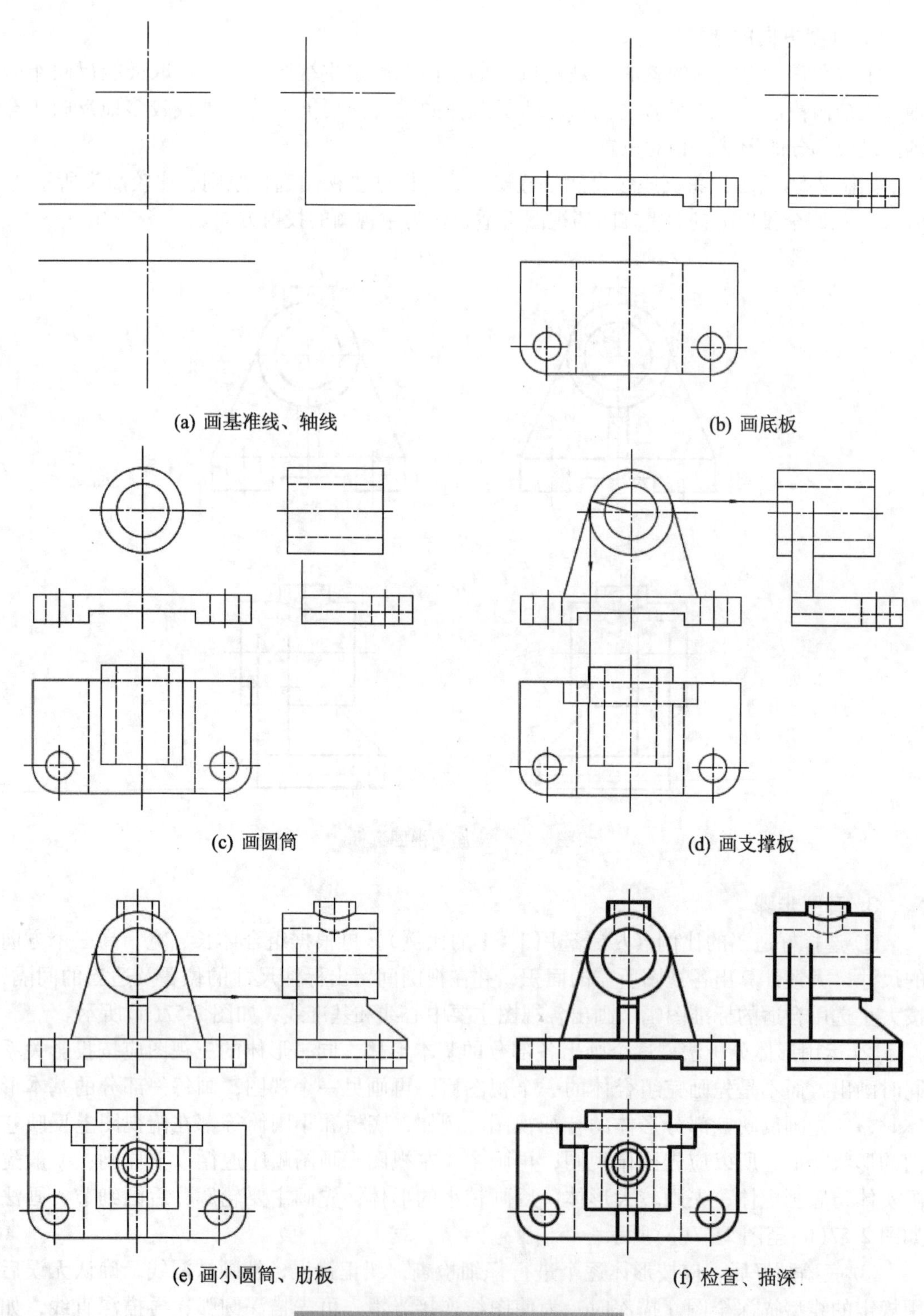

图 2-57　叠加型组合体作图步骤

三、切割型组合体的画法

现以图 2-58(a)所示的形体为例，说明切割型组合体的画法。

1. 形体分析

该组合体可看作是由一完整的长方体切去 3 个基本形体而形成。

2. 选择视图

以图 2-58(a)中箭头所指的方向为主视图的投射方向。

作图步骤如图 2-58(b)至图 2-58(d)所示。

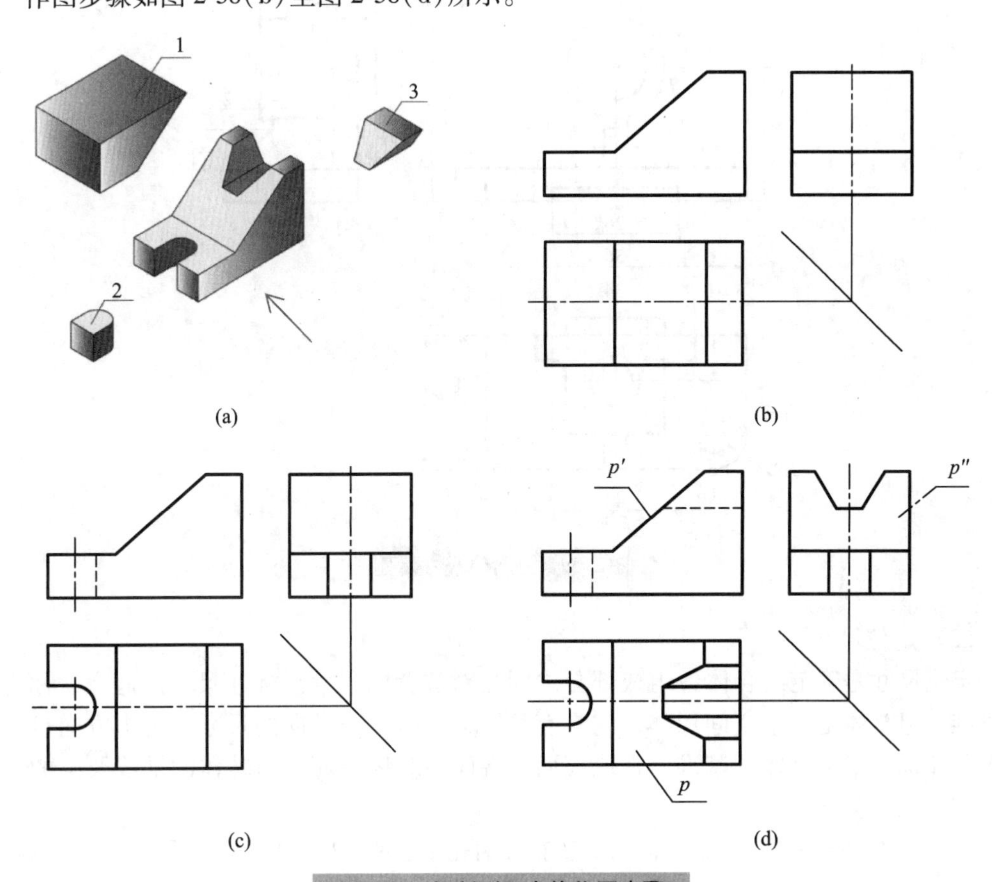

图 2-58　切割型组合体作图步骤

3. 绘图时应注意的问题

对于切割型组合体，应先绘制出反映其形状特征明显的视图，再画其他视图。例如，切去形体 1，应先画出主视图；切去形体 2，应先画出俯视图；切去形体 3，应先画出左视图。逐步切割，并画出每次切割后产生的交线。

四、组合体的标注

1. 标注尺寸的基本要求

正确——尺寸标注必须符合国家标准中的有关规定，不能随意标注。

齐全——尺寸必须注全，不能遗漏。

清晰——尺寸布置整齐清晰，便于读图。

2. 尺寸的分类和尺寸基准

（1）定形尺寸

定形尺寸是确定各基本体形状和大小的尺寸。如图 2-59 所示，轴承座底板的长 56、26，宽 28，高 7、3；圆筒直径 $\phi22$、$\phi14$、$\phi10$、$\phi8$ 及底板上圆孔直径 $\phi6$、半径 $R6$ 等均为定形尺寸。

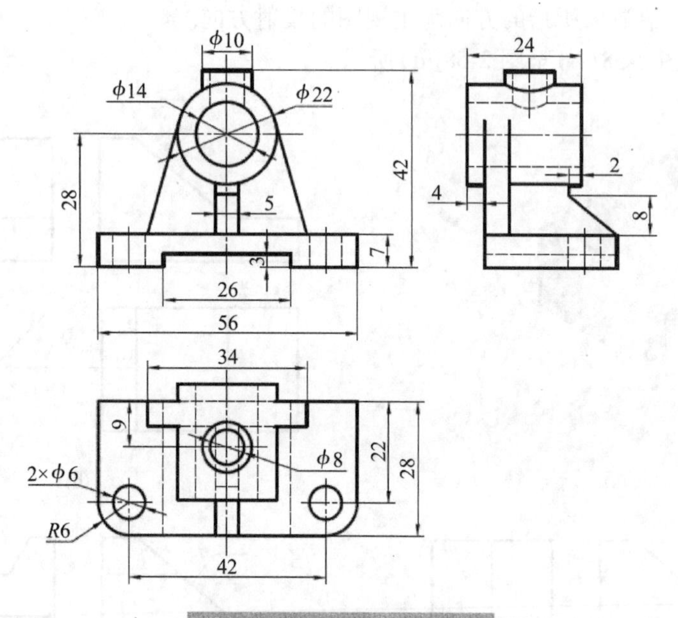

图 2-59　组合体尺寸示例

（2）定位尺寸

定位尺寸是确定组合体各组成部分之间相对位置的尺寸。标注尺寸的起点，称为尺寸基准。组合体是一个空间形体，它具有长、宽、高三个方向的尺寸，每个方向至少有一个尺寸基准。组合体的基准，常取底面、端面、对称平面、回转体的轴线及圆的中心线等作为尺寸基准。

图 2-59 中的圆筒中心高 28，轴承座底板两孔中心距 42、22，圆筒后端面与支撑板后端面尺寸 4 等均为定位尺寸。

（3）总体尺寸

总体尺寸是确定组合体总长、总宽、总高的外形尺寸。组合体一般应标注总体尺寸，其目的是方便物体的备料、加工、运输和安装等。但对于具有圆和圆弧结构的组合体，为明确圆弧的中心和孔的轴线位置，可省略该方向的总体尺寸。

3. 组合体标注的注意事项

为保证图面所注尺寸清晰，除严格遵守机械制图国标的规定外，须注意以下几点：

① 将定形尺寸标注在形体特征明显的视图上，避免标注在虚线上，如图 2-60 所示。

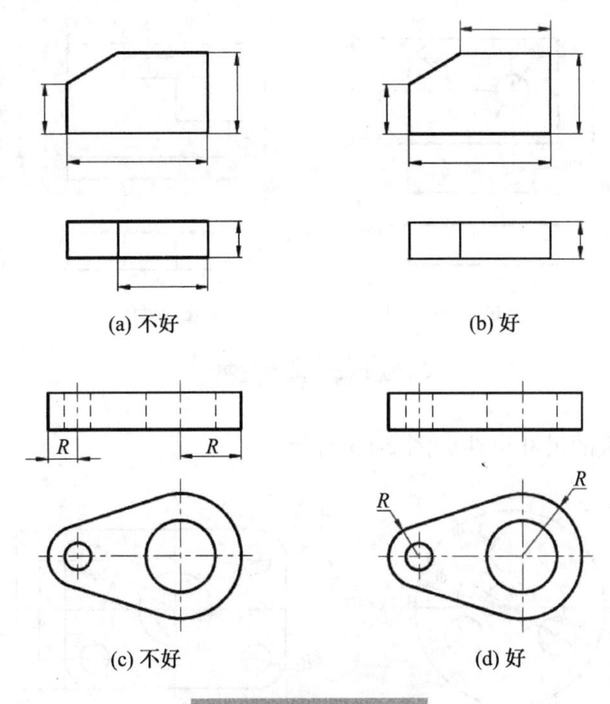

(a) 不好　(b) 好

(c) 不好　(d) 好

图 2-60　突出特征

② 同一基本形体上的几个大小尺寸和有关联的定位尺寸，应尽可能标注在同一视图上，如图 2-61 所示。

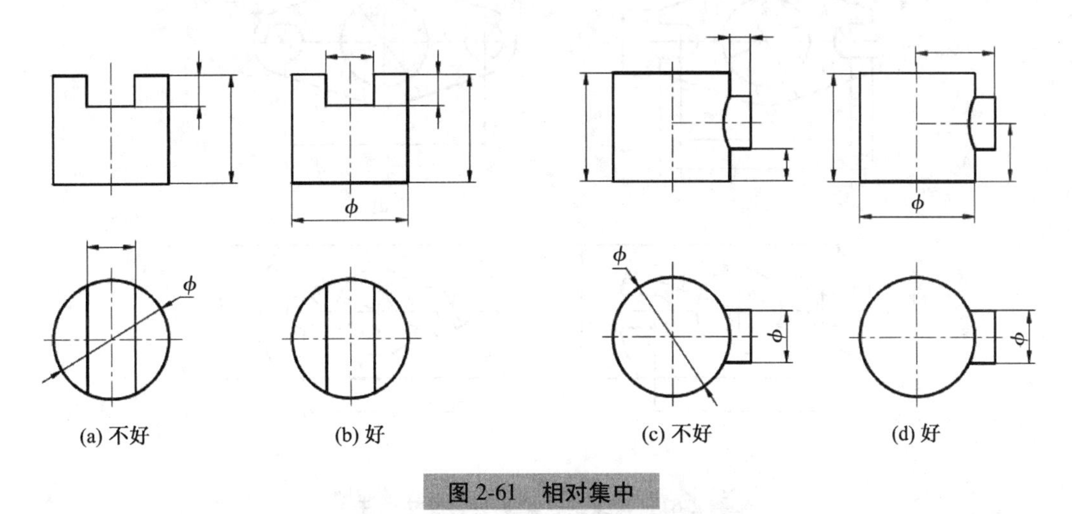

(a) 不好　(b) 好　(c) 不好　(d) 好

图 2-61　相对集中

③ 尺寸一般标注在视图的外面，在不影响清晰度的情况下，也可标注在视图内。标注同一方向的尺寸时，小尺寸在内，大尺寸在外，尽量避免尺寸线和尺寸界线相交，如图 2-62 所示。

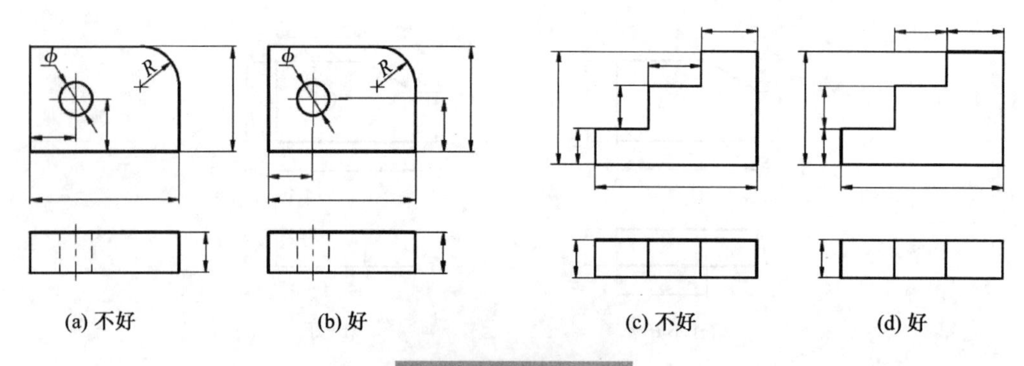

(a) 不好　(b) 好　(c) 不好　(d) 好

图 2-62　排列整齐

常见组合体底板的尺寸标注如图 2-63 所示。

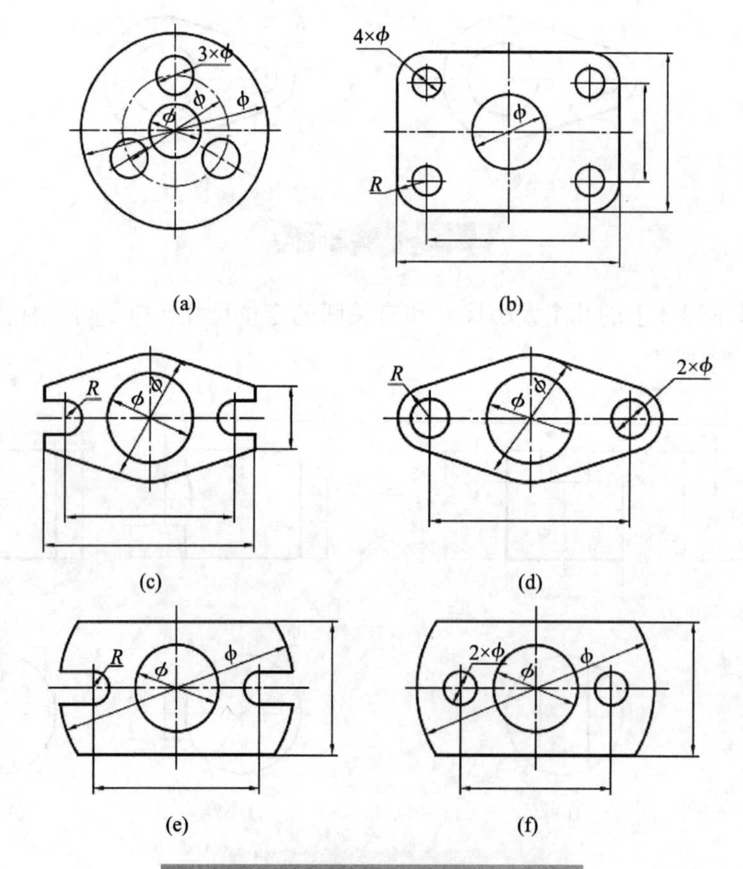

图 2-63　常见组合体底板的尺寸标注

任务实施

如图 2-64 所示，选择组合体按照规范要求绘制组合体的三视图并标注尺寸。

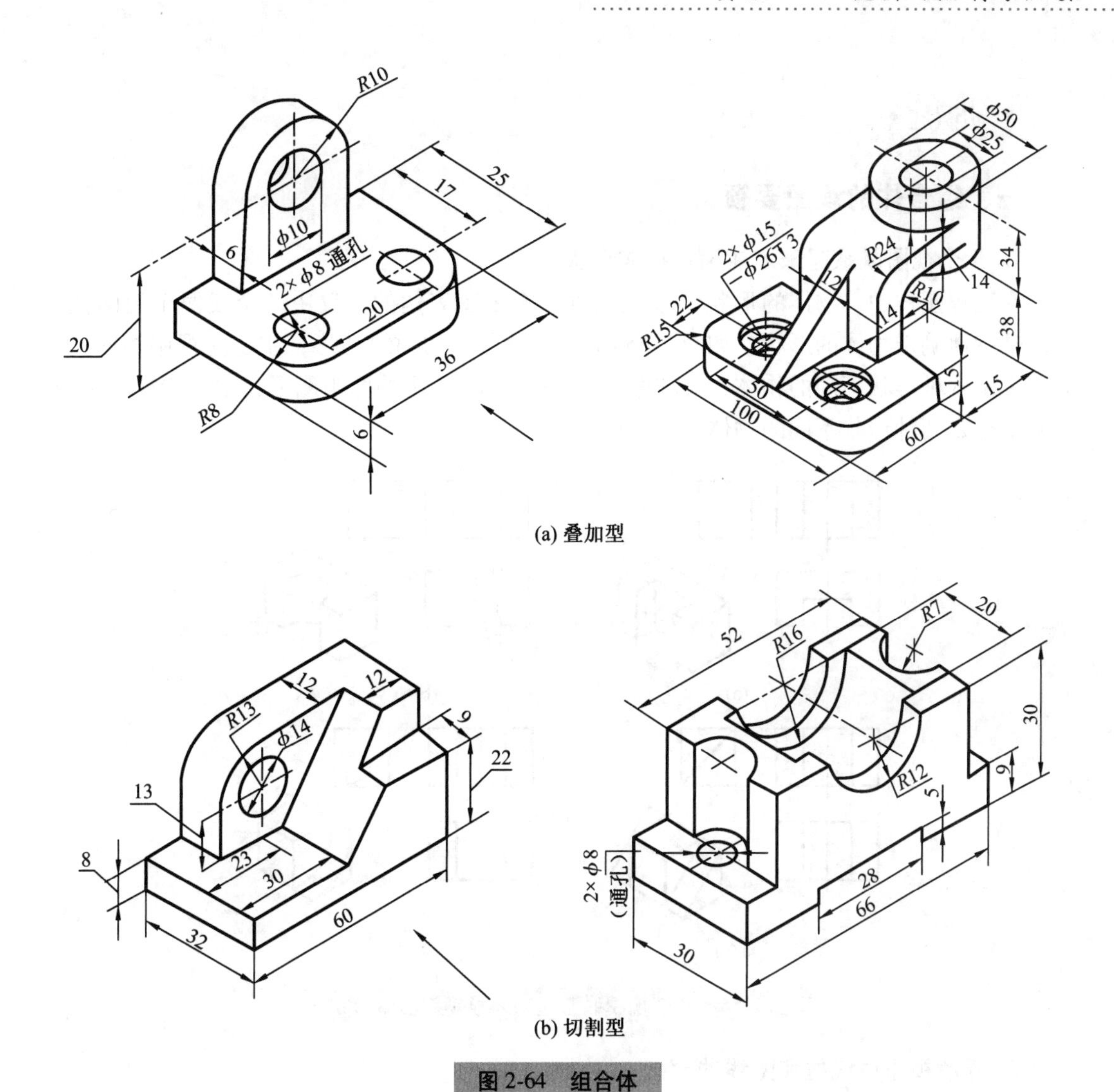

图2-64　组合体

任务六　识读组合体的三视图

任务描述

绘图时运用投影的方法，把空间物体的结构形状用二维图形表达在图纸上；读图，则是运用投影原理，根据二维图形，想象出空间物体的结构和形状。读图能力的培养是学习投影和识图的主要任务之一，也是本任务学习时的难点。掌握正确的读图方法，可为今后阅读专业图样打下良好的基础。

目标：

（1）了解组合体视图的读图方法；

（2）能读懂组合体视图，分析立体结构，想象立体形状。

知识准备

一、组合体的读图要领

1. 几个视图联系起来才能确定物体形状

在工程图样中，物体的形状一般是通过几个视图表达的，仅由一个或两个视图往往不能唯一地确定物体的形状。如图 2-65(a)、(b)所示的两组图形，主、左视图相同，但实际上是两种形状不同的物体；又如图 2-65(c)、(d)所示的两组图形，主、俯视图相同，实际上也是两种形状不同的物体。

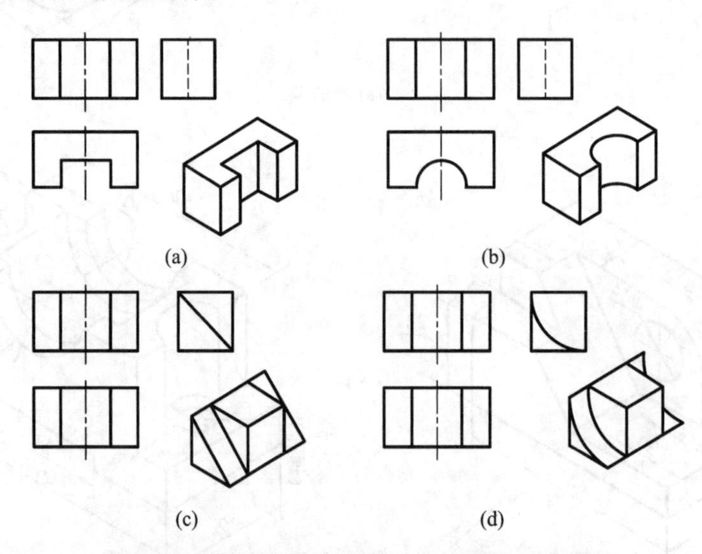

图 2-65　几个视图联系起来才能确定物体形状

2. 弄清视图中线框和图线的含义

视图中每一个封闭的线框，一般代表物体一个面（平面或曲面）的投影，或者是一个通孔的投影。如图 2-66(a)中 A、B、C、D 表示物体前后不同位置平面或曲面的投影。

视图上每一条图线可以是：

① 两平面交线的投影。视图上的直线 L 是两平面交线的投影，如图 2-66(c)所示。

② 平面与曲面交线的投影，如图 2-66(d)、(e)所示。

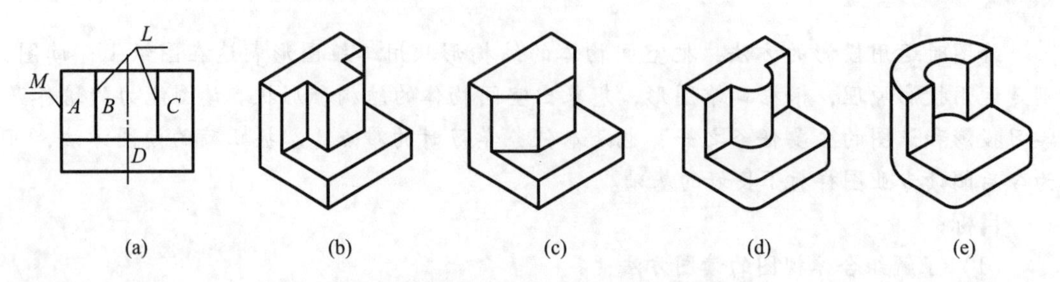

图 2-66　分析视图中图线和线框的含义

③ 垂直面的投影。视图上的直线 L 和 M 是物体上侧平面的投影，如图 2-66(b)所示。

④ 曲面的转向轮廓线。视图上的直线 M 也可以是圆柱面转向轮廓线的投影，如图 2-66(e)所示。

视图中两个相邻的封闭线框，一定是物体上相交或相错的两个面的投影。如图 2-66(b)中线框 A 和 B 是前后相错的两表面，图 2-66(c)中的线框 A 和 B 是相交的两表面。

视图中大线框内的封闭线框是物体凹凸部分的投影。

3. 特征视图

能清楚表达物体形状特征的视图称为特征视图。

如图 2-66 所示，各形体主视图相同，应以俯视图为特征视图来读图。

如图 2-67 所示，组合体由底板、竖板和肋板叠加组成。主视图表达了竖板的形状特征，俯视图表达了底板的形状特征，左视图表达了肋板的形状特征。

如图 2-68 所示，主视图中大线框的小线框Ⅰ、Ⅱ，在给定的两面视图中形状特征很明显，但相对位置不清楚，左视图能确定二者的相对位置，因此左视图是形体Ⅰ、Ⅱ的位置特征视图。

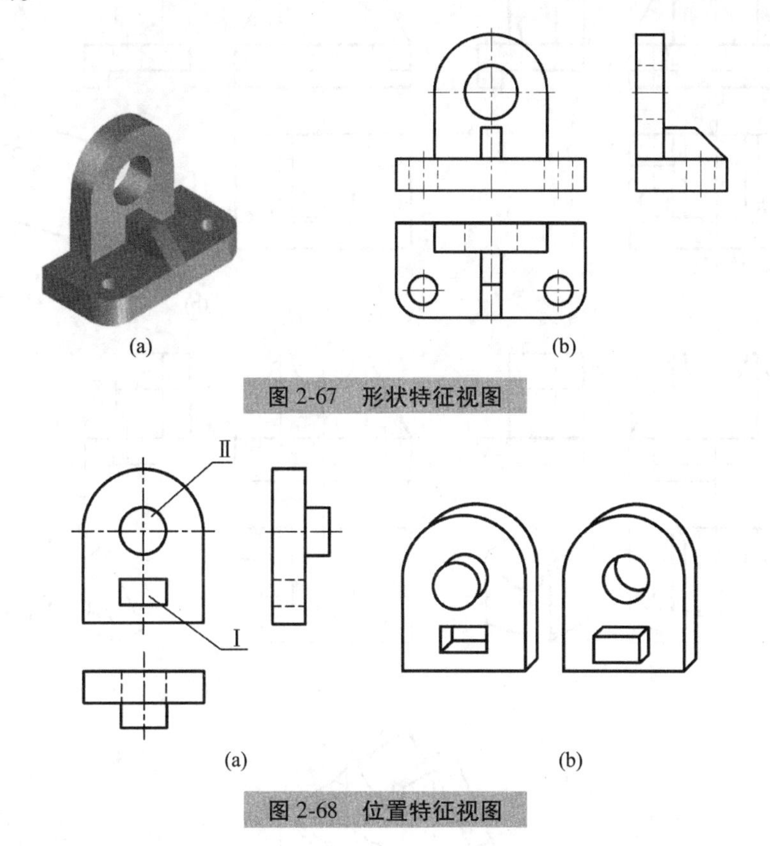

图 2-67　形状特征视图

图 2-68　位置特征视图

二、组合体的读图方法

常见的读图方法是形体分析法，对于较难读懂的地方，常采用线面分析法。

1. 用形体分析法读图

形体分析法是组合体读图的基本方法。其思路是：首先在反映形状特征比较明显的主视图上按线框将组合体划分为几个部分，即几个基本体；其次通过投影关系找到各线框所表示的部分在其他视图中的投影，从而分析各部分的形状及它们之间的相对位置；最后综合起来想象组合体的整体形状。具体步骤如下：

(1) 划线框，分基本体

首先从主视图入手，将其线框分为Ⅰ、Ⅱ、Ⅲ部分，并根据三视图的投影规律，在其他视图中找出各部分对应的投影。

(2) 对投影，想象各基本体的形状

根据每一部分的三视图想象出各形体的空间形状，并确定它们的相互位置，如图 2-69(b)至(d)所示。

(3) 综合起来想整体

确定出各形体的形状和相对位置后，就可以想象出组合体的整体形状，如图 2-69(e)所示。

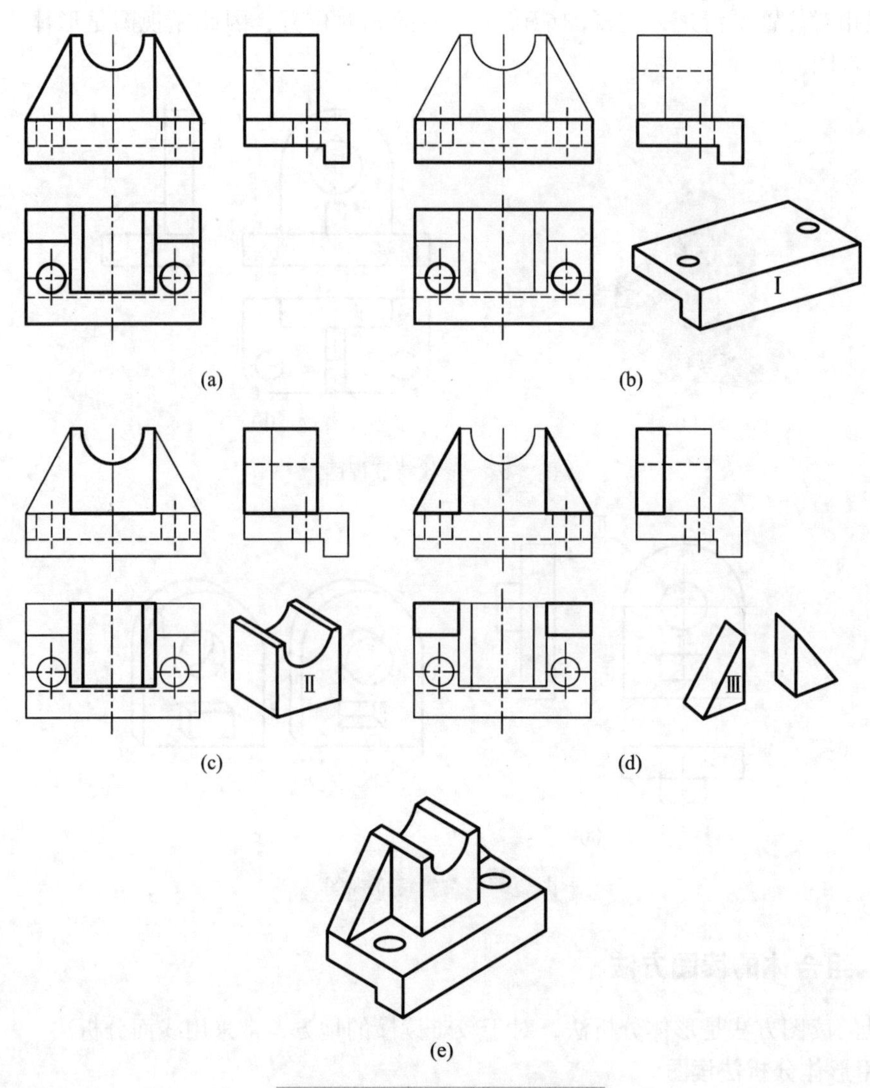

(a) (b) (c) (d) (e)

图 2-69 用形体分析法读图

2. 用线面分析法读图

构成物体的各个表面，不论其形状如何，它们的投影如果不具有积聚性，一般都是一个封闭线框。用线面分析法读组合体的视图，就是运用点、线、面的投影特征，分析视图中每一条线或线框所代表的含义和空间位置，从而想出整个组合体的形状。

如图 2-70 所示的组合体，分析平面 P，主、俯视图均有类似形，在高平齐范围内找不出相似形，则该平面的侧面投影积聚成一条直线，由此说明该形体被一侧垂面切割，且呈凹形，如图 2-70(b)所示。分析平面 Q，主视图为矩形，俯视图和左视图没有矩形类似形，说明其投影积聚为直线，则判断该平面为正平面。分析平面 R，左视图为四边形，另外两个视图没有其类似形，说明其主视图和俯视图均积聚为直线，则判断该平面为侧平面。

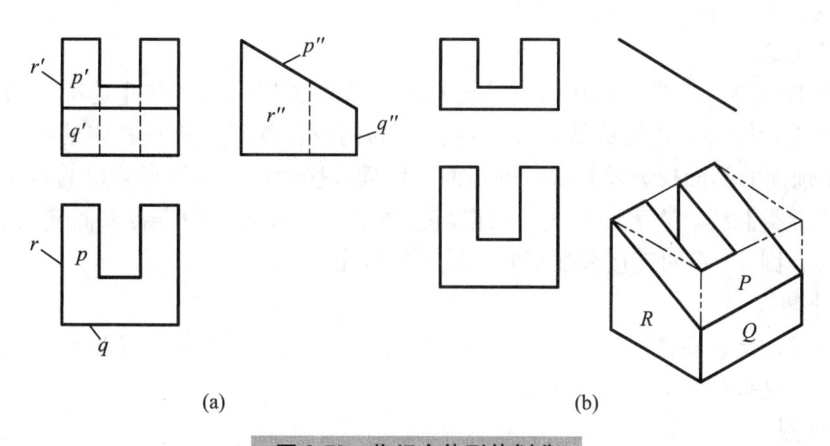

图 2-70　将组合体形体划分

对于比较复杂的视图，一般需要反复地分析、综合、判断和想象，才能将其读懂并想出组合体的形状。

三、训练读图的方法

训练读图的方法很多，这里只介绍其中的两种：补漏线和补视图。

1. 补漏线

这是读图训练时常用的一种方法。通常出题者在给出的组合体视图上，有意地漏画一些图线（当然这些图线的漏画并不影响读者读图），要求读者在读懂视图后，补画出这些漏画的图线。

例　补全图 2-71 所示组合体的三视图中漏画的图线。

读图：由图 2-71(a)初步判断这是一个以叠加为主的组合体，故应用形体分析法读图。按照前面介绍的“分、找、想、合”的步骤，从分解主视图入手，将其分为 a'、b'、c'三部分，a'和 c'间可加上一条假想的交线，以便于分析，但最后完成时应通过检查将其擦除。最终可以得出图 2-71(b)所示的组合体。该组合体由三部分叠加而成：A 是一“L”形的底板，亦可看成是左前方缺角的长方形板，位于组合体的下部；C 是一竖直放置的长方形板，它的前上方被切去 1/4 圆柱，它位于 A 的上部且与 A 右端平齐；B 为一三棱柱，放在 A 的上方，C 的左边。

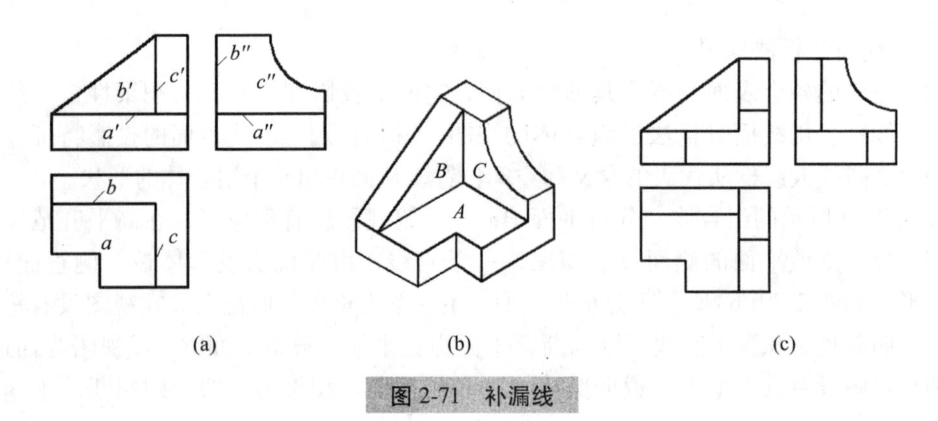

(a) (b) (c)

图 2-71 补漏线

补漏线：补漏线应分两步进行。

(1) 查漏线

将已有的视图与读图结果比较，从而找出漏线的位置。为了防止遗漏，通常可从以下几个方面进行检查。查轮廓线：按照组合体的构成，逐部分检查物体的各轮廓线。在本题中，*A* 顶面的侧面投影及其缺口的正面和侧面投影、*C* 上圆柱形缺口的水平和正面投影，都属于此类漏线。查表面交线：根据组合体的组合方式，检查各表面交线和分界线。在本题图中，因 *A*、*C* 两连接表面平齐，故不应画出。

(2) 补漏线

根据检查的结果将图中漏画的图线补上。在补画漏线时，其位置和长度根据投影规律确定。具体结果如图 2-71(c)所示。

2. 补视图

这是进行读图训练时最为常见的一种方法。要求读者根据已有的两个视图，想象出物体的形状和结构，并正确地补画出第三视图，从而达到训练读图能力的目的。

此类问题的求解过程通常分为两步：读图和补图。

补画图 2-72 所示组合体的左视图。

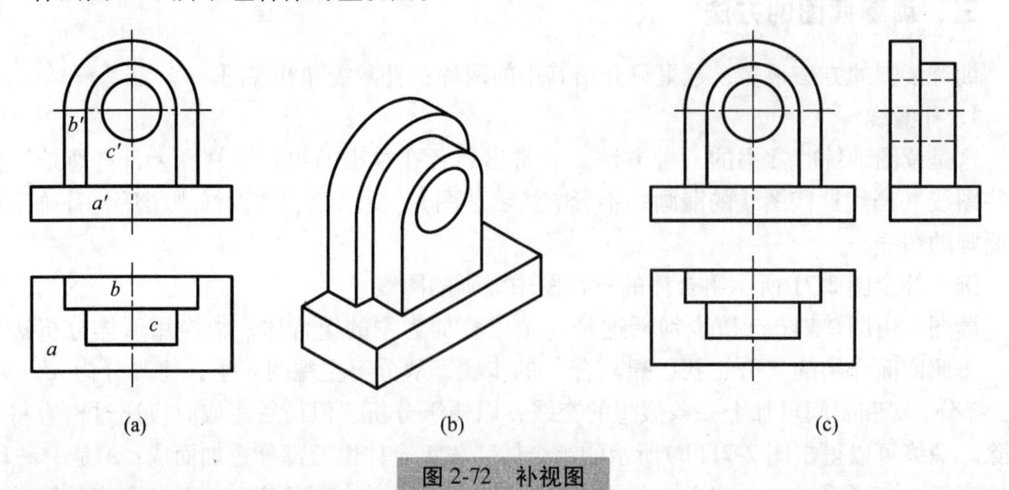

(a) (b) (c)

图 2-72 补视图

读图：利用形体分析法分解物体，可分为 *a*、*b*、*c* 三个线框；然后想象出它们各自的形状和相互间的位置关系。*A* 为四棱柱（长方体），*B*、*C* 为马蹄形立方体（半圆头上有孔）；B、C 在 A 上方，C 在 B 正前方。

补图：① 补画 A 的侧面投影。

② 补画 B、C 的侧面投影，注意通孔。

③ 检查。

任务实施

1. 如图 2-73 所示，读懂组合体视图，并补画缺漏线和补画视图。

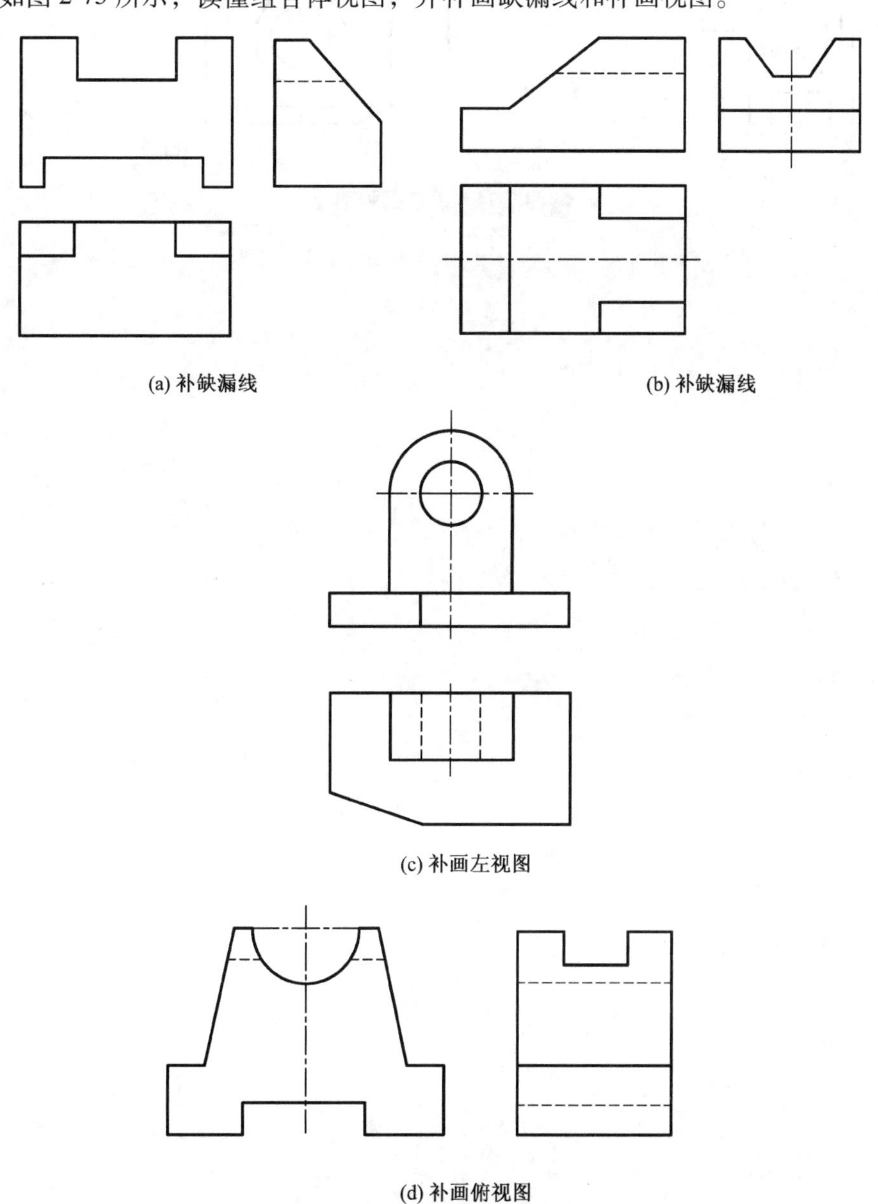

(a) 补缺漏线　(b) 补缺漏线

(c) 补画左视图

(d) 补画俯视图

图 2-73　组合体的读图

2. 选择合适的方法分析三视图，如图 2-74 所示，想象出组合体形状。

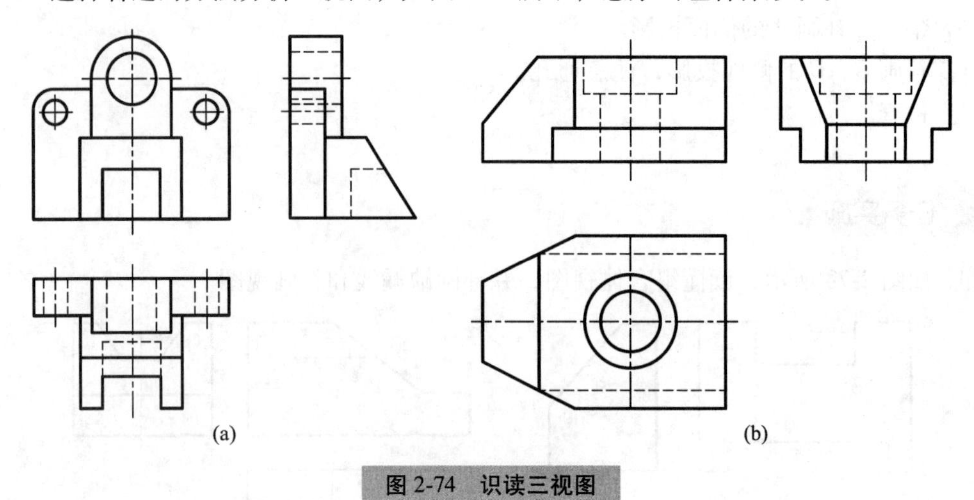

图 2-74 识读三视图

项目 3

形体的表达方法

任务一　识读压紧杆视图

任务描述

除了前面所讲的三视图外，表达机件时还可以采用其他方法，本任务将学习基本视图、向视图、局部视图和斜视图及其应用。

目标：

（1）了解图样中的视图及其种类；

（2）能看懂不同的视图。

知识准备

视图是物体向投影面投射所得的图形，主要用于表达形体的外形，一般只画形体的可见部分，必要时才画出其不可见部分。

视图分为基本视图、向视图、局部视图和斜视图四种。

一、基本视图

当采用主、俯、左三个视图还不能完整、清晰地表达复杂机件的结构形状时，则可根据国标规定，如图 3-1 所示，在原有三个投影面的基础上，对应地增设三个投影面，这六个投影面称为基本投影面。

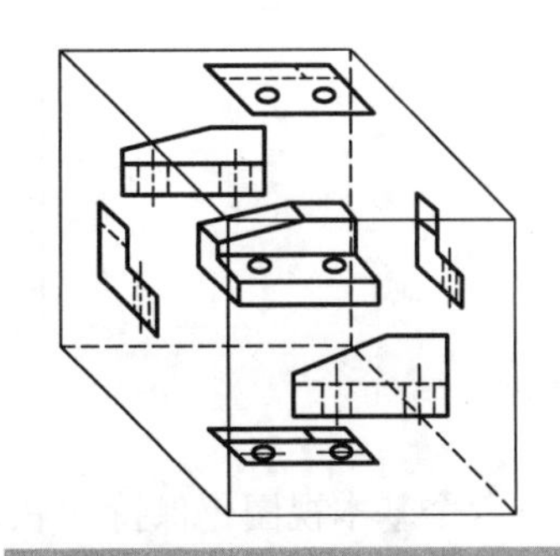

图 3-1　六个基本视图的产生

将机件放在六面体中，分别向六个基本投影面投影，得到的视图称为基本视图。标准中对六个基本视图的名称及投影方向规定如下：

主视图——由前向后投影所得到的视图；

俯视图——由上向下投影所得到的视图；

左视图——由左向右投影所得到的视图；

右视图——由右向左投影所得到的视图；

仰视图——由下向上投影所得到的视图；

后视图——由后向前投影所得到的视图。

为使六个基本视图位于同一平面内，可将六个基本投影面按图 3-2 所示的方法展开。展开后六个视图间的配置关系如图 3-3 所示，符合图 3-3 的配置规定时，图样中一律不标注视图名称。

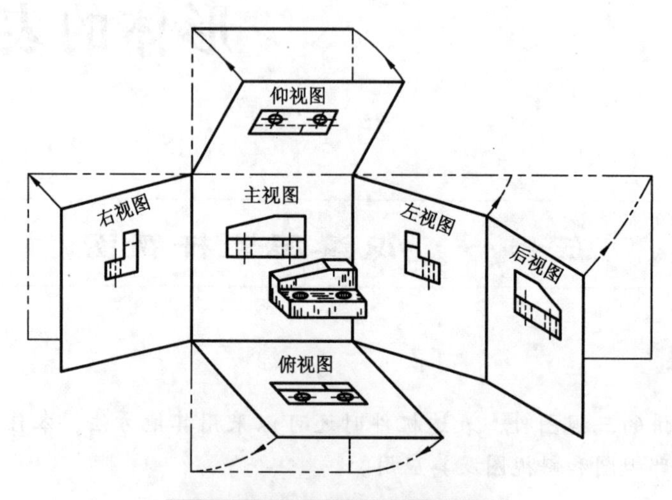

图 3-2　六个基本视图的展开

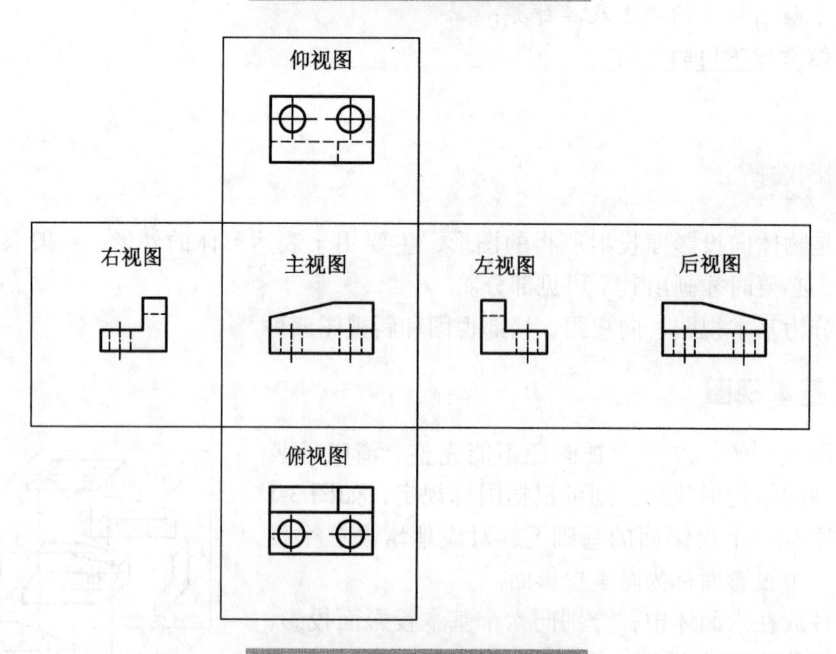

图 3-3　六个基本视图的配置

六个基本视图仍保持“长对正、高平齐、宽相等”的三等关系，即

主、俯、仰、后视图长对正；

主、左、右、后视图高平齐；

俯、左、仰、右视图宽相等。

除后视图外，在围绕主视图的俯、仰、左、右四个视图中，远离主视图的一侧表示形体的前方，靠近主视图的一侧表示形体的后方。

实际画图时，无须将六个基本视图全部画出，根据机件的复杂程度和表达需要，选用必要的几个基本视图，优先选用主、俯、左视图。

二、向视图

向视图是可自由配置的基本视图。当某视图不能按投影关系配置时，可按向视图绘制，如图3-4所示的“向视图*A*”“向视图*B*”“向视图*C*”。

向视图需要在图形上方中间位置处标注视图名称“×”（“×”为大写字母），并在相应视图的附近用箭头指明投射方向，并标注相同的字母，如图3-4所示。

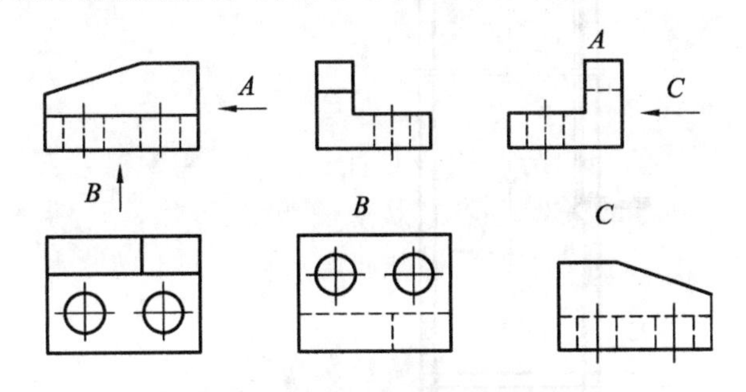

图3-4　向视图及其标注

三、局部视图

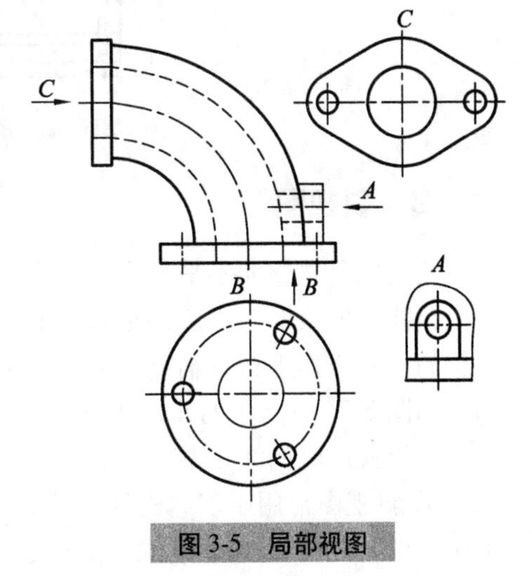

图3-5　局部视图

局部视图是将机件的某一部分向基本投影面投射所得的视图。如图3-5所示的机件，用主视图一个基本视图表达了主体形状，若用左视图、右视图和俯视图表达完整其他结构，则显得烦琐和重复。采用*A*、*B*、*C*三个局部视图表达，既简练又突出重点。

画局部视图时的注意事项：

① 局部视图可按基本视图配置的形式配置，中间若没有其他图形隔开时，则不必标注。

② 局部视图也可按向视图的配置形式配置，如图3-5中的局部视图*A*、*B*、*C*。

③ 局部视图的断裂边界用波浪线或双折线表示，如图3-5中的局部视图*A*，但当所表示的局部结构是完整的，其图形的外轮廓线呈封闭时，波浪线可省略不画，如图3-5中的局部视图*B*和*C*。

例如，在电梯土建图中，对门洞结构的表达通常采用局部视图，如图3-6所示。

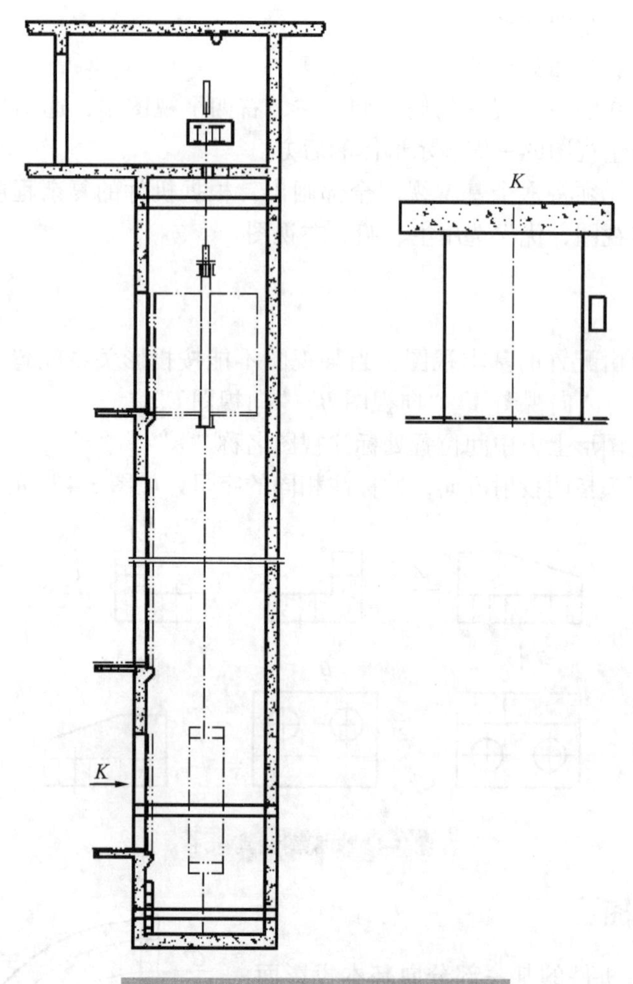

图 3-6 电梯土建图中的局部视图

四、斜视图

斜视图是物体向不平行于基本投影面的平面投射所得的视图。

当物体的表面与投影面成倾斜位置时，其投影不反映实形，此时可选用一个与倾斜结构的主要平面平行的辅助投影面，将这部分向该投影面投射，便得到了倾斜部分的实形，如图 3-7(b)所示的 *A* 即为斜视图。

画斜视图时的注意事项：

① 斜视图常用于表达机件上的倾斜结构。画出倾斜结构的实形后，机件的其余部分不必画出，此时可在适当位置用波浪线或双折线断开，如图 3-7(b)所示。

② 斜视图的配置和标注一般按向视图相应的规定，必要时，允许将斜视图旋转后配置到适当位置，且加注旋转符号，如图 3-7(c)所示。斜视图名称的大写字母应靠近旋转符号的箭头端，也允许将旋转角度标在字母之后。

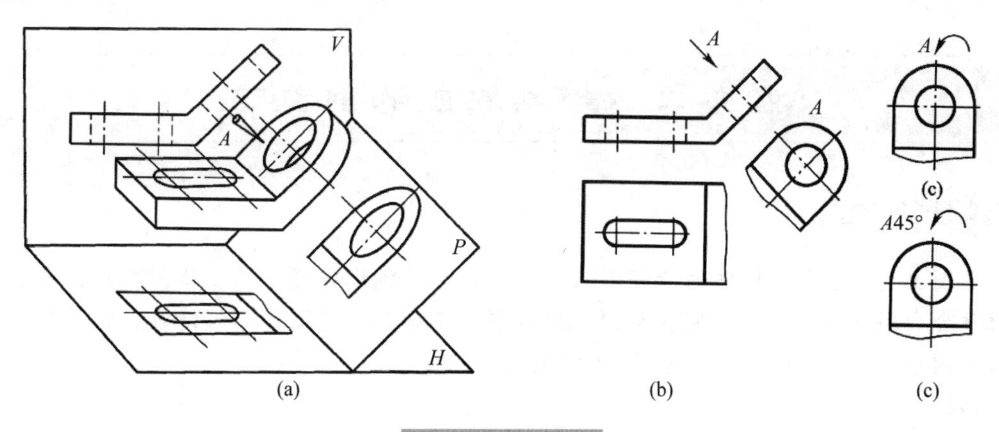

图 3-7　斜视图

任务实施

图 3-8 为压紧杆结构的两种表达方案，试对两种表达方案进行分析和比较。

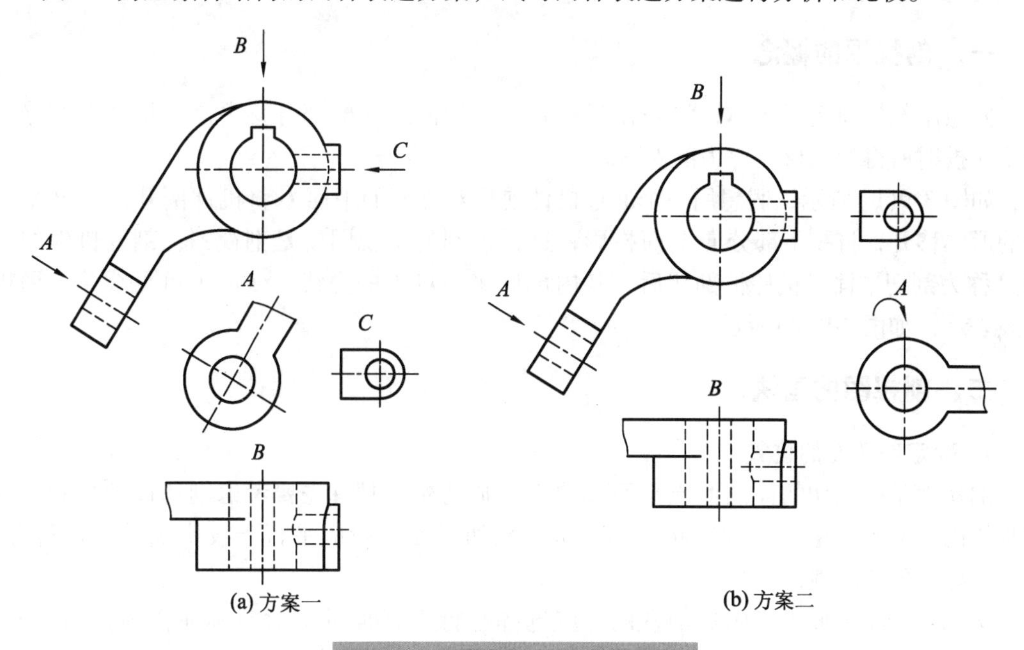

图 3-8　压紧杆的两种表达方案

方案一：______________________________

____

____

方案二：______________________________

____

____

任务二　绘制底座的剖视图

任务描述

视图主要用于表达机件的外部形状。对于内部结构比较复杂的物体，在用视图表达时往往会出现较多的虚线，实虚交错，内外层次不分明，使图样不够清晰，给读图、绘图带来困难。本任务将认识剖视图，学习绘制剖视图。

目标:

(1) 了解剖视图的概念和种类；

(2) 能选择合适的剖切方法绘制机件的剖视图。

知识准备

一、剖视图的概念

假想用剖切面剖开物体，将处在观察者和剖切面之间的部分移去，而将其余部分向投影面投射所得的图形，称为剖视图。

如图 3-9(b)所示，假想用一个通过机件前后对称面的平面 *P* 将机件剖开，把 *P* 平面前的形体移开，将剩下部分向 *V* 面投影，这样得到的主视图就是剖视图，剖开机件的平面 *P* 称为剖切平面。机件被剖切后，其内部原来不可见的虚线，变成了可见线条，用粗实线表示，如图 3-9(d)所示。

二、剖视图的画法

1. 确定剖切面的位置

剖切面是指剖切物体的假想平面或曲面。画剖视图时首先要考虑剖切面的位置，为使物体内部的孔、槽可见并反映实形，所选剖切平面一般应平行于投影面并且通过孔、槽的对称平面或轴线。

例如，若将正面投影画成剖视图，应选择平行于 *V* 面的前后对称面作为剖切平面；若将水平投影画成剖视图，应选择平行于 *H* 面的上下对称面作为剖切平面，其他类推，这样做是为了使剖切后的图形完整，并反映实形。剖切面可以是平面或圆柱面，用得最多的是平面。如图 3-9 所示为以机件的前后对称面为剖切平面。

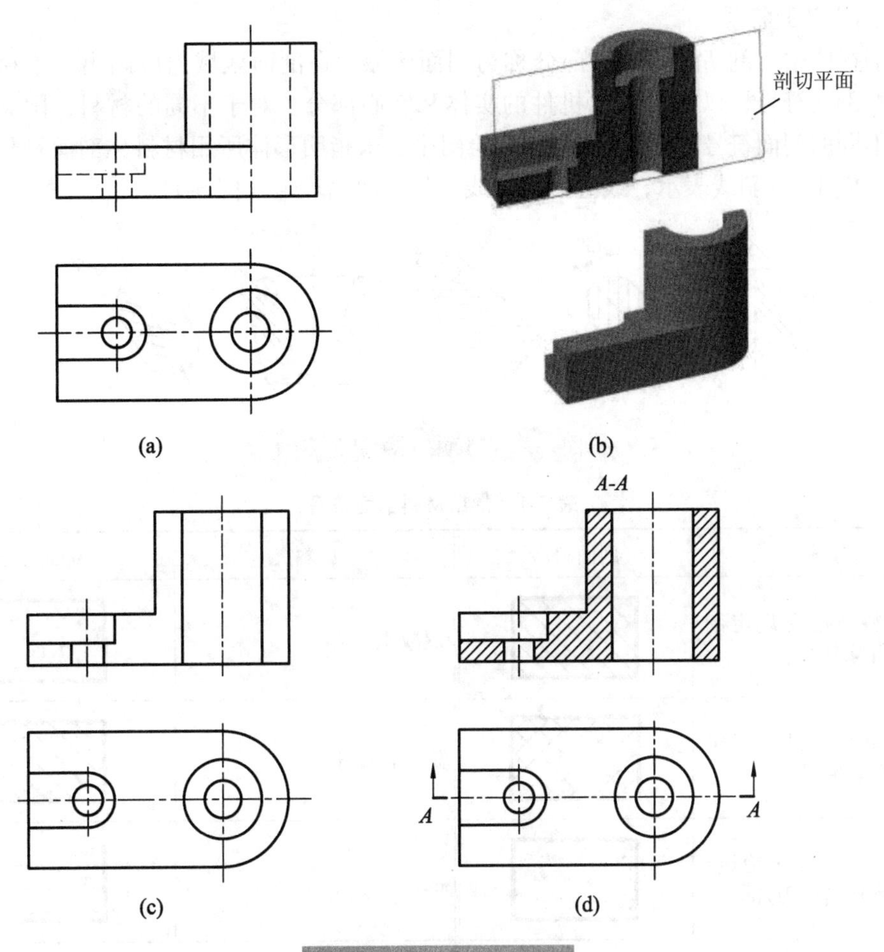

(a)　(b)

(c)　(d)

图 3-9　剖视图的形成

2. 画出剖切面后的投影

移去机件上位于剖切面与观察者之间的那部分，将其余部分向投影面投射。剖切面后的可见轮廓线必须用粗实线画出，不能遗漏，如图 3-9 所示。图 3-10 为剖视图画法正误对照图。

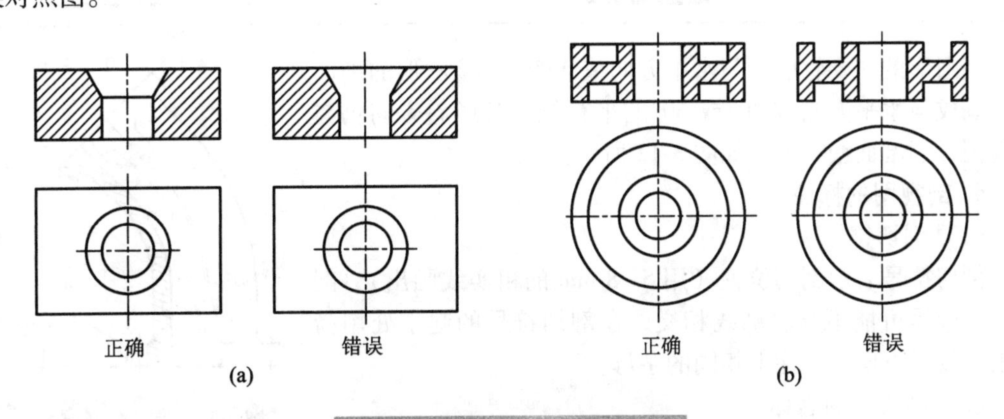

(a)　(b)

图 3-10　剖视图画法正误对照

3. 画出剖面符号

在剖视图中，剖切到的断面部分称为剖面区域，在剖面区域内应画出表示材料类型的图例即剖面符号，以便区别出机件的实体和空心部分。对于不同的材料，国家标准规定采用不同的剖面符号，见表3-1。若在绘图中，未指明形体所用材料，剖面符号可用与水平方向成45°的斜线表示，线型为细实线，且应间隔均匀（图3-11）。

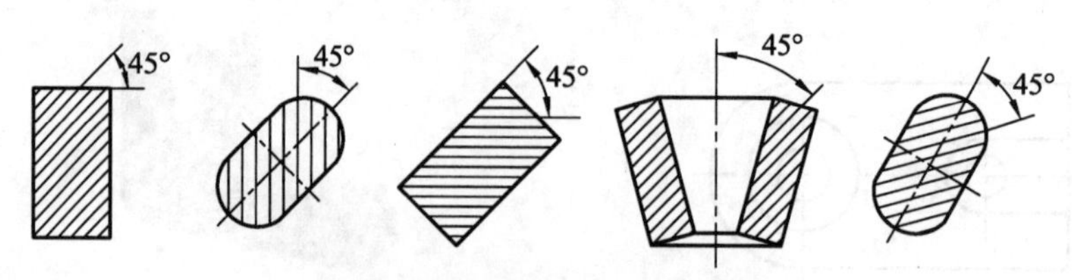

图3-11　剖面线的绘制角度

表3-1　常用材料剖面符号

材料	剖面符号	材料	剖面符号
金属材料（已有规定剖面符号者除外）		混凝土	
非金属材料（已有规定剖面符号者除外）		钢筋混凝土	
型砂、填砂、粉末冶金、砂轮、硬质合金刀片等		液体	
玻璃		砖	
线圈绕组元件		转子、电枢、变压器和电抗器等的叠钢片	

当图形的主要轮廓线与水平方向成45°时，该图形的剖面线应画成与水平方向成30°或60°的平行线，其倾斜方向仍与其他图形的剖面线一致，如图3-12所示。

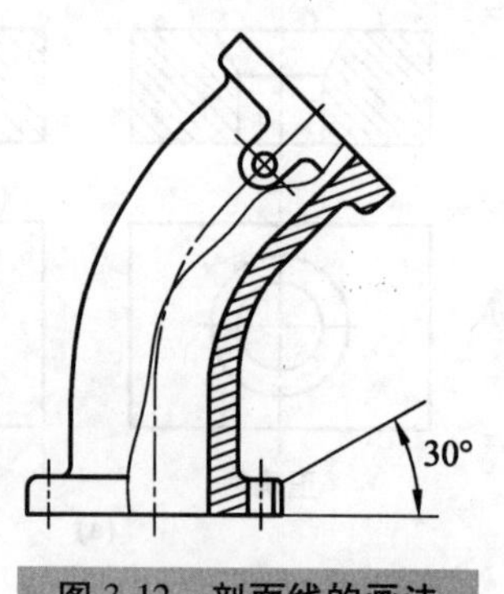

图3-12　剖面线的画法

4. 剖视图的标注

（1）剖切符号

剖切符号表示剖切位置（用5~8 mm的粗实线画出），剖切符号应尽可能不与轮廓线相交，在剖切符号的起讫处用箭头表示投射方向，并注上相同的字母。

（2）剖视图的名称

一般应在剖视图上方用字母注出剖视图的名称“*X-X*”，

“X”为大写字母或阿拉伯数字，且“X”应与剖切符号上的字母或数字相同，如图3-13所示。

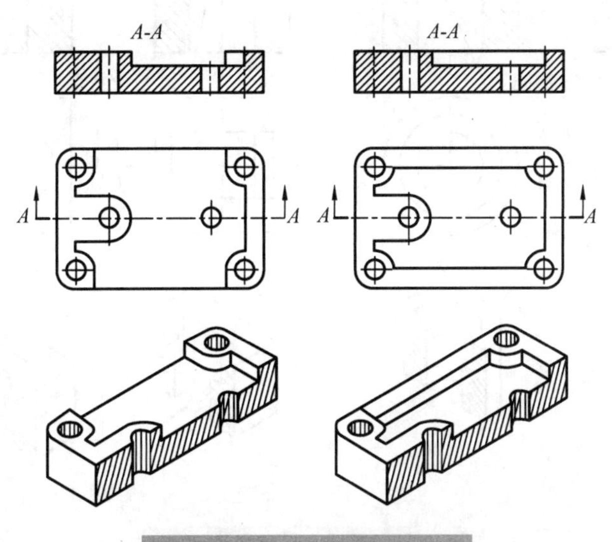

图3-13 两种底板的剖视图

（3）省略标注

① 当剖视图按投影关系配置，中间没有其他图形隔开时，可省略箭头。

② 当剖切平面通过机件的对称平面，且剖视图按投影关系配置，中间又没有其他图形隔开时，可省略标注，如图3-14所示。

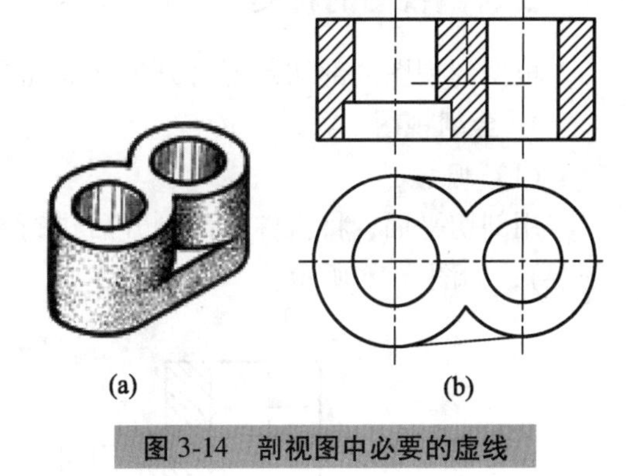

图3-14 剖视图中必要的虚线

5. 画剖视图时的注意点

① 剖开机件是假想的，并不是真正把机件切掉一部分，因此，对每一次剖切而言，只对一个视图起作用，即按规定画法绘制成剖视图，而不影响其他视图的完整性，如图3-13所示。

② 剖切后，留在剖切平面之后或之下、之右的部分，应全部向投影面投射，用粗实线画出所有可见部分的投影。如图3-13所示的是剖面形状相同，但剖切平面后面的结构不同从而导致剖视图不同的情况。

③ 剖视图一般不画虚线，但对尚未表达清楚的结构或在保证图面清晰的情况下，可以画出必要的虚线，如图3-14所示。

④ 不要漏线或多线。

如图3-15所示是几种常见孔槽剖视图的画法，初学者容易漏画线或多画线。

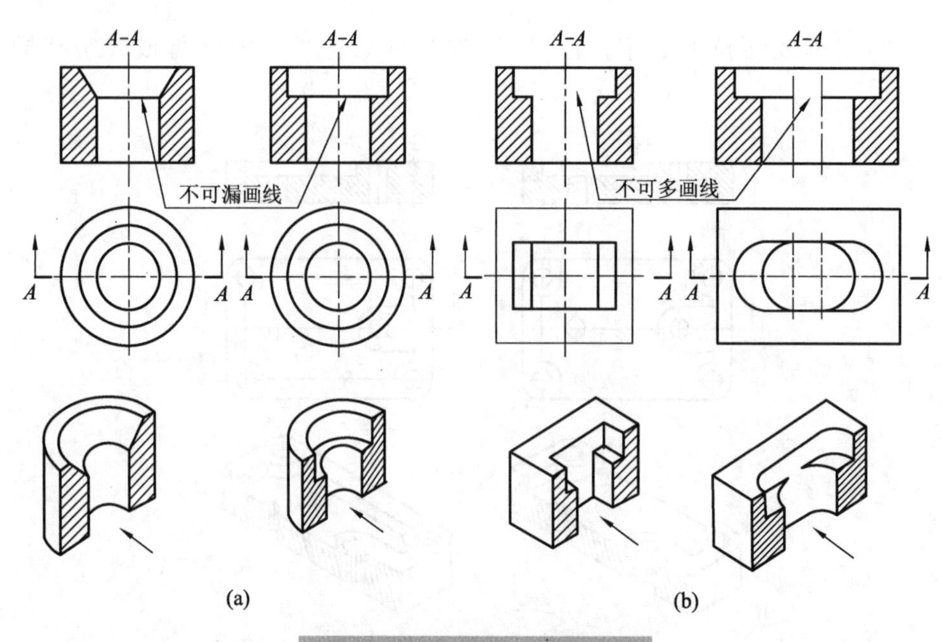

图 3-15 常见孔槽剖视图画法

三、剖视图的种类

根据剖视图的剖切范围可分为全剖视图、半剖视图和局部剖视图。

1. 全剖视图

（1）概念

用剖切平面，将机件全部剖开后进行投影所得到的剖视图，称为全剖视图（简称全剖视），如图 3-16 所示。

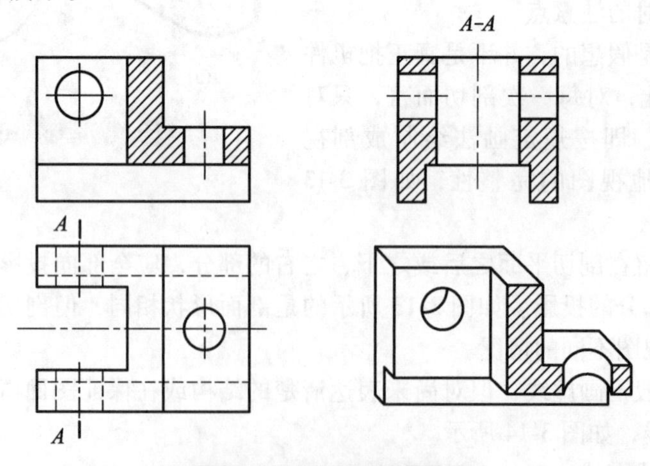

图 3-16 全剖视图及其标注

（2）应用

全剖视图一般用于表达外形简单、内部结构复杂的机件。

（3）标注

如图 3-16 中的主视图的剖切平面通过对称平面，所以省略了标注；而左视图的剖切平面不通过对称平面，则必须标注，但它是按投影关系配置的，所以箭头可以省略。

2. 半剖视图

（1）概念

当机件具有对称平面时，以对称中心线为界，在垂直于对称平面的投影面上投影得到的，由半个剖视图和半个视图合并组成的图形称为半剖视图，如图3-17所示。

（2）应用

半剖视图既表达了机件的内部形状，又保留了外部形状，所以常用于内、外形状都比较复杂的对称机件。

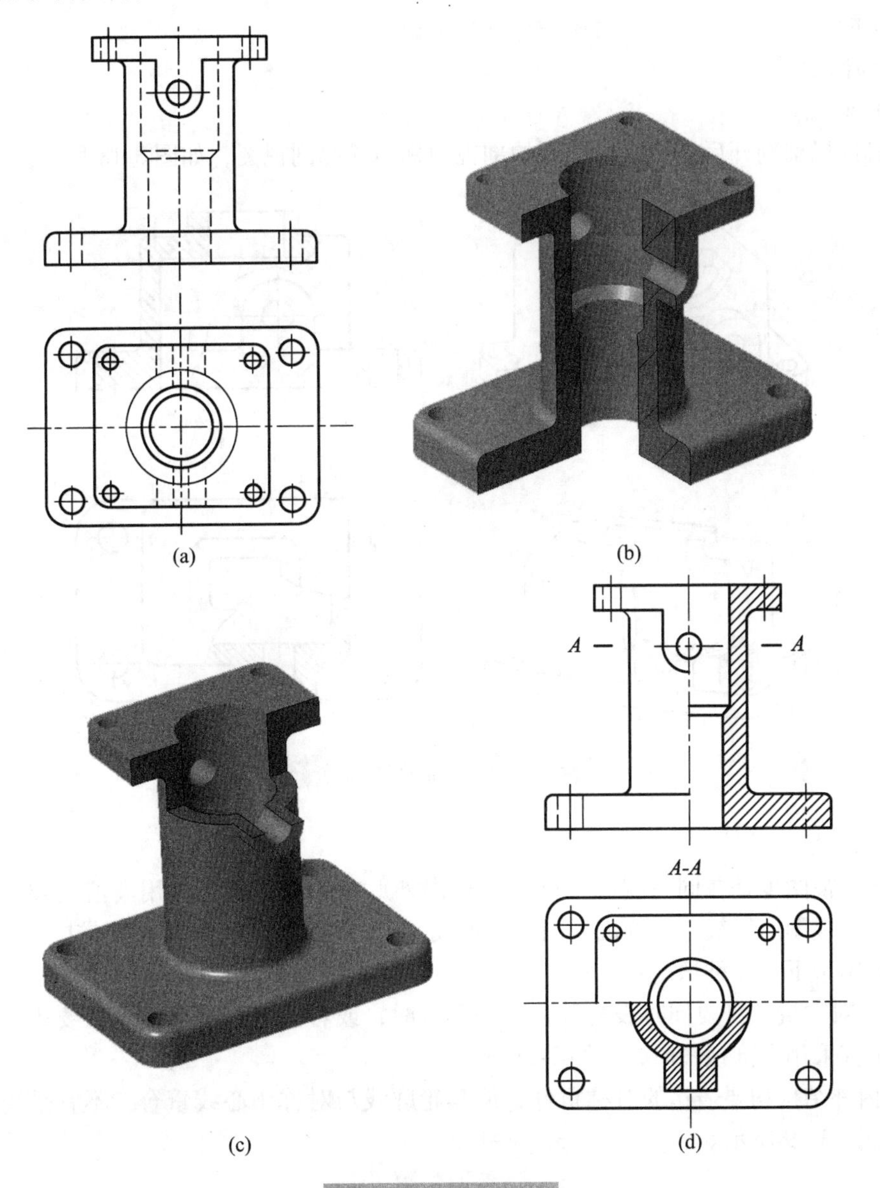

图3-17 半剖视图

（3）标注

半剖视图的标注方法与全剖视图相同。如图 3-17 所示，机件前后对称，主视图采用的剖切平面通过机件的前后对称平面，所以不需要标注；俯视图采用的剖切平面未通过机件的对称平面，所以必须标注，由于按投影关系配置，箭头可以省略。

画半剖视图时应注意的问题：

① 半个剖视图与半个视图的分界线应为细点画线，不得画成粗实线。

② 机件内部形状已在半个剖视图中表达清楚的，在另一半表达外形的视图中一般不再画出虚线。但对于孔或槽等，应画出中心线的位置，并且对于那些在半个剖视图中未表示清楚的结构，可以在半个视图中作局部剖视。

3. 局部剖视图

（1）概念

将机件局部剖开后进行投影得到的剖视图称为局部剖视图，如图 3-18 所示。

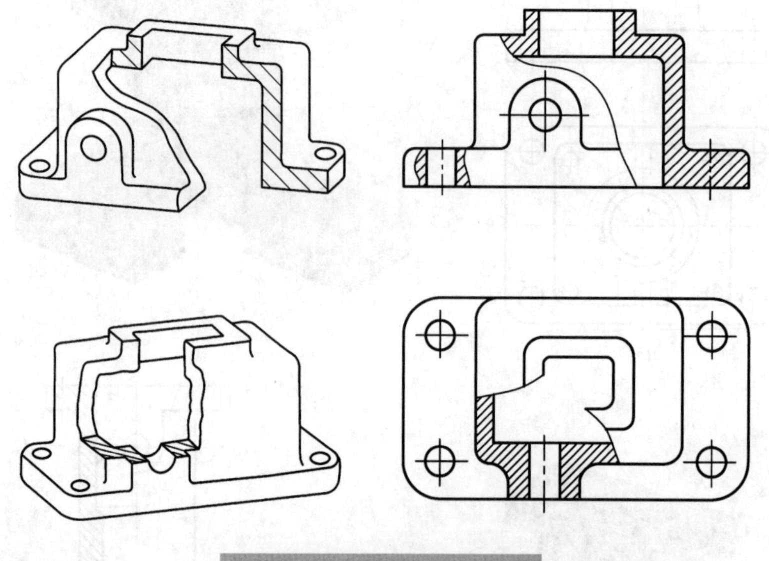

图 3-18　局部剖视图（1）

（2）应用

局部剖视图也是在同一视图上同时表达内外形状的方法，并且用波浪线或双折线作为剖视图与视图的界线。局部剖视图是一种较灵活的表示方法，适用范围较广。

它常用于下列几种情况：

① 不对称机件需要同时表达其内、外形状时，或者只有局部内部形状要表达，而又不必或不宜采用全剖视图时，如图 3-18 所示。

② 内外结构均要表达的对称机件，但其轮廓线与对称中心线重合，不宜采用半剖视图时，如图 3-19 所示。

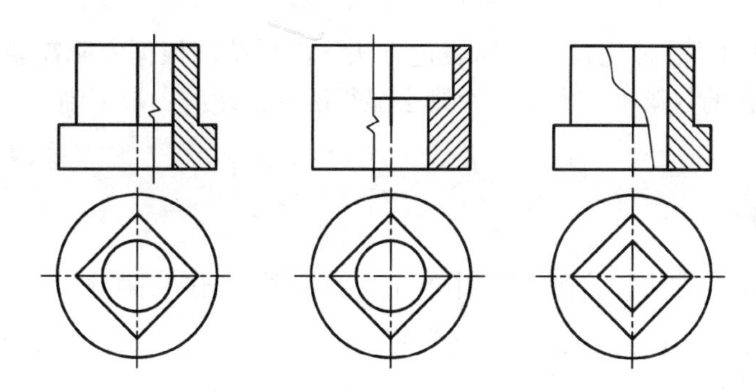

图 3-19　局部剖视图（2）

③ 实心杆上有孔、槽等结构时，应采用局部剖视图，如图 3-20 所示。

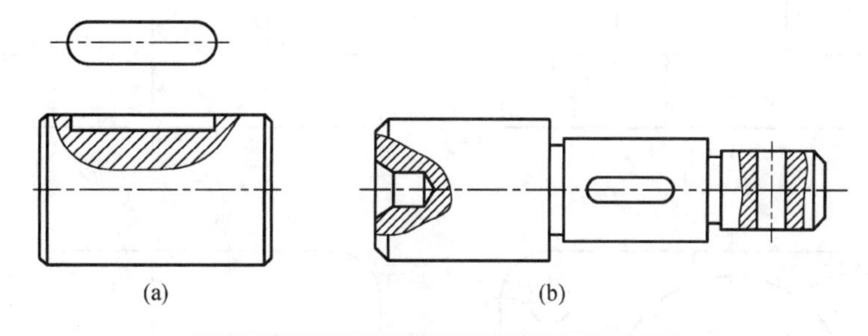

图 3-20　局部剖视图表达孔、槽结构

（3）标注

局部剖视图的标注方法和全剖视图相同。当单一剖切平面的剖切位置明显，则局部剖视图可以省略标注，如图 3-21 所示。

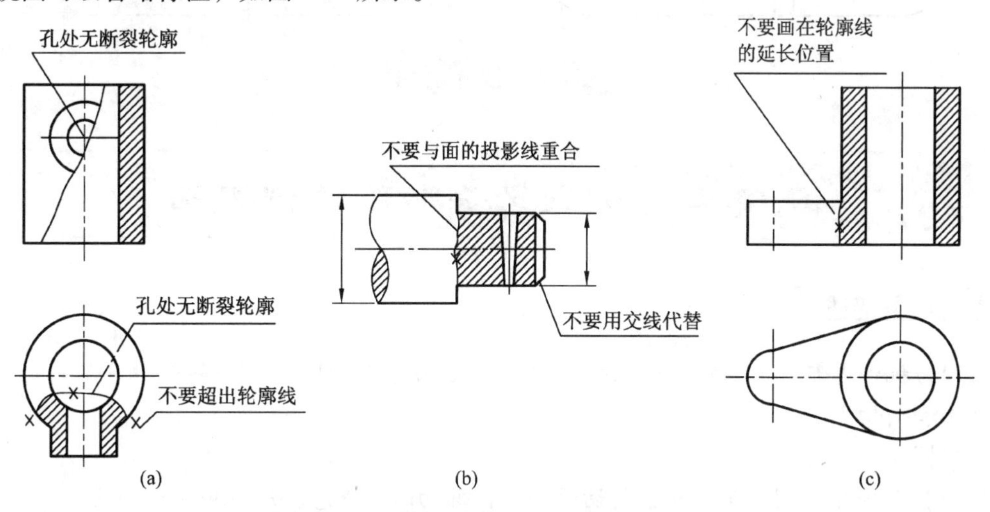

图 3-21　局部剖视图中波浪线的错误画法

画局部剖视图时应注意：

① 如图 3-21 所示的孔部分，只能用波浪线（断裂边界线）作为分界线。

② 局部剖视图中的视图与剖视部分用波浪线（或双折线）分界，波浪线应画在机件的实体部分，不能超出视图的轮廓线或与图样上其他图线重合，如图 3-21 所示。

③ 局部剖视图是一种比较灵活的表达方法，剖切范围根据实际需要确定。但在同一视图中，局部剖视的数量不宜太多，否则会显得凌乱而影响图形清晰。

任务实施

选择合适的剖切方法，将图 3-22 中的主、俯视图改画成剖视图。

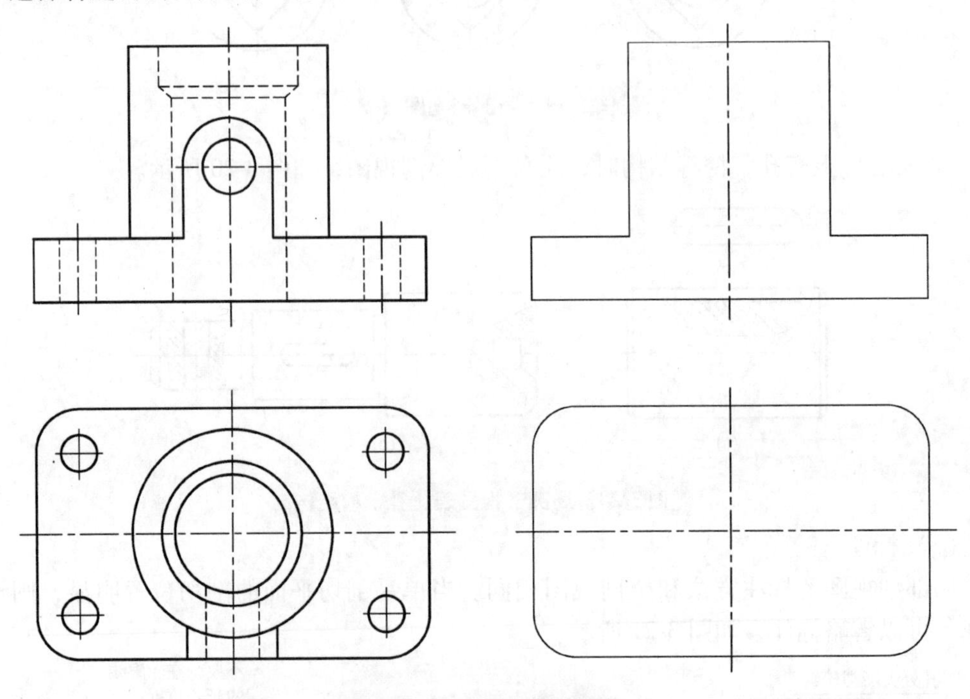

图 3-22 改画剖视图

任务三 绘制复杂形体的剖视图

任务描述

因为机件内部形状多样，所以剖切机件的方法也不相同。本任务将学习不同形式的剖切面和剖切方法。

目标：

(1) 了解单一剖切面、相交剖切面和平行剖切面的概念、应用和注意事项；

(2) 能选用合适的剖切方法绘制机件的剖视图。

知识准备

由于物体的结构形状千差万别，因此画剖视图时，应根据物体的结构特点，选用不同的剖切面，以便清晰、准确地表达物体的内部形状。

一、单一剖切面

用一个剖切面剖切机件。单一剖切面包括单一的剖切平面或柱面，应用最多的是单一剖切平面，一般为投影面平行面。前面介绍的全剖视图、半剖视图、局部剖视图均为用单一剖切平面剖切而得到的。

图3-23(a)中的“*A*-*A*”全剖视图也是采用单一剖切面，只是这一剖切面与基本投影面不平行，所以常称为斜剖视图。采用斜剖视图时必须进行标注，如图3-23(b)所示，也可以旋转后绘制，但需标注旋转方向。

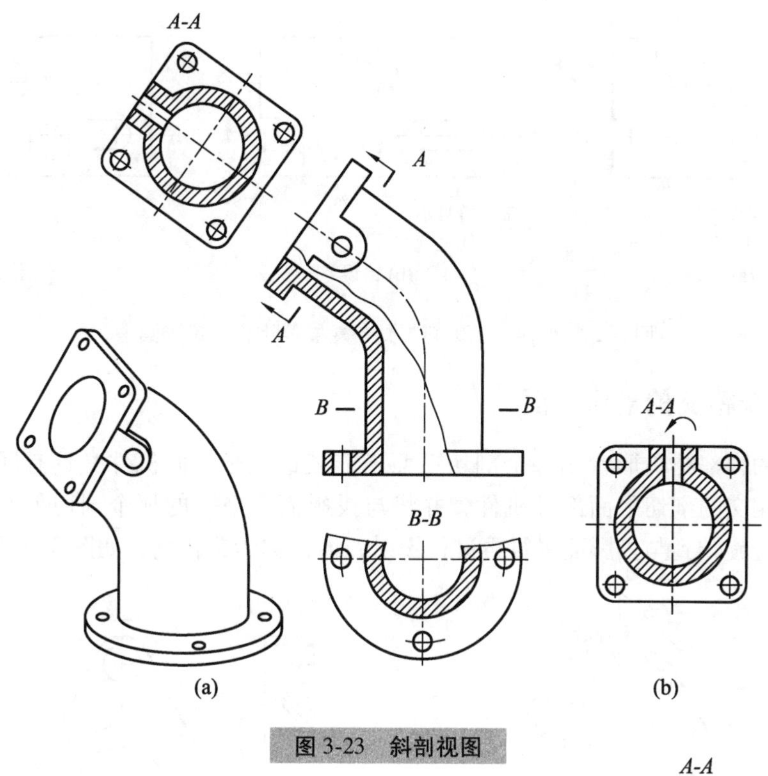

图3-23 斜剖视图

二、几个平行的剖切平面

用几个平行的剖切平面剖切机件，常称为阶梯剖。如图3-24所示，机件上几个孔的轴线不在同一平面内，如果用一个剖切平面剖切，不能将内形全部表达出来，因此可以采用几个互相平行的剖切平面沿孔的轴线剖切。

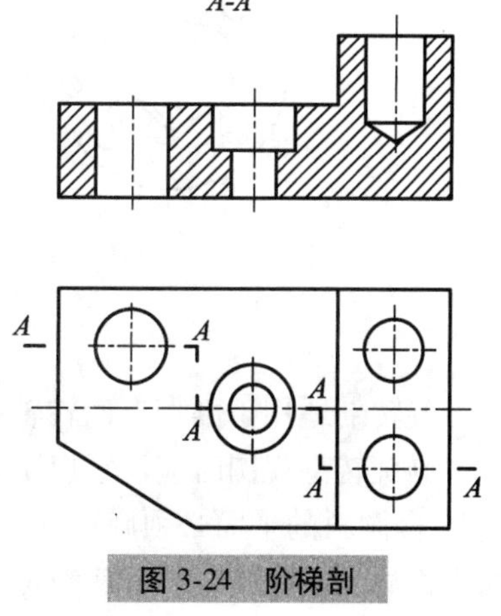

图3-24 阶梯剖

阶梯剖的标注方法如图3-24所示，若剖视图按投影关系配置，中间没有其他图形隔开，则可省略指明投射方向的箭头。如果剖切符号的转折处位置有限，也可省略字母。

画剖视图时应注意：

① 在剖视图上，不应画出剖切平面转折处的投影，如图 3-25(b)所示。

② 剖切平面的转折处也不应与图中的轮廓线重合，如图 3-25(b)所示。

③ 在剖视图内不应出现不完整的结构要素，如图 3-25(c)所示。

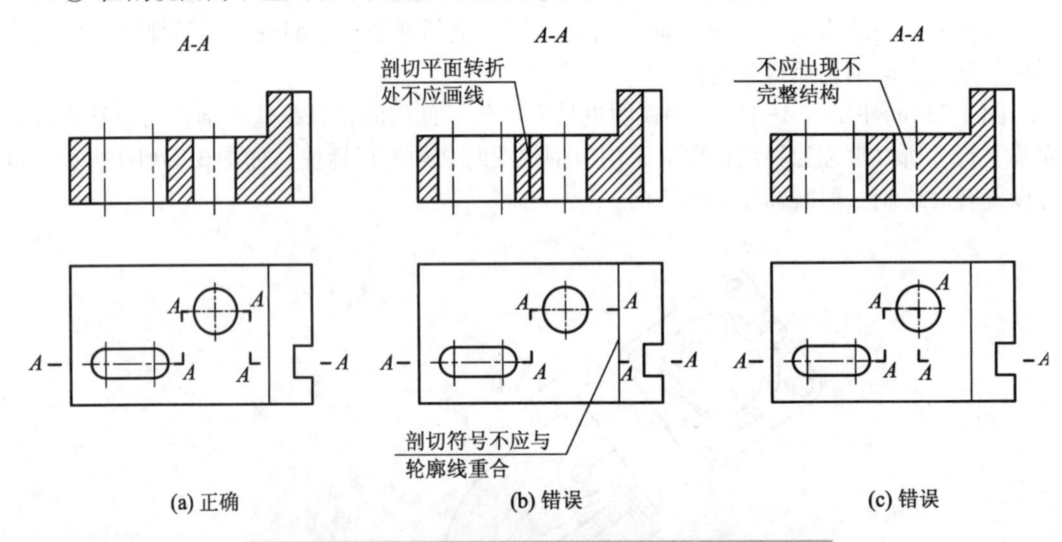

图 3-25　剖切平面的转折处与轮廓线重合的错误画法

三、几个相交的剖切平面

当机件的内部结构形状用一个剖切平面不能表达完全，而机件又具有回转轴时，可以采用几个相交的剖切平面剖开机件，并将与投影面不平行的那个剖切平面剖开的结构及其有关部分旋转到与投影面平行再进行投射，通常称为旋转剖，如图 3-26 所示。

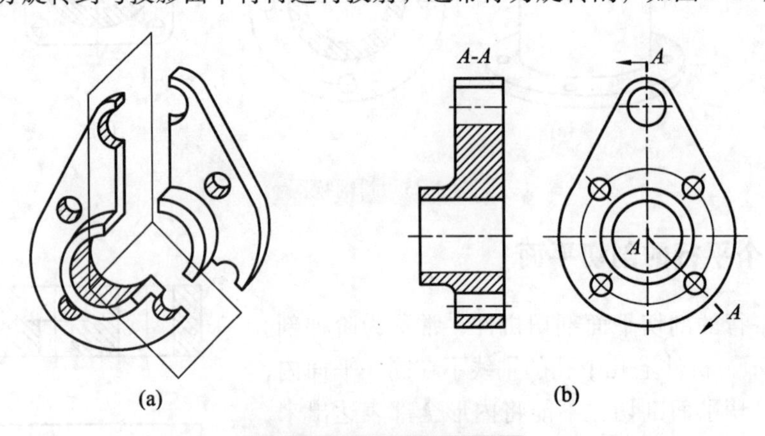

图 3-26　旋转剖（1）

旋转剖适用于剖切有回转轴线的机件，而轴线恰好是两剖切平面的交线。

画旋转剖视图时应注意以下几点：

① 倾斜的平面必须旋转到与选定的基本投影面平行，以使投影能够表达实形。但剖切平面后面的结构，一般应按原来的位置画出它的投影。

② 旋转剖视图必须标注，在剖切面的起始、转折和终止处画上剖切符号，并注上大写字母，在剖视图上方注上剖视名称“*X*-*X*”，如图3-26(b)所示。

③ 连续几个相交的剖切平面进行剖切，此时剖视图应采用展开画法，并在剖视图上方标注“*X*-*X* 展开”(图3-27)。

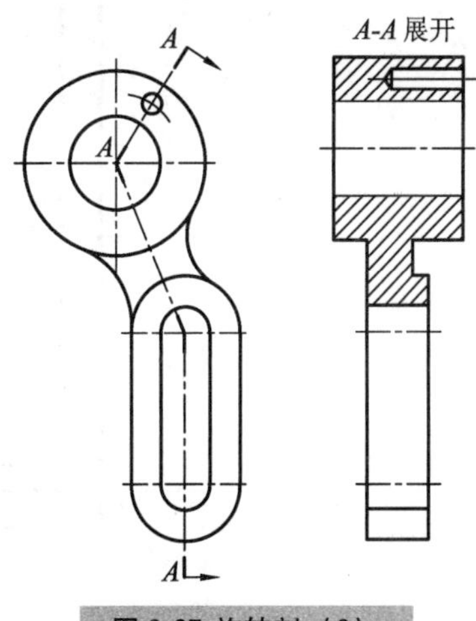

图3-27 旋转剖（2）

机械制图与建筑制图在剖视图画法、标注的规定上有何不同?

1. 名称不同

在机械制图中称为剖视图，在建筑制图中称为剖面图。

2. 标注不同

机械制图中，用大写的拉丁字母或阿拉伯数字标出剖视图的名称，并标注在剖视图的上方；建筑制图中，剖切符号的编号宜采用阿拉伯数字，按顺序由左至右，由下至上连续编排，并应注写在投射方向线的端部。需要转折的剖切位置线应相互垂直，其长度与投射方向线相同时应在转角的外侧加注与该符号相同的编号，如图3-28所示，剖面图的名称用相应的编号代替，注写在相应图样的下方。

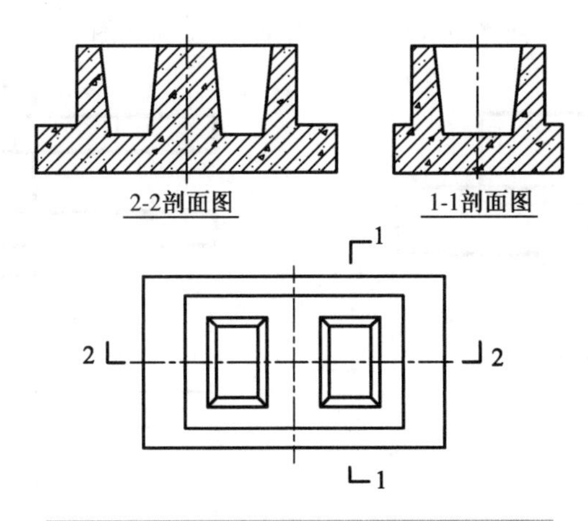

图3-28　建筑制图中剖面图的剖切符号

3. 线宽不同

机械制图中，剖切面后面的部分全部用粗实线画出；建筑制图中，剖面区域内的可见轮廓线用粗实线，剖切面后面的可见轮廓线用中粗实线。

电梯土建图中剖视图的画法多按照建筑制图的标准。

如图3-29所示是剖视图在电梯土建图中的应用实例。平面图实际上是用一个假想的水平剖切平面在井道竖向高度的范围内将井道全部剖开，移去上半部分后，从上向下观看时的剖面图。为了与剖面图区别，将之称为平面图。剖到的墙应当画剖面符号，墙体用两条粗实线表示。

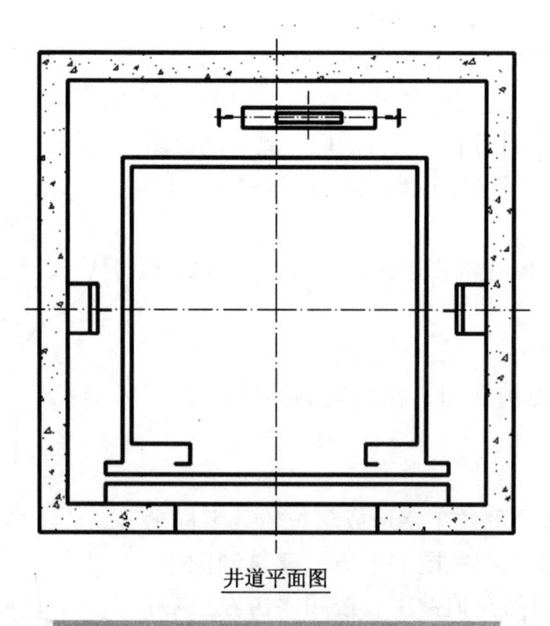

图 3-29　土建图样中剖面图的剖切符号

任务实施

选择合适的剖切方法，将图 3-30 中主视图改画成剖视图并进行标注。

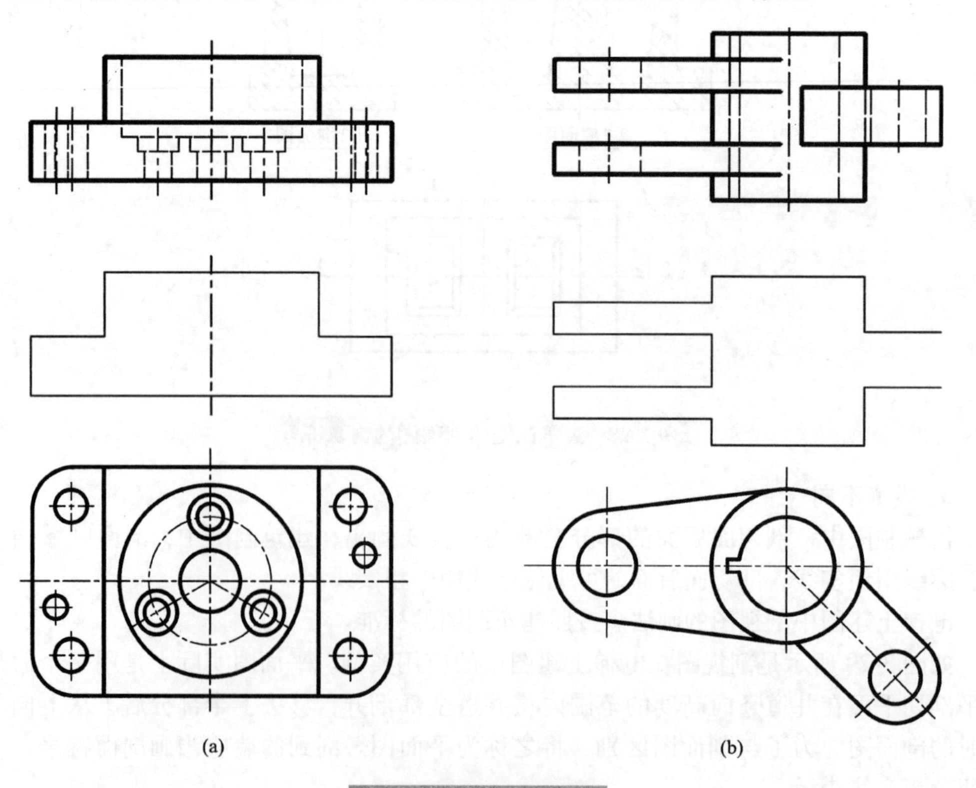

图 3-30　改画剖视图

任务四　绘制轴的断面图

任务描述

机件上有些结构用视图表达不清晰或不好表达，可以采用剖视图或断面图表达。本任务主要学习如何用断面图表达机件的断面形状。

目标:

(1) 了解断面图的概念、种类和画法；

(2) 能正确绘制断面图。

知识准备

一、断面图的概念

假想用剖切平面将零件的某处剖开，仅画出该剖切面与零件接触部分的图形，称为断面图，如图 3-31(b)所示。

轴上键槽、小孔等结构形状用断面图表达，形状清楚，图形简洁，并且便于标注尺寸。

断面图和剖视图的区别在于：断面图仅画出断面的形状［图 3-31(b)］，而剖视图则要画出剖切平面后面所有部分的投影［图 3-31(a)］。

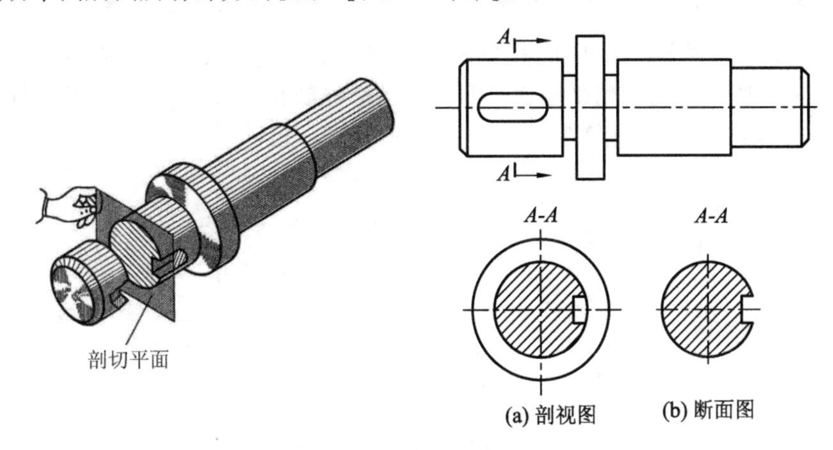

图 3-31　断面图的形成

二、断面图的种类

断面图分为移出断面和重合断面两种。

1. 移出断面图的画法和标注

移出断面图画在视图之外，轮廓线用粗实线绘制。为了便于看图，应尽量将移出断面图配置在剖切位置的延长线上，如图 3-32(a)所示。

为合理利用图样，也可画在其他位置，需要进行标注，如图 3-32(b)所示。

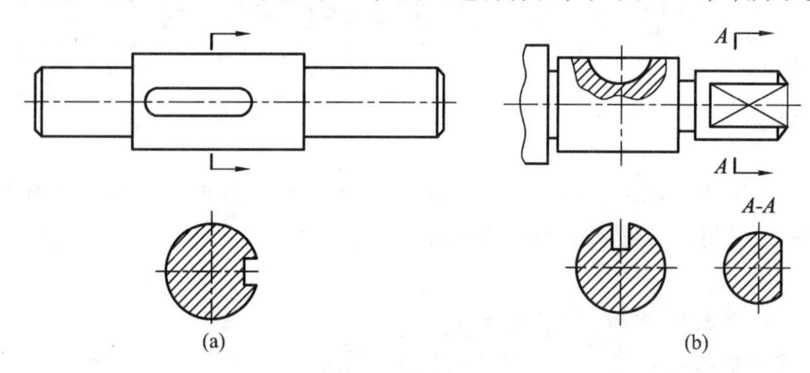

图 3-32　移出断面图

当断面图形对称时，也可画在视图的中断处，如图 3-33 所示。

为了表达断面的实形，剖切平面一般应与被剖切部分的主要轮廓线垂直，如图 3-34 所示，可用两个相交平面剖切，此时两断面应断开画出。

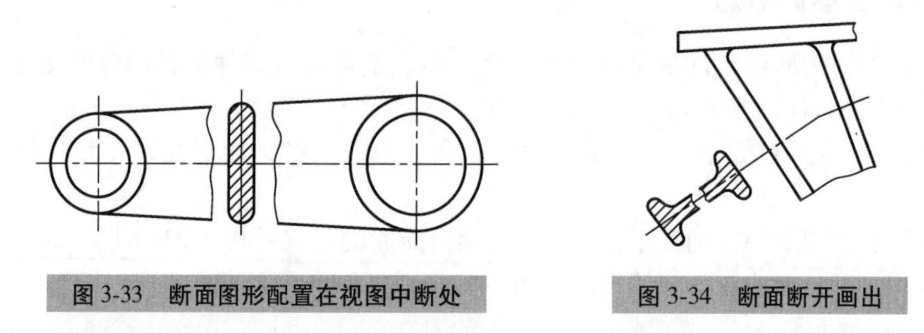

图 3-33　断面图形配置在视图中断处　　图 3-34　断面断开画出

当剖切平面通过回转面形成的孔或凹坑的轴线时，这些结构应按剖视图绘制，如图 3-35(a)、(b)所示；当剖切平面通过非圆孔，会导致出现完全分离的两个断面，这些结构也应按剖视图绘制，如图 3-35(c)所示。

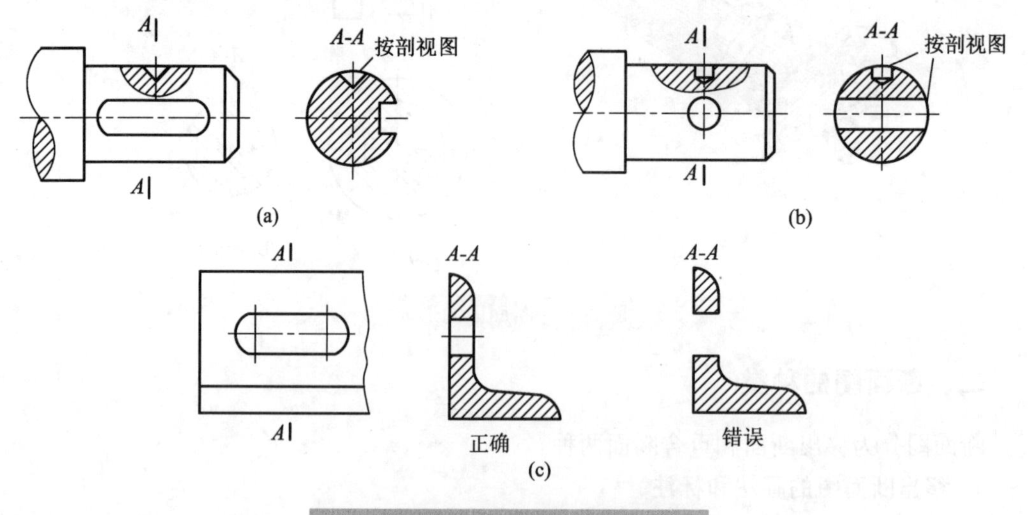

图 3-35　移出断面图按剖视图绘制

移出断面图一般应用剖切符号表示剖切位置，用箭头表示投射方向，并注上大写字母，在断面图的上方应用同样的字母标出相应的名称“*X-X*”，画在剖切平面延长线上的移出断面可省略字母；画在剖切平面延长线以外的对称处断面和按投影关系配置的不对称移出断面，可省略箭头，如表 3-2 所示。

表 3-2 移出断面图的标注要求

配置	移出断面对称	移出断面不对称
配置在剖切线延长线上	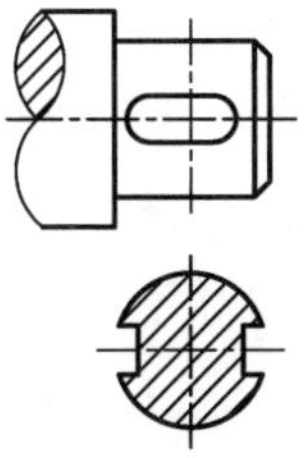 不必标注字母和剖切符号	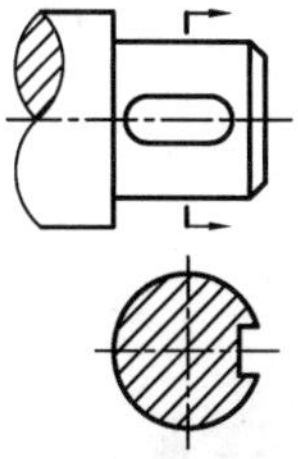 不必标注字母
按投影关系配置	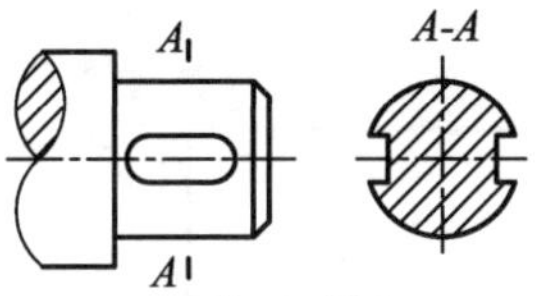 A A-A A 不必标注箭头	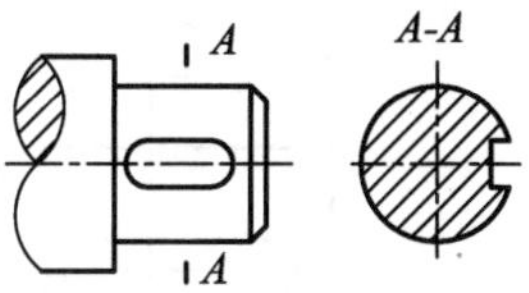 A A-A A 不必标注箭头
配置在其他位置	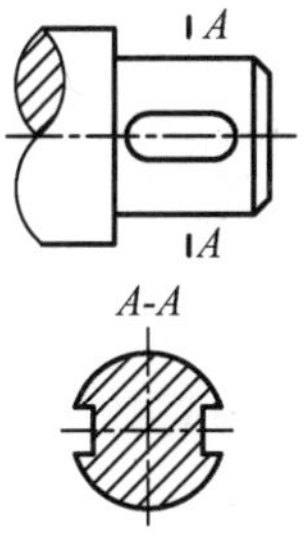 A A A-A 不必标注箭头	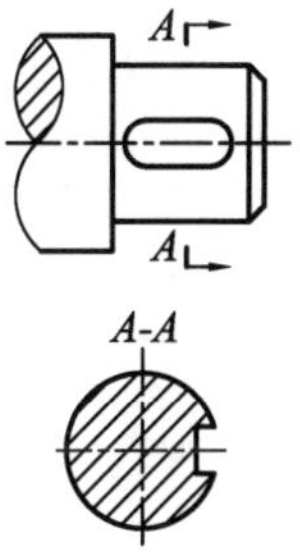 A A A-A 应标注完整

2. 重合断面图的画法及标注

重合断面图画在视图内，用细实线绘制。重合断面图的图线与视图轮廓线重叠时，视图中的轮廓线应连续画出，不可间断，如图 3-36 所示。

重合断面图适用于断面形状简单，且不影响图形清晰的场合。配置在剖切符号上的不对称重合断面图不必标注字母，如图 3-36(a)所示。对称的重合断面图不必标注，如图 3-36(b)所示。

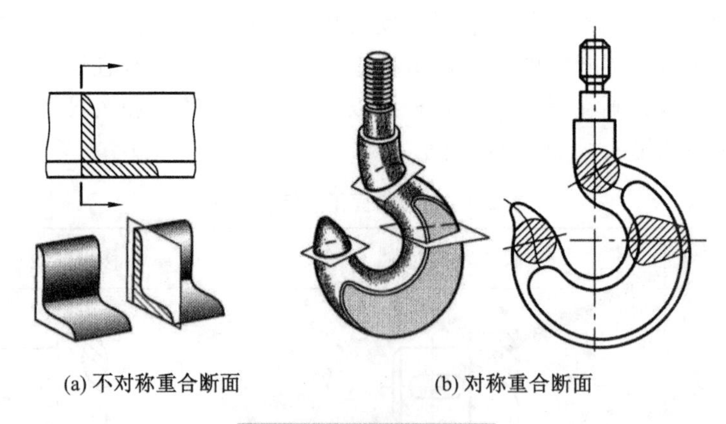

(a) 不对称重合断面　　(b) 对称重合断面

图 3-36　重合断面图

任务实施

如图 3-37 所示的轴，左端是单面键槽，深 4 mm，右端是双面平面，试绘制其断面图。

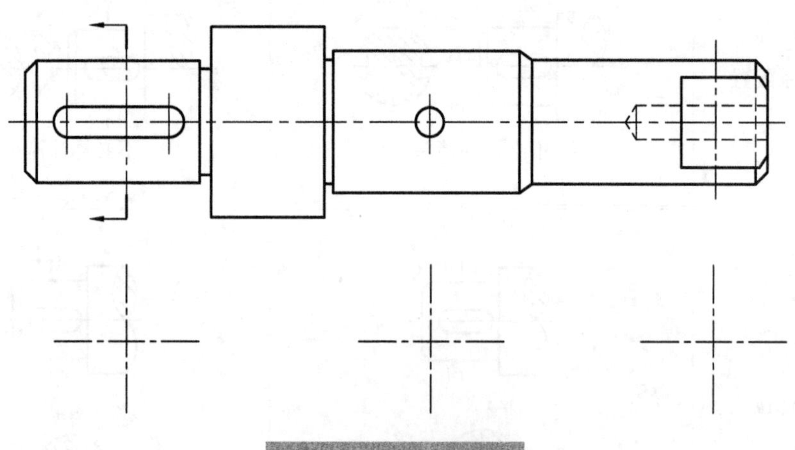

图 3-37　绘制断面图

知识拓展

在表达机件时，除视图、剖视图和断面图之外，还有局部放大图、简化画法等表达方式。

一、局部放大图

为了清楚地表示机件上某些细小结构，将机件的部分结构，用大于原图形所采用的比例画出的图形，称为局部放大图。

局部放大图可画成剖视图（图 3-38 Ⅰ处）或视图（图 3-38 Ⅱ处），与放大部位的原表达方式无关。局部放大图应尽量配置在被放大部位附近。

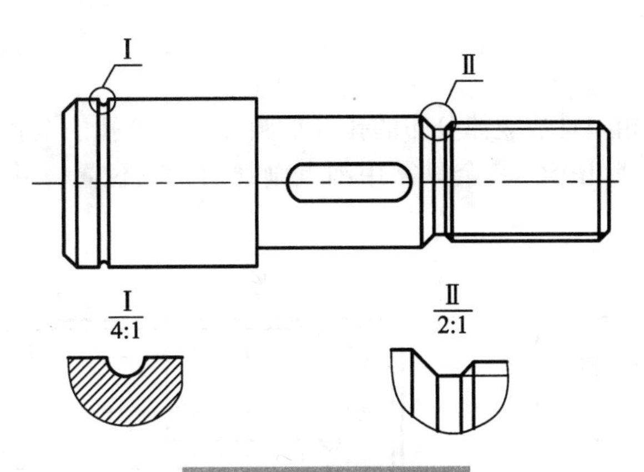

图3-38　局部放大图

画局部放大图时，需要用细实线圈出被放大的部位。

当同一机件上有几个被放大部分时，必须用大写罗马数字依次标明被放大的部位，并在局部放大图的上方标出相应的罗马数字和所采用的比例，如图3-38所示；当机件上只有一处被放大部位时，只需在局部放大图上方注明所采用的比例。如图3-39所示为局部放大图在电梯土建图中的应用。

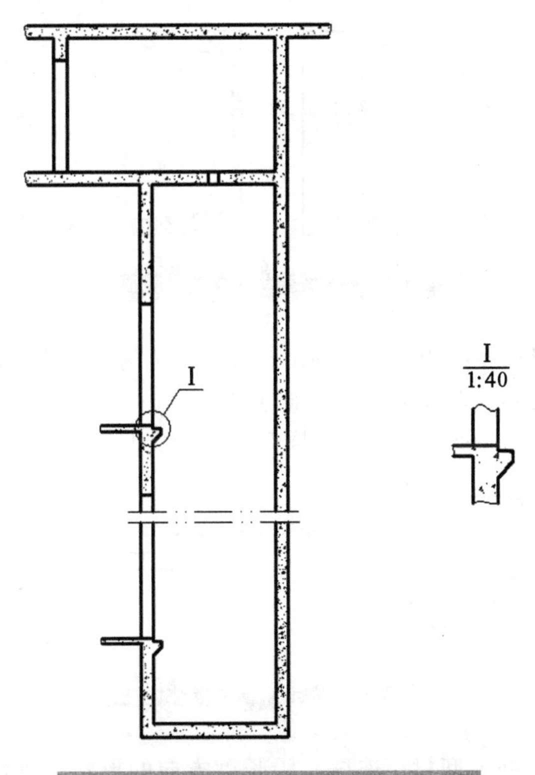

图3-39　电梯土建图中的局部放大图

二、简化画法

当机件具有若干相同且成规律分布的孔（如圆孔、螺纹孔、沉孔等）、齿、槽等结构时，可以只画出一个或几个，其余只需用细点画线表示其位置，并应注明该结构总数，如图 3-40 所示。

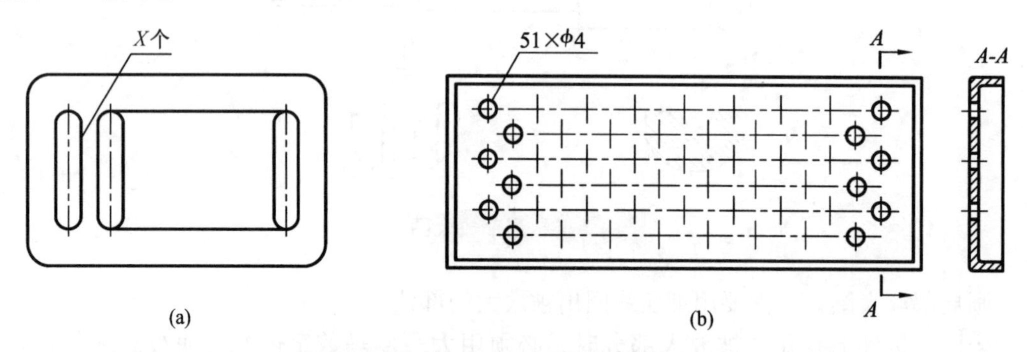

图 3-40　规律分布的相同结构的简化画法

机件上斜度不大的结构，如在一个图形中已经表示清楚时，其他图形可按小端画出，如图 3-41 所示。

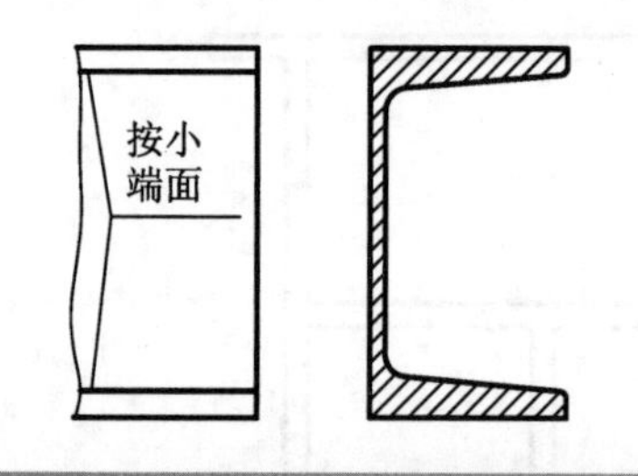

图 3-41　斜度不大结构的简化画法

在不致引起误解时，零件图中的小圆角、对尖锐易割手的边倒圆或 45°小倒角允许省略不画，但必须标注尺寸或在技术要求中加以说明。

当图形不能充分表达平面时，可用平面符号（相交两细实线）表示，如图 3-42 所示。

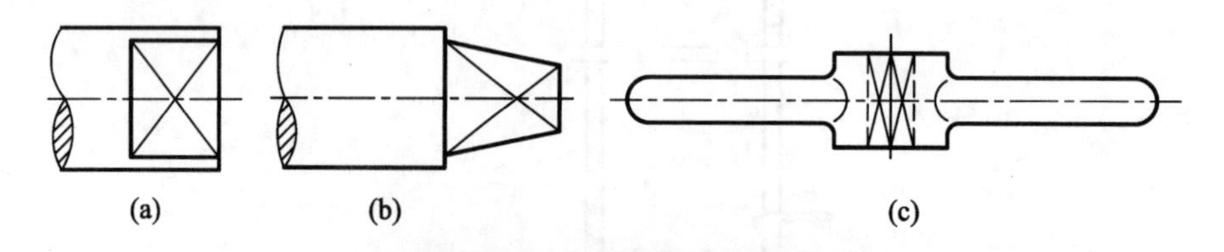

图 3-42　表示平面的简化画法

较长的机件（轴、杆、型材、连杆）沿长度方向的形状一致或按一定规律变化时，可断开后缩短绘制，需标注实长，如图 3-43 所示。

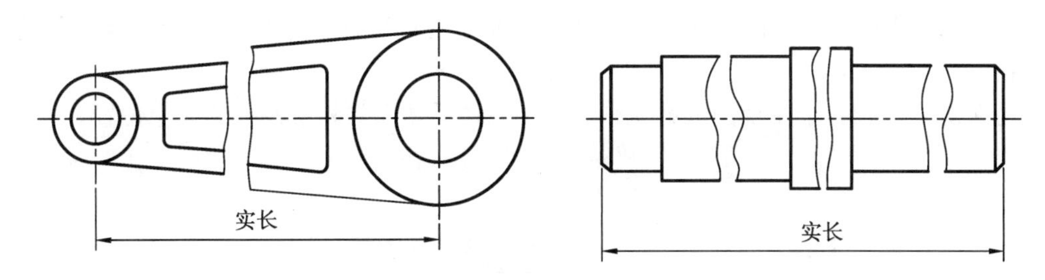

图 3-43　较长机件的简化画法

任务五　识读阀体的表达方案

机件的形状不同，其表达方案也不同，对于同一种零件通常也有多种表达方式，关键在于选择较好的表达方案。本任务主要对阀体表达方法进行分析，学习分析和灵活选用表达方法。

目标：

（1）了解表达方案选择原则；

（2）通过分析阀体的表达方案，能举一反三读懂其他机件的表达方案。

一、表达方案选择原则

在绘制机件图样时，应根据机件的结构特点进行分析，综合运用视图、剖视图、断面图和简化画法等表达方法，完整、清晰、简明地表达机件的内外结构。

选择表达方案的基本原则是：

① 根据零件的结构特点，先选择主视图，再确定其他视图的表达形式和数量。

② 尽量用较少的图形把机件的结构形状完整、清晰地表达出来，对于选定的视图，应互为依托，又各有侧重点，对内外结构形状既不遗漏表达，也不重复出现。

③ 选择表达方案时，力求看图容易，绘图简便。

二、表达方案分析

1. 图形分析

如图 3-44 所示，泵体共用四个图形进行表达。

主视图采用半剖视图 A–A，剖视部分主要表达泵体的内、外结构形状及圆筒内孔与泵体内腔的连通情况；视图部分主要表达各个部分外形及长度、高度方向的相对位置。

俯视图采用全剖视图 B–B，着重表达底板形状、肋板和支承板的截面形状。

左视图采用局部剖视图，表达法兰盘的外形、孔的分布、泵体内部形状及底部肋板的形状。

局部视图 C 相当于左视图的补充，表达了泵体后端面的外形及孔的大小位置。

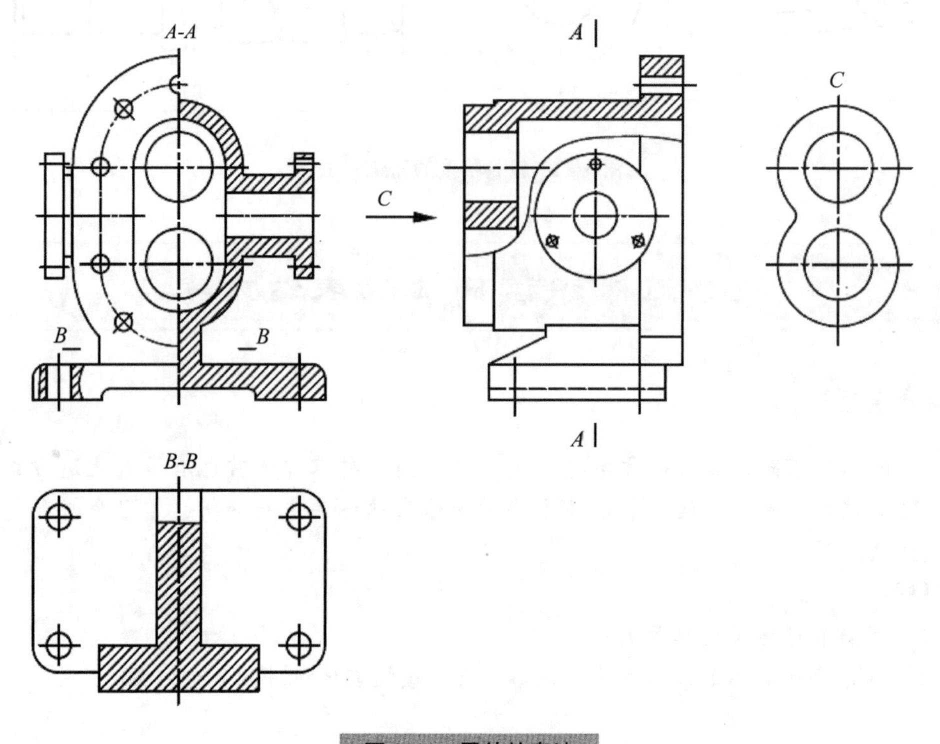

图 3-44 零件的表达

2. 形体分析

通过图形分析可知，泵体可分解成底板、圆柱筒长圆形空腔壳体、法兰盘、肋板、支承板 5 个基本形体。

底板的外形、尺寸在主视图和俯视图中已表达完整；圆柱筒长圆形空腔壳体的后端面形状见局部视图 C，中间空腔部分见左视图中的局部剖；法兰盘为圆形，均匀分布 3 个小孔，内部形状见主视图半剖视部分；肋板形状在左视图；支承板形状在主视图中视图部分表达，位于泵体最前端。

通过分析形体，想象出各部分的空间形状，再按相对位置关系组合起来，想象泵体的整体形状，如图 3-45 所示。

图 3-45 泵体

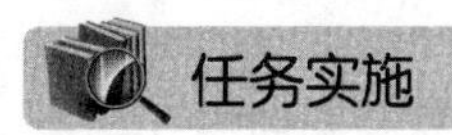

识读图 3-46 所示阀体的表达方案并进行分析，想象其立体形状。

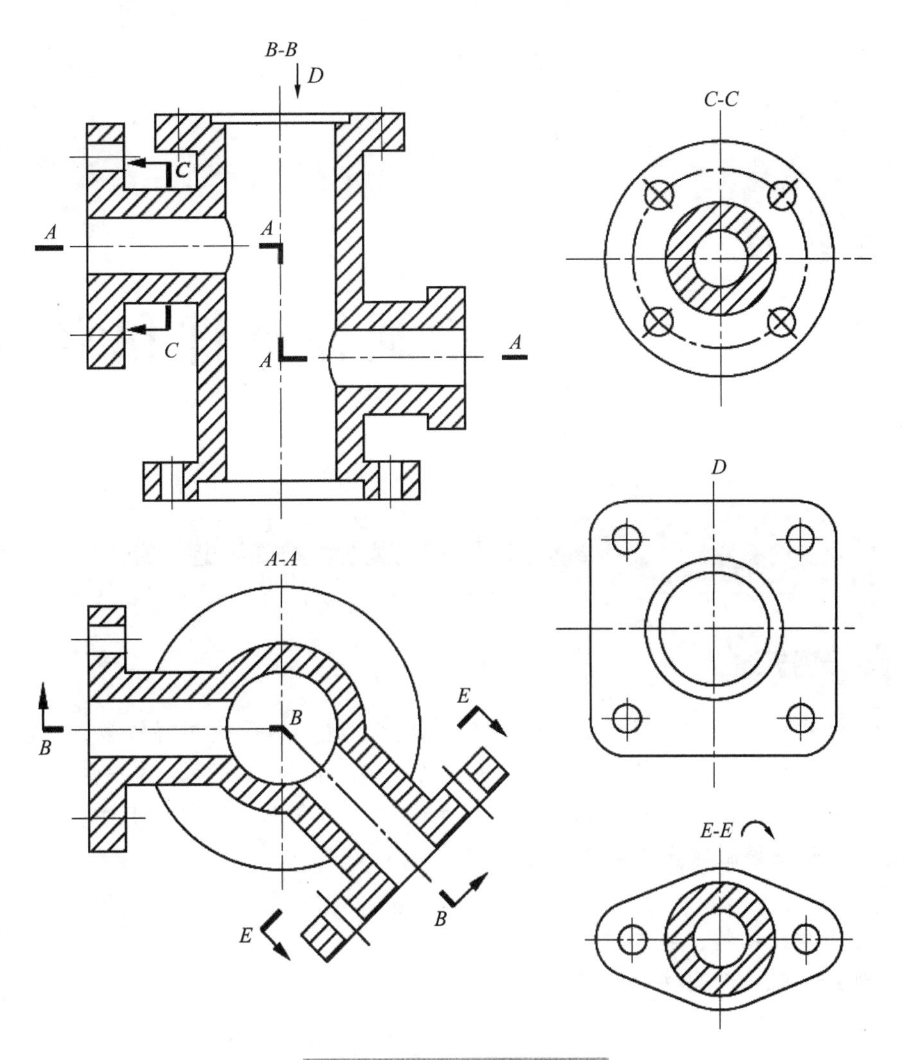

图3-46　阀体的视图表达

项目 4 绘制标准件和常用件

任务一　绘制螺纹紧固件联接图

在各种机器和设备上，螺纹紧固件、滚动轴承、键、销等使用得较多，这些零件的结构、尺寸和成品质量，国家标准都作了统一的规定，称为标准件；另一些零件如齿轮、弹簧等也经常使用，但只是对结构、部分尺寸进行了标准化，称为常用件。本任务将学习螺纹基本知识及绘制螺纹紧固件联接图。

目标：

（1）了解螺纹结构、要素、画法及种类；

（2）能绘制螺纹紧固件联接图。

一、螺纹

1. 螺纹的形成

在圆柱表面上沿着螺旋线所形成的、具有规定牙型的连续凸起和沟槽称为螺纹。螺纹是零件上最常见的结构。在圆柱外表面上形成的螺纹叫作外螺纹；在圆柱内表面上形成的螺纹叫作内螺纹，如图 4-1 所示。

图 4-1　螺纹

加工方法：生产实际中螺纹通常是在车床上加工的，工件等速旋转，同时车刀沿轴向等速移动，即可加工出螺纹，如图 4-2 所示。对于加工直径较小的螺纹，可先钻出光孔，再用丝锥攻螺纹，俗称攻丝，如图 4-3 所示。

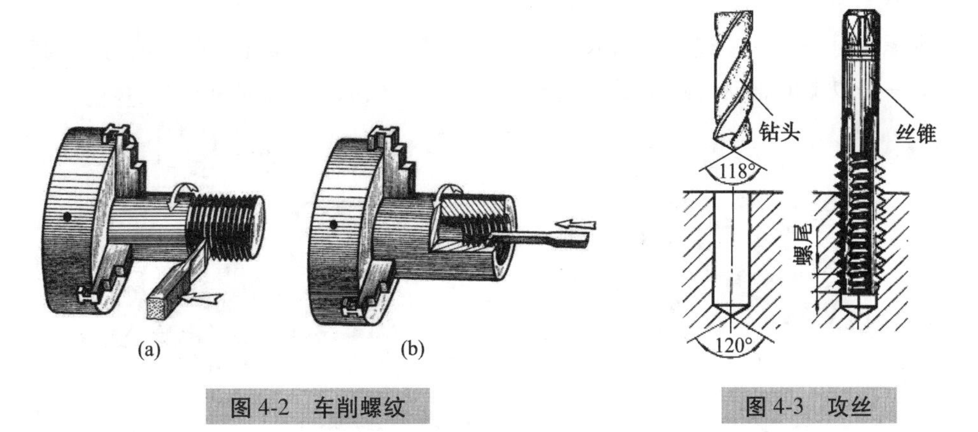

图 4-2　车削螺纹

图 4-3　攻丝

2. 螺纹五要素

（1）牙型

牙型是指在通过螺纹轴线的断面上螺纹的轮廓形状，其凸起部分称为螺纹的牙，凸起的顶端称为螺纹的牙顶，沟槽的底部称为螺纹的牙底。常见的螺纹牙型有三角形、梯形、锯齿形和矩形等，如图 4-4 所示。

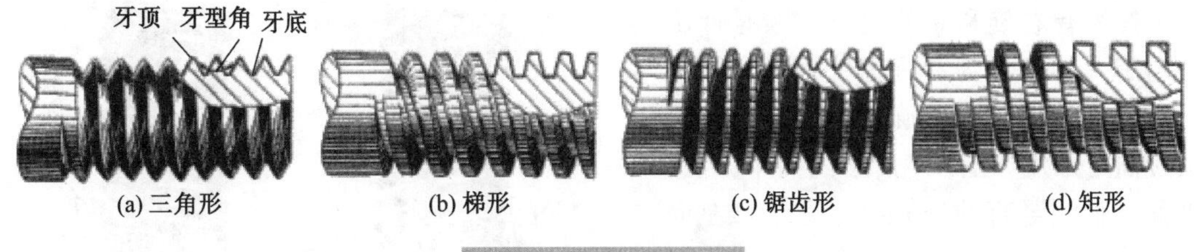

图 4-4　螺纹的牙型

（2）直径

大径 d、D：与外螺纹牙顶或内螺纹牙底相切的假想的圆柱直径称为螺纹的大径。外螺纹和内螺纹的大径分别用 d 和 D 表示，大径即为螺纹的公称直径，如图 4-5 所示。

小径 d_1、D_1：与外螺纹牙底或内螺纹牙顶相切的假想圆柱的直径称为螺纹的小径。外螺纹和内螺纹的小径分别用 d_1 和 D_1 表示，如图 4-5 所示。

中径 d_2、D_2：指一个假想圆柱的直径，该圆柱的母线通过牙型上沟槽和凸起宽度相等的地方。外螺纹和内螺纹的中径分别用 d_2 和 D_2 表示，如图 4-5 所示。

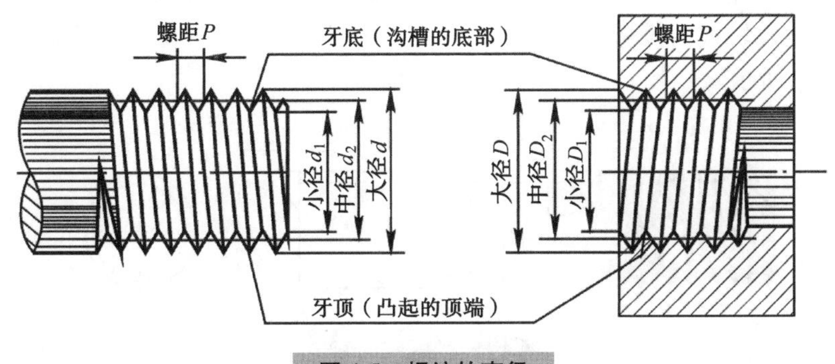

图 4-5　螺纹的直径

（3）线数 n

形成螺纹时所沿螺旋线的条数称为螺纹的线数。沿一条螺旋线形成的螺纹称为单线螺纹；沿一条以上的轴向等距螺线形成的螺纹称为多线螺纹，如图 4-6 所示。

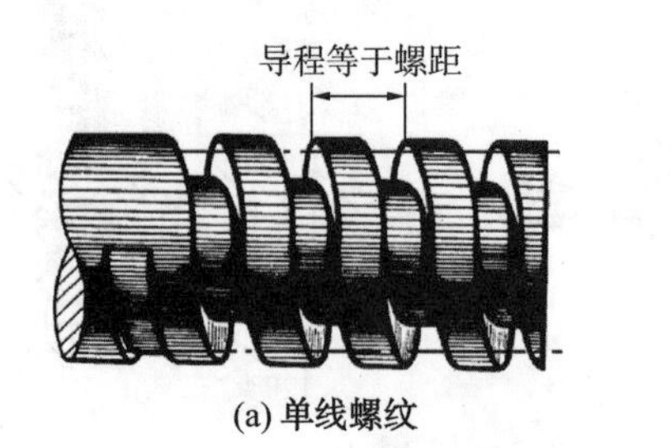

(a) 单线螺纹

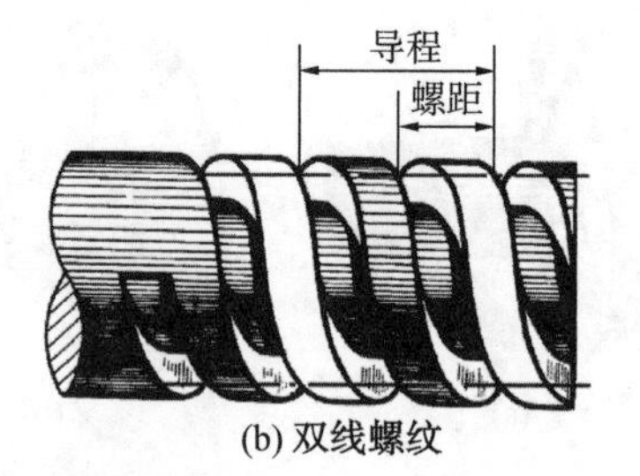

(b) 双线螺纹

图 4-6　螺纹的螺距和导程的关系

（4）螺距 P 和导程 P_h

相邻两牙在中径线上对应两点间的轴向距离称为螺距，如图 4-6 所示。

同一螺纹螺旋线上相邻两牙在中径线上对应两点间的轴向距离称为导程。螺距与导程的关系为 $P_h = nP$。显然，单线螺纹的导程与螺距相等，如图 4-6(a)所示。

（5）旋向

螺纹有右旋和左旋之分，顺时针旋转时旋入的螺纹为右旋螺纹，逆时针旋转时旋入的螺纹为左旋螺纹。判别螺纹的旋向可采用如图 4-7 所示的简单方法，即面对轴线竖直的外螺纹，螺纹自左向右上升的为右旋，反之为左旋。实际应用中的螺纹绝大部分为右旋。

螺纹要素完全一致的外螺纹和内螺纹才能相互旋合，从而实现零件间的连接和传动。

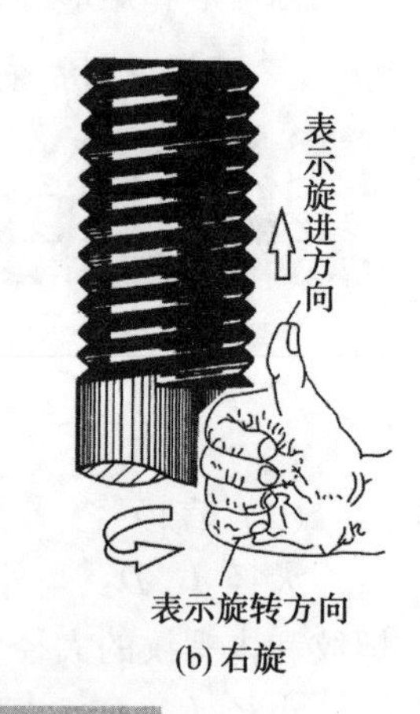

(a) 左旋　(b) 右旋

图 4-7　螺纹的旋向

3. 螺纹的规定画法

（1）外螺纹的画法

外螺纹一般用视图表示，牙顶（大径）用粗实线绘制，牙底（小径，约等于大径的 0.85）用细实线绘制；在平行于螺纹轴线的投影面上的视图中，螺纹终止线用粗实线绘制。在垂直于螺纹轴线的投影面上的视图中，表示牙底的细实线圆只画约 3/4 圈，倒角圆不画，如图 4-8 所示。

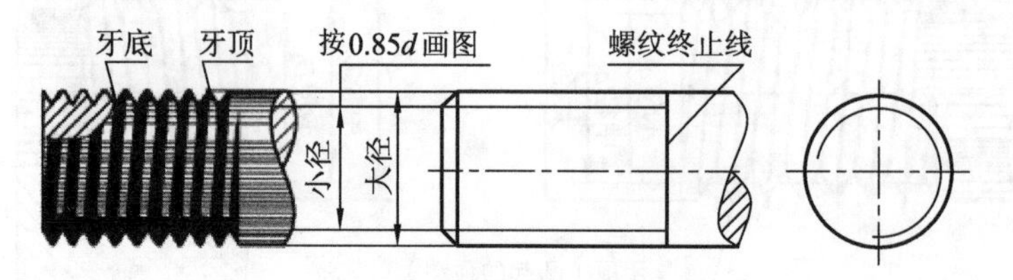

图 4-8　外螺纹的画法

(2) 内螺纹的画法

内螺纹的主视图一般采用剖视画法，牙底（大径）用细实线绘制，牙顶（小径，约等于大径的 0.85）和螺纹终止线用粗实线绘制。在左视图中，表示牙底的细实线圆只画约 3/4 圈，倒角圆不画。剖面线也必须画到表示牙顶的粗实线处，如图 4-9(a) 所示。

若绘制不穿通的螺孔时，螺孔深度和钻孔深度均应画出，一般钻孔深度比螺孔深度长 0.5D，钻孔头部的锥顶角应画成 120° [图 4-9(b)]。

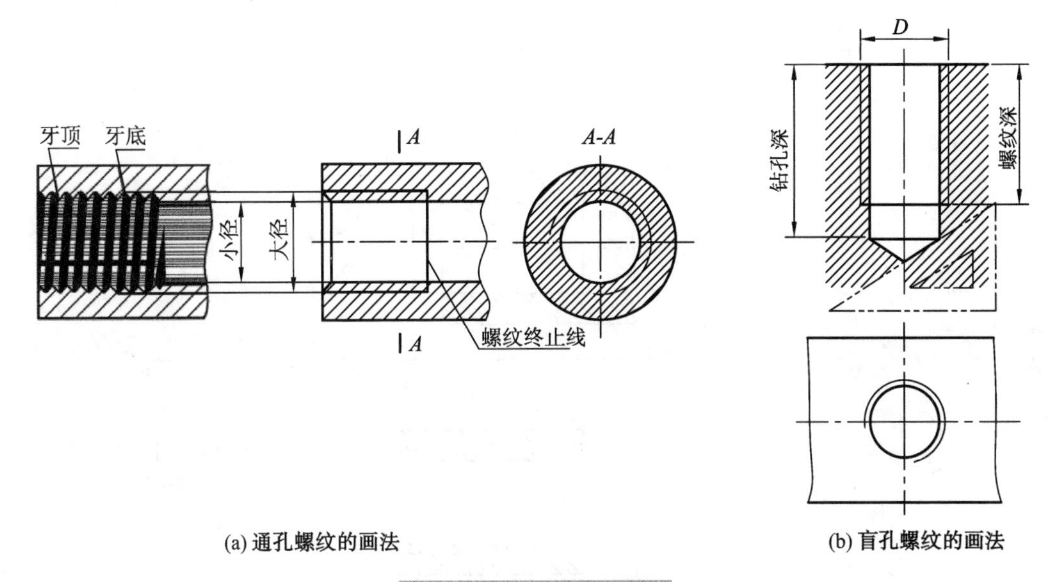

图 4-9 内螺纹的画法

(3) 内外螺纹连接的画法

内外螺纹连接一般用剖视图表示。此时，内外螺纹的旋合部分按外螺纹画法绘制，其余部分仍按各自的画法绘制，如图 4-10 所示。需要指出的是，对于实心杆件，当剖切平面通过其轴线时按不剖画。

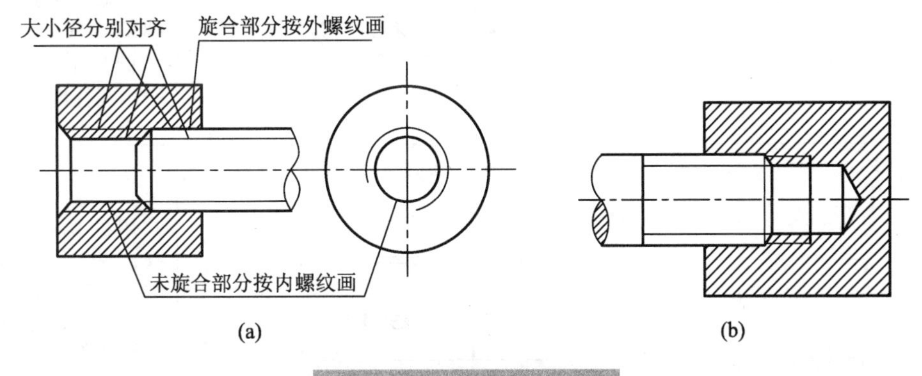

图 4-10 螺纹连接的画法

4. 螺纹种类及其标注

(1) 螺纹种类

按用途不同，螺纹可分为联接螺纹和传动螺纹两类。常见的联接螺纹有粗牙普通螺纹、细牙普通螺纹和管螺纹。传动螺纹有梯形螺纹、锯齿形螺纹和矩形螺纹。常见标准螺纹的种类、标注和用途见表 4-1。

表 4-1 常见标准螺纹的种类、标注和用途

螺纹类别			特征代号	标注示例	说明
联接螺纹	普通螺纹	粗牙	M	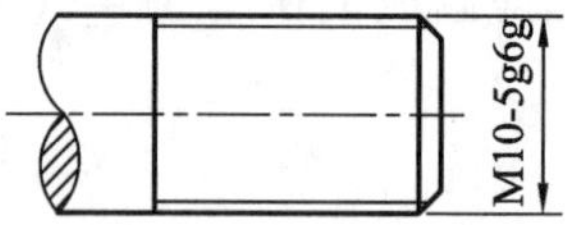 M10-5g6g	常用的一种联接螺纹。粗牙螺纹不标注螺距
		细牙		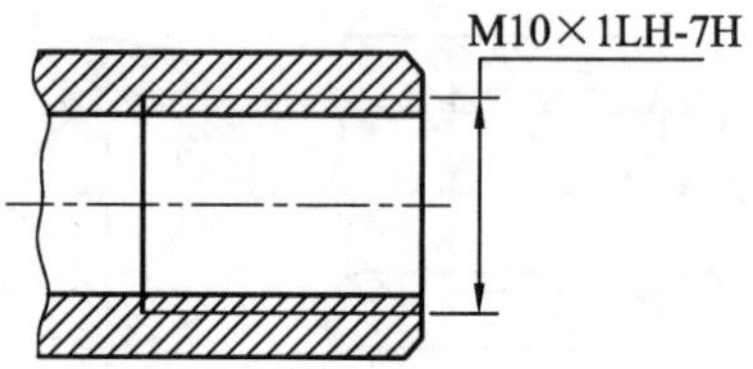 M10×1LH-7H	
	管螺纹	55°非密封管螺纹	G	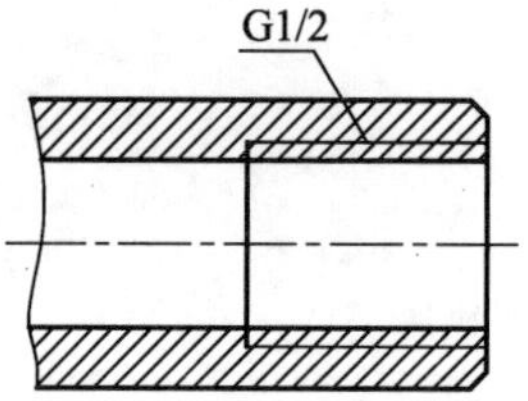 G1/2	管道联接中的常用螺纹，螺距及牙型均较小
		55°密封管螺纹	R_c R_p R_1 或 R_2	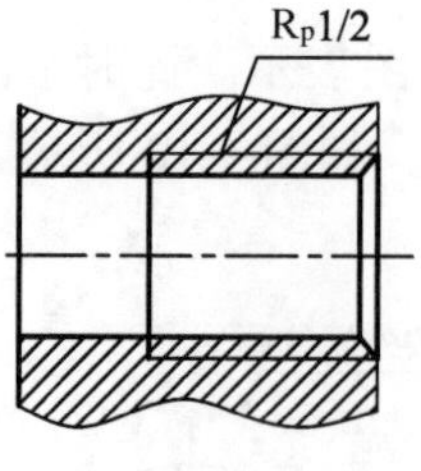 R_p1/2	管道联接中的常用螺纹，螺距及牙型均较小，代号 R_1 表示与圆柱内螺纹相配的圆锥外螺纹，R_2 表示与圆锥内螺纹相配的圆锥外螺纹，R_c 表示圆锥内螺纹，R_p 表示圆柱内螺纹
传动螺纹	梯形螺纹		Tr	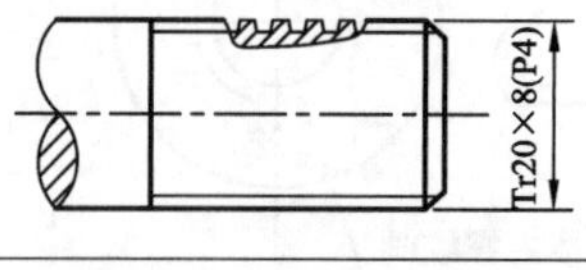 Tr20×8(P4)	常用的两种传动螺纹，用于传递运动和动力，梯形螺纹传递双向动力，锯齿形螺纹传动单向动力
	锯齿形螺纹		B	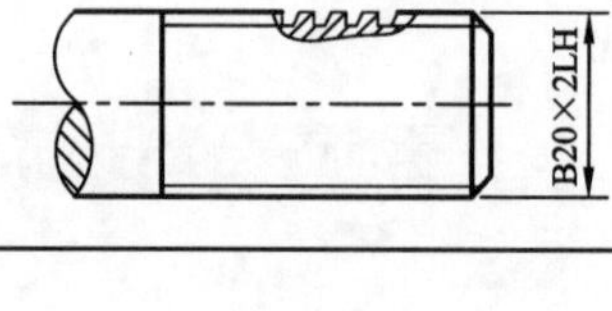 B20×2LH	

（2）螺纹标记及标注

螺纹按规定画法简化画出后，图上不能反映出螺纹的种类和螺纹的要素，因此需要在图中对螺纹进行标注。

1）普通螺纹。国家标准规定普通螺纹完整标记格式为

特征代号　公称直径×导程(P 螺距)旋向－中径公差带代号　顶径公差带代号－旋合长度代号

例如：

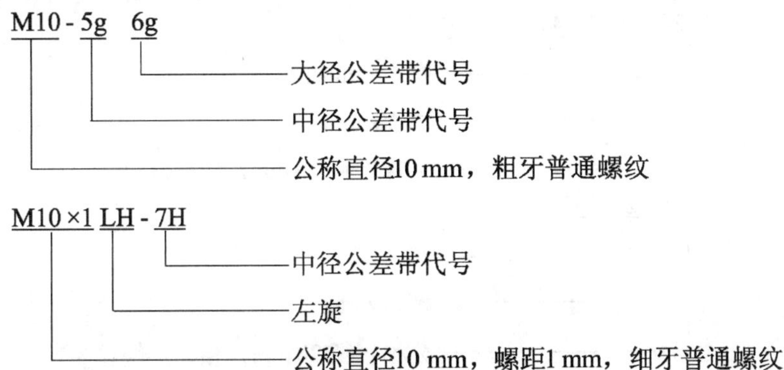

几点说明：

① 螺纹代号。普通粗牙螺纹不必标记螺距，普通细牙螺纹必须标记螺距，螺距数值可查附录 1。

② 公差带代号。中径、顶径公差带代号由表示公差等级的数字和字母组成（大写字母代表内螺纹，小写字母代表外螺纹），如 5g、6H 等。顶径是指外螺纹的大径和内螺纹的小径，若两组公差带相同，则只写一组。

③ 旋向代号。右旋螺纹不必标记，左旋螺纹应标记字母“LH”。

④ 旋合长度。旋合长度分为短、中、长三组，其代号分别是“S”“N”“L”。若是中等旋合长度，其旋合代号“N”可省略。

普通螺纹标注时，应从大径引出尺寸界线，标记应标注在大径的尺寸线上。

2）管螺纹。管螺纹标记格式为

螺纹特征代号　尺寸代号　公差等级代号－旋向

例如：

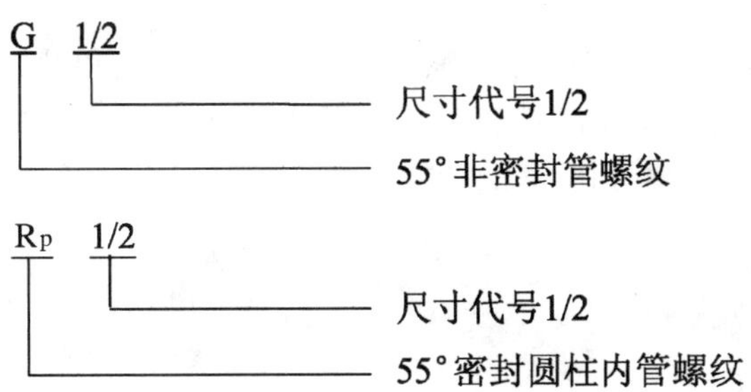

几点说明：

① 特征代号为 G 的 55°非密封管螺纹，外螺纹公差等级有 A、B 两种，内螺纹不标记。

② 尺寸代号表示带有外螺纹管子的孔径并非螺纹大径，单位为 in，管螺纹的直径和螺距可由尺寸代号从标准中查得。

管螺纹标注时，其标记一律注在指引线上，指引线从大径引出，并且不应与剖面线

平行。

3）梯形螺纹和锯齿形螺纹。梯形、锯齿形螺纹标记格式为

螺纹特征代号 公称直径×导程(螺距 P)旋向-中径公差带代号-旋合长度代号

例如：

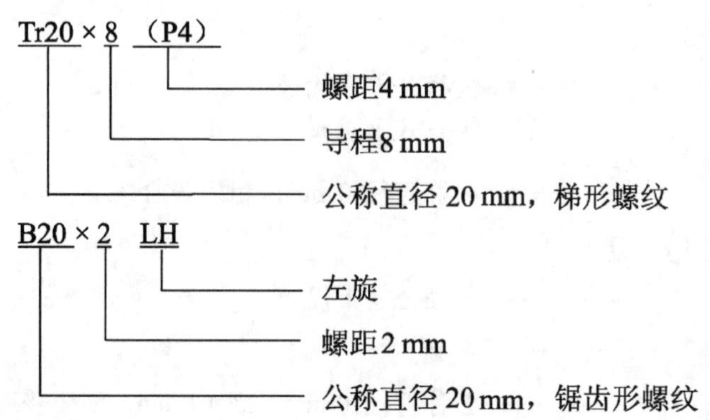

几点说明：

① 螺纹公差带表示中径公差带。

② 梯形螺纹和锯齿形螺纹的旋合长度分为中、长两种，分别用 N、L 表示。当为中等旋合长度时，“N”省略不标。

识别下列螺纹标记中各代号的含义，并填表 4-2。

表 4-2 螺纹紧固件及其标记系列

螺纹标记	螺纹种类	螺纹大径	导程	螺距	线数	旋向	公差带代号
M20-5H-L							
M16×1. 5LH-5g6g							
Tr26×10（P5）LH-3e							

二、常用螺纹紧固件

螺纹紧固件连接零件的方式通常有螺栓联接、螺柱连接和螺钉联接。常用的螺纹紧固件有螺栓、螺柱、螺母、垫圈和螺钉等，如图 4-11 所示为常用的螺纹紧固件。使用或绘图时，可以从相应标准中查到所需的结构尺寸。

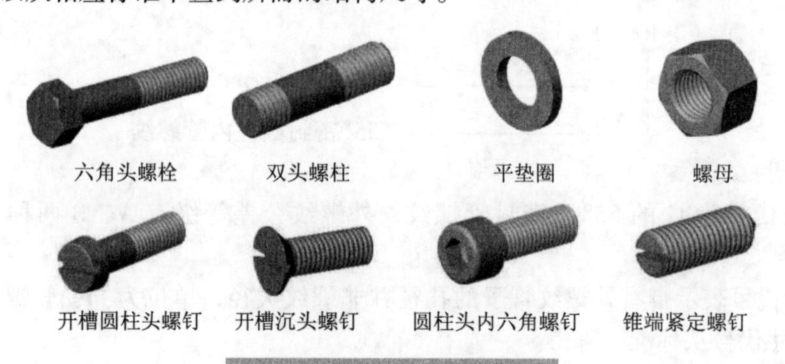

图 4-11 常用的螺纹紧固件

1. 螺纹紧固件的标记

各种紧固件均有相应的规定标记，其完整的标记由名称、标准代号、尺寸、产品型式、性能等级或材料等级、产品等级、结构型式、表面处理等内容组成。生产中一般采用简化标记，常用螺纹紧固件的图例和标记示例见表4-3。

表4-3 常用螺纹紧固件的图例及其标记示例

名 称	简 图	规定标记示例
六角头螺栓	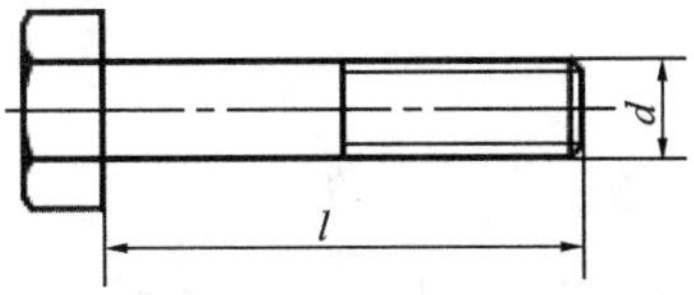 d, l	螺栓 GB/T 5782 M10×40
双头螺柱	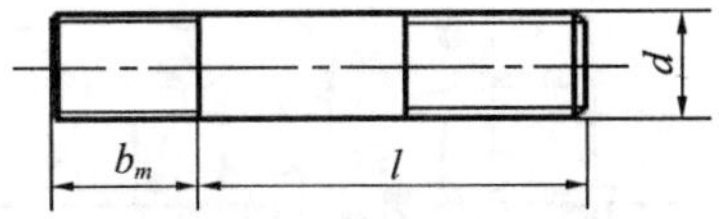 d, b_m, l	螺柱 GB/T 898 M10×40
开槽锥端紧定螺钉	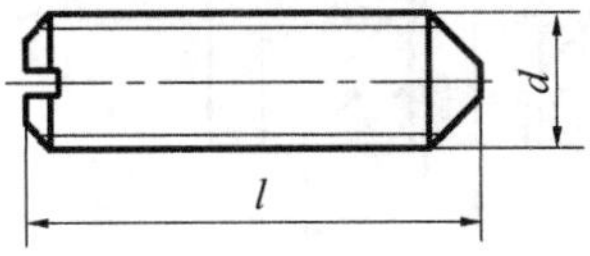 d, l	螺钉 GB/T 71 M10×20
平垫圈	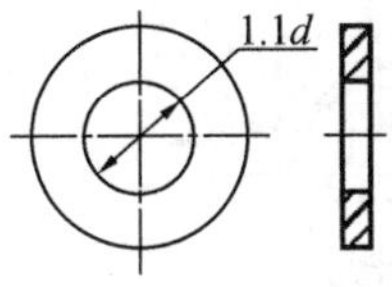 $1.1d$	垫圈 GB/T 97.1 10
开槽沉头螺钉	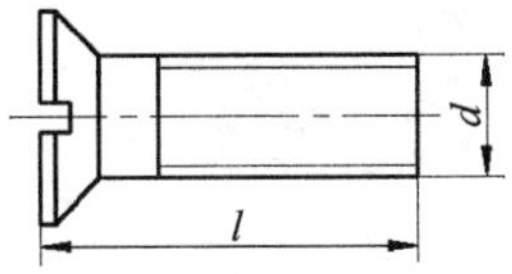 d, l	螺钉 GB/T 68 M10×30

标记举例：

例 螺纹规格 d=M10，公称长度 l=40，性能等级为8.8级，表面氧化的A级六角头螺栓的标记为

螺栓 GB/T 5782 M10×40

2. 螺纹紧固件的画法

在绘制螺纹紧固件时可根据零件的实际尺寸、结构及螺纹的规定画法绘制。为作图方便，也可不按照实际尺寸画图，而是采用按比例绘制的简化画法。

（1）查表法

根据规定标记查阅相关标准，根据标准给出的尺寸画出图样。

（2）比例画法

根据螺纹大径，按一定比例关系计算各部分尺寸后画图。

3. 常用螺纹紧固件联接的画法

螺纹紧固件联接一般分为螺栓联接、双头螺柱联接和螺钉联接等。联接图的画法应符合下列基本规定：

① 两零件的接触表面只画一条线，不得加粗。凡是不接触的表面，不论间隙大小，都应画出间隙。

② 两零件相邻接时，零件的剖面线方向应相反，或方向一致但间隔不同。

③ 剖切平面通过螺纹紧固件的轴线时，这些零件按不剖绘制，仍画外形。必要时，可采用局部剖视。

（1）螺栓联接

螺栓用来联接两个不太厚并能钻成通孔的零件，与垫圈、螺母配合进行联接，两个被联接的零件通孔内没有螺纹，如图 4-12 所示的螺栓联接。

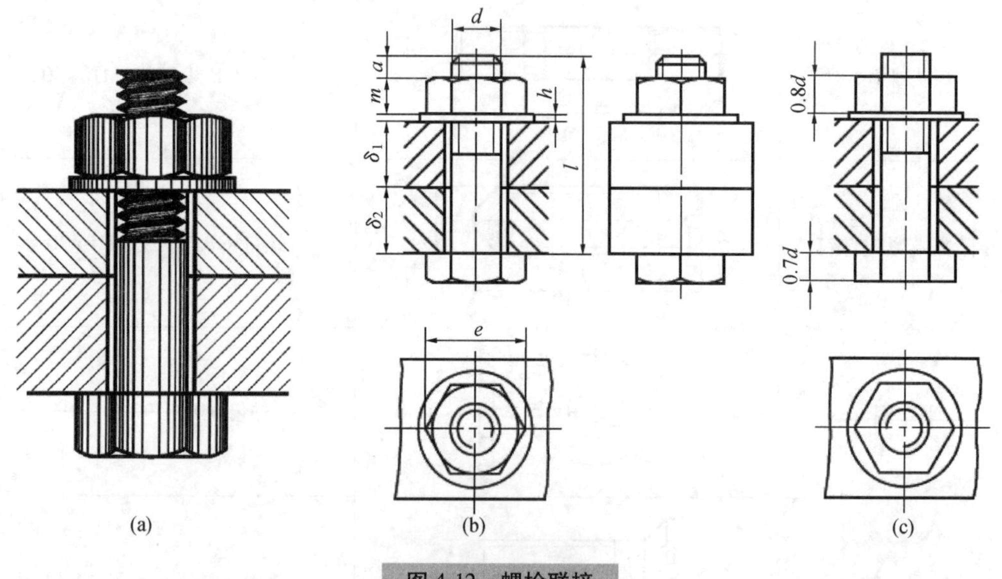

图 4-12　螺栓联接

被联接两零件上加工的光孔直径稍大于螺栓直径，取 1. 1d。

螺栓的长度　　$l>\delta_1+\delta_2+h+m+a$

式中，δ_1、δ_2——被联接两零件的厚度（mm）；

h——垫圈厚度（mm）；

m——螺母厚度（mm）；

a——螺栓伸出螺母的长度（mm）。

若采用比例画法，则 $m=0.8d$，$h=0.15d$，$a=0.3d$，$e=2d$，垫圈直径为 2. 2d，计算出 l 后可查附录 2 选取与估计值相近的标准长度值作为 l 值。螺母和垫圈相关尺寸可查附录 3、附录 4。

（2）双头螺柱联接

双头螺柱联接适用于被联接两零件之一较厚，不适用于钻成通孔或不能钻成通孔的场合。双头螺柱两端均加工有螺纹，一端与被联接件旋合，另一端与螺母旋合，如图 4-13 所示。

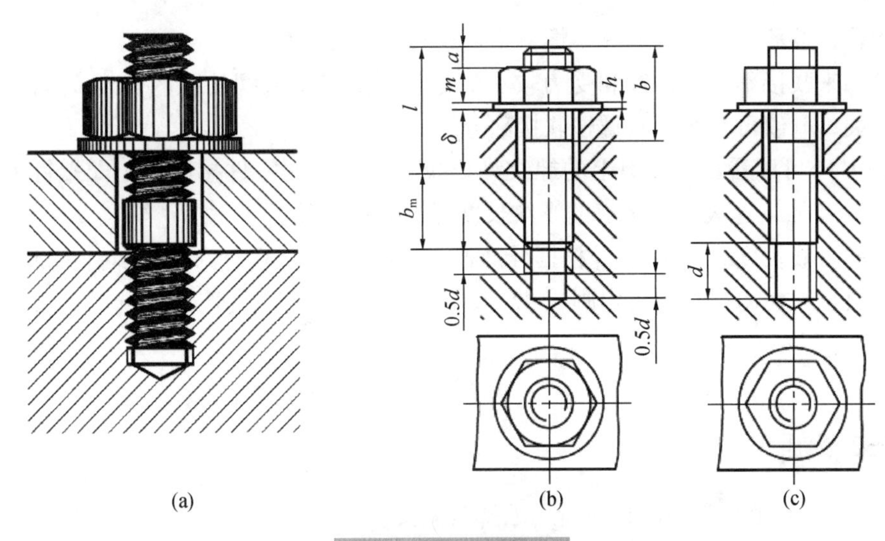

图 4-13　螺柱联接

螺柱的旋入端长度 b_m 与被旋入件的材料有关：

钢、青铜时，$b_m = d$；

铸铁或铜时，$b_m = (1.25 \sim 1.5)d$；

铝合金等轻金属时，$b_m = 2d$。

螺柱的有效长度按以下公式确定：

$$l \geqslant \delta + h + m + a$$

算出数值后，查附录 5，选取与计算值相近的标准长度值作为 l 值。

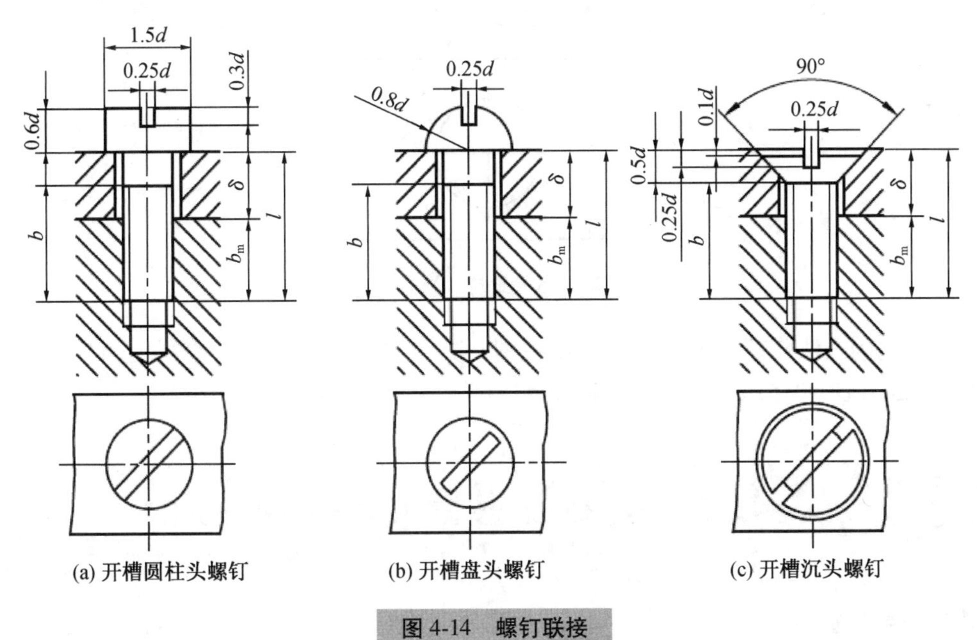

图 4-14　螺钉联接

（3）螺钉联接

螺钉联接一般用于受力不大又不需要经常拆卸的场合，它的两个被联接件，较厚的加工出螺孔，较薄的加工出通孔，螺钉穿过通孔拧入螺孔内。

螺钉用来联接不经常拆卸和受力较小的零件，螺钉旋入螺纹孔的长度 b_m 与被旋入件的材料有关，取值可参照双头螺柱联接部分。

从图 4-14 可以看出，螺钉上的螺纹终止线一定高于两零件接触面，即螺钉上的螺纹长度 b 应大于 b_m，这表示有足够的螺纹长度保证联接可靠。

螺钉的有效长度 $l=\delta+b_m$，并根据标准校正（附录 6）。具有沟槽的螺钉头部，在主视图中应被放正，在俯视图中规定画成 45°倾斜，当一字槽槽宽小于 2 mm 时，可用涂黑的粗实线表示。

任务实施

1. 按照比例画法完成图 4-15 所示的螺钉联接。

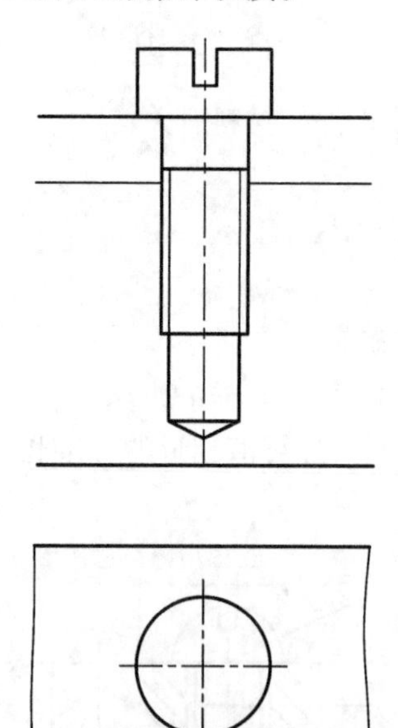

图 4-15　螺钉联接画法

2. 用比例画法作螺栓联接的主、俯视图。其中主视图为全剖，俯视图为外形图。已知螺栓 M20（GB/T 5780—2000），两零件厚度 $\delta_1=25$，$\delta_2=30$。

任务二　绘制直齿圆柱齿轮啮合图

任务描述

齿轮传动在机械中被广泛应用，国家标准对其部分设计参数进行了标准化，因此它属于常用的非标准件。本任务将学习直齿圆柱齿轮的参数及其画法。

目标：

(1) 熟悉直齿圆柱齿轮的参数；

(2) 能绘制单个直齿圆柱齿轮工作图和直齿圆柱齿轮啮合图。

一、直齿圆柱齿轮参数

齿轮是广泛用于机器或部件中的传动零件，不仅可以用来传递动力，还能改变转速和回转方向。齿轮上每一个用于啮合的凸起部分，称为轮齿。一对齿轮的齿依次交替接触，从而实现一定规律的相对运动的过程和形态，称为啮合。齿轮的轮齿部分已经标准化。如图 4-16 所示为齿轮传动中常见的三种类型：

圆柱齿轮传动——用于两平行轴间的传动；

圆锥齿轮传动——用于两相交轴间的传动；

蜗杆蜗轮传动——用于两交错轴间的传动。

轮齿的齿廓曲线可以是渐开线、摆线或圆弧线，应用最广泛的是渐开线。这里着重介绍齿廓曲线为渐开线的标准齿轮的有关知识和画法。

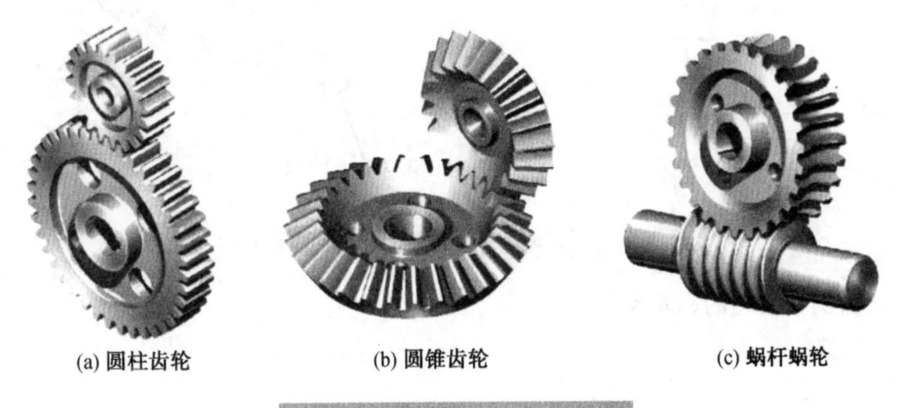

(a) 圆柱齿轮　(b) 圆锥齿轮　(c) 蜗杆蜗轮

图 4-16　齿轮传动的常见类型

1. 直齿圆柱齿轮各部分的名称（图 4-17）

(1) 齿顶圆

通过齿轮轮齿顶部的圆称为齿顶圆，其直径用 d_a 表示。

(2) 齿根圆

通过齿轮轮齿根部的圆称为齿根圆，其直径用 d_f 表示。

(3) 分度圆

分度圆是一个假想的圆，在该圆上齿厚 s 与槽宽 e 相等，它的直径称为分度圆直径。分度圆是齿轮设计和加工时计算尺寸的基准圆，直径用 d 表示。

(4) 齿距

在分度圆上，相邻两齿对应齿廓之间的弧长称为齿距，用 p 表示。标准齿轮的 $s=e$，

$p=s+e$。

齿厚：在分度圆上，一个齿的两侧对应齿廓之间的弧长，用 s 表示。

槽宽：在分度圆上，相邻两齿廓之间的弧长，用 e 表示。

（5）齿高

轮齿在齿顶圆和齿根圆之间的径向距离称为齿高，用 h 表示，$h=h_a+h_f$。

齿顶高：齿顶圆和分度圆之间的径向距离，用 h_a 表示。

齿根高：分度圆与齿根圆之间的径向距离，用 h_f 表示。

（6）中心距

两啮合齿轮轴线之间的距离，用 a 表示。

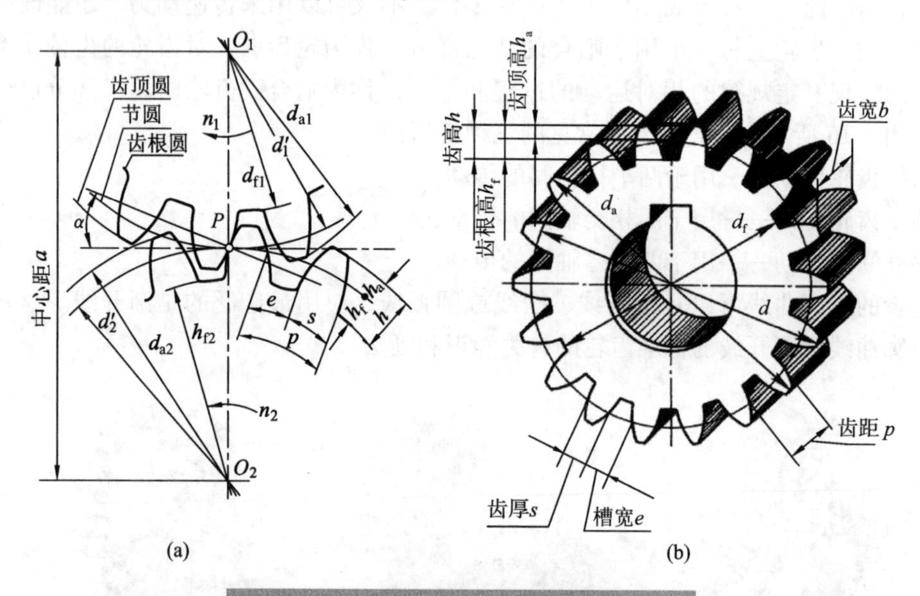

图 4-17　直齿圆柱齿轮各部分名称及代号

2. 直齿圆柱齿轮的基本参数

（1）齿数

齿轮上轮齿的个数，用 z 表示。

（2）模数

由于分度圆的周长 $\pi d=p\cdot z$，所以 $d=p/\pi\cdot z$，令 $m=p/\pi$，模数的单位为毫米，则 $d=mz$。模数是齿轮设计和制造的主要参数。为便于齿轮的设计和制造，减少齿轮成形刀具的规格及数量，国家标准对模数规定了标准值，见表 4-4。

表 4-4　渐开线圆柱齿轮模数

单位：mm

第一系列	1　1.25　1.5　2　2.5　3　4　5　6　8　10　12　16　20　25　32　40　50
第二系列	1.75　2.25　2.75　（3.25）　3.5　（3.75）　4.5　5.5　（6.5）　7　9　（11）　14　18　22　28　36　45

注：优先选用第一系列，括号内的模数尽可能不用。

（3）压力角

相互啮合的一对齿轮，在齿廓接触点 P 处的齿廓公法线（受力方向）与分度圆的切线方向（运动方向）之间的夹角称为压力角，用 α 表示。国家标准规定渐开线齿轮的压力角为 20°。

直齿圆柱齿轮各部分间的尺寸计算公式见表 4-5。

表 4-5　直齿圆柱齿轮各部分尺寸间的计算公式

名　称	代　号	计算公式
齿数	z	根据设计要求或测绘而定
模数	m	$m=p/\pi$ 根据强度计算或测绘而得
齿顶高	h_a	$h_a=m$
齿根高	h_f	$h_f=1.25m$
齿高	h	$h=2.25m$
分度圆直径	d	$d=mz$
齿顶圆直径	d_a	$d_a=m(z+2)$
齿根圆直径	d_f	$d_f=m(z-2.5)$
中心距	a	$a=\frac{1}{2}(d_1+d_2)=\frac{1}{2}m(z_1+z_2)$

二、直齿圆柱齿轮的规定画法

1. 单个直齿圆柱齿轮的规定画法

单个齿轮一般用两个视图表示。国家标准规定齿顶圆和齿顶线用粗实线绘制，分度圆和分度线用细点画线表示，齿根圆和齿根线用细实线绘制（也可以省略不画）。在剖视图中，齿根线用粗实线绘制，当剖切平面通过齿轮轴线时，轮齿一律按不剖绘制。

对于斜齿或人字齿的圆柱齿轮，可用三条细实线表示轮齿的方向。齿轮轮齿部分以外的结构，均按其真实投影绘制，如图 4-18 所示。

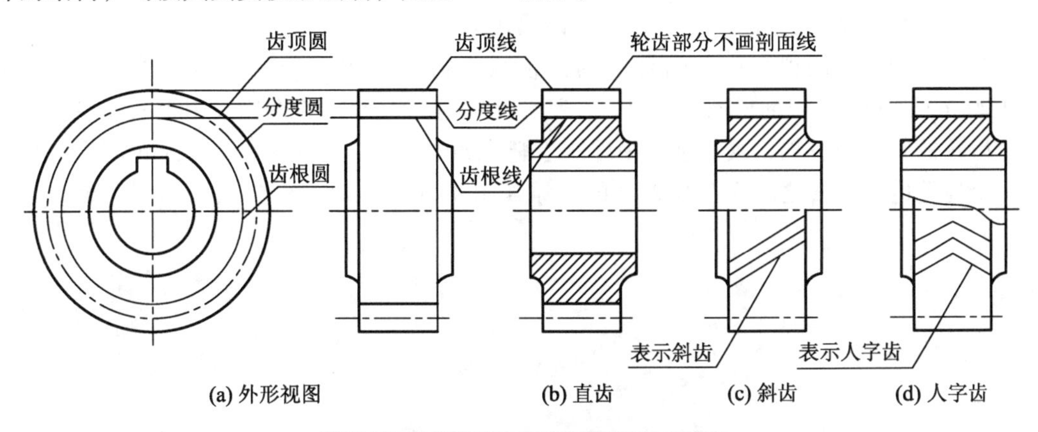

图 4-18　单个直齿圆柱齿轮的画法

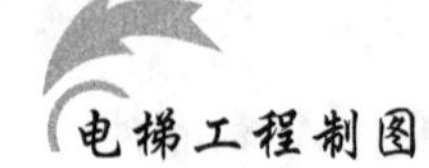

图 4-19 为单个直齿圆柱齿轮的工作图。齿顶圆直径、分度圆直径及齿轮的基本尺寸必须标出，齿根圆直径规定不用标准。同时，应在图样右上角的参数表中注写模数、齿数、齿形角等基本参数。

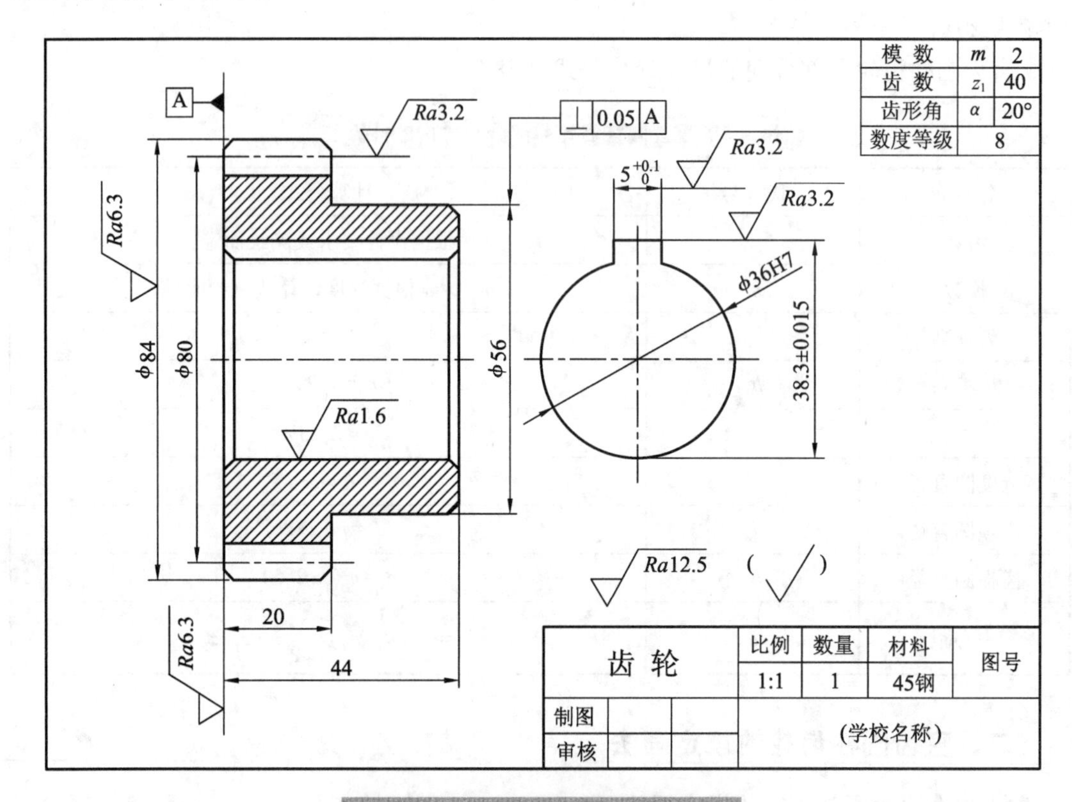

图 4-19　单个直齿圆柱齿轮的画法

2. 两直齿圆柱齿轮啮合的画法

一对标准齿轮啮合时，两分度圆相切，除啮合区外，其余部分的结构均按单个齿轮绘制。

在投影为圆的视图中，两齿顶圆用粗实线绘制，啮合区内齿顶圆也可省略不画，齿根圆用细实线绘制，也可省略不画，如图 4-20(b)、(d)所示。

在投影为非圆的视图中，啮合区的齿顶线不需要画出，分度线用粗实线绘制，如图 4-20(c)所示。采用剖视图表达时，在啮合区内将一个齿轮的齿顶线用粗实线绘制，另一个齿轮的轮齿被遮挡，其齿顶线用虚线绘制，如图 4-20(a)所示。一个齿轮的齿顶线与另一个齿轮的齿根线之间应有 0. 25m 的间隙（图 4-21）。

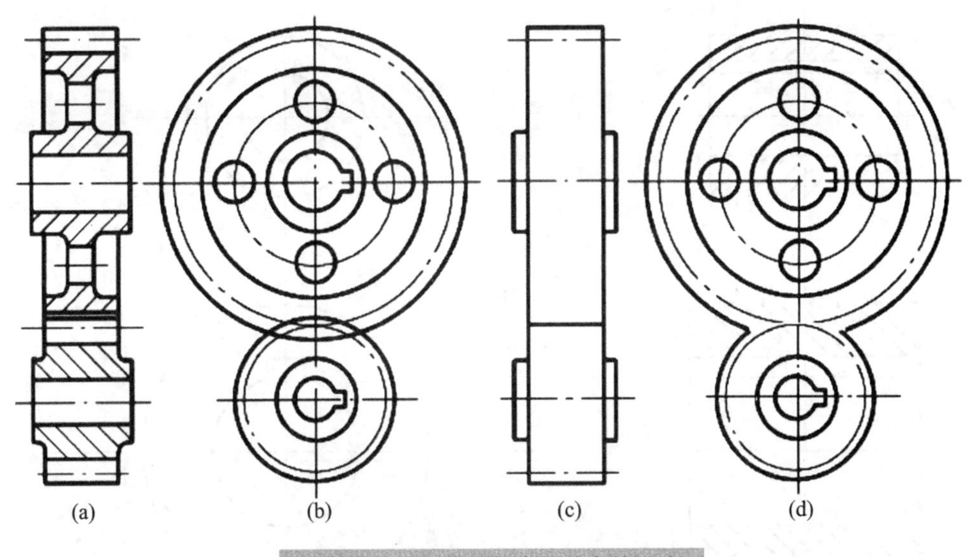

图 4-20　两直齿圆柱齿轮啮合的画法

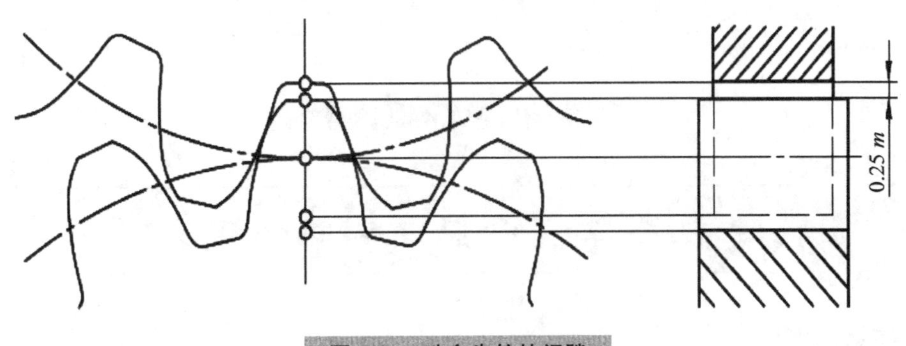

图 4-21　啮合齿轮的间隙

任务实施

如图 4-22 所示，两直齿圆柱齿轮的模数 $m=2$ mm，齿数 $z_1=20$，两齿轮的中心距 $a=60$ mm，计算两个齿轮的分度圆、齿顶圆和齿根圆直径，完成直齿圆柱齿轮啮合的两种视图。

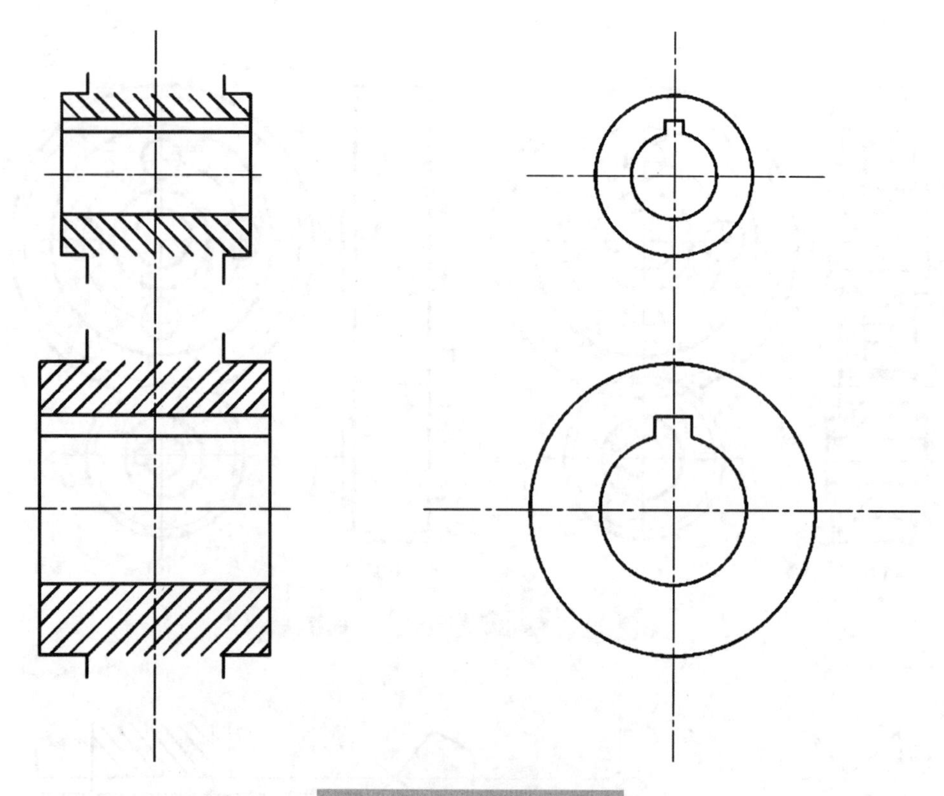

图 4-22　啮合齿轮的画法

任务三　绘制滚动轴承图

任务描述

滚动轴承是标准件，在机械设备中被广泛应用。本任务将学习滚动轴承的结构、标记和滚动轴承的画法。

目标：

（1）熟悉滚动轴承的结构及分类；

（2）熟悉滚动轴承标记；

（3）掌握滚动轴承画法。

知识准备

一、滚动轴承的结构和分类

1. 滚动轴承的结构

滚动轴承是用作支承旋转轴的标准件。它具有结构紧凑、摩擦阻力小等优点，因此得到了广泛的应用。在工程设计中无须单独画出滚动轴承的图样，而是根据国家标准规定的代号进行选用。

2. 滚动轴承的分类

如图 4-23(a)所示，滚动轴承的结构由外圈、内圈、滚动体和保持架四部分组成。按其受力情况可分为：

① 向心轴承，主要承受径向力，如深沟球轴承［图 4-23(a)］。

② 推力轴承，只承受轴向力，如推力球轴承［图 4-23(b)］。

③ 向心推力轴承，既可承受径向力，又可承受轴向力，如圆锥滚子轴承［图 4-23(c)］。

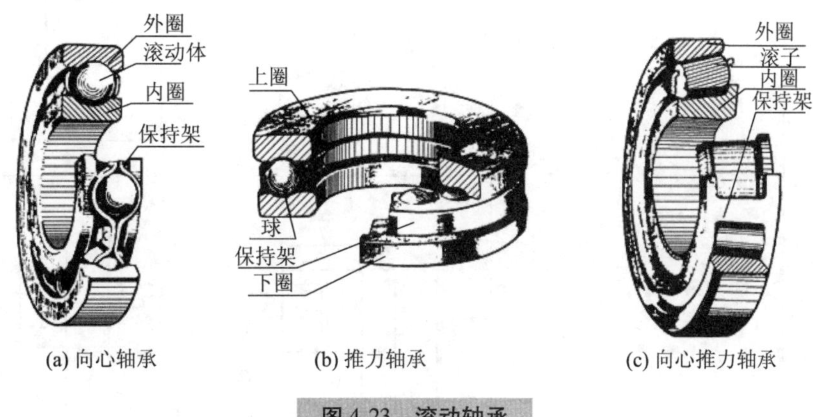

(a) 向心轴承　(b) 推力轴承　(c) 向心推力轴承

图 4-23　滚动轴承

二、滚动轴承的画法

滚动轴承是标准件，不需要画零件图。在装配图中，滚动轴承通常采用三种画法绘制，即通用画法、特征画法和规定画法。尺寸比例示例如表 4-6 所示。

表 4-6　滚动轴承的尺寸比例示例

轴承类型	通用画法	特征画法	规定画法
深沟球轴承	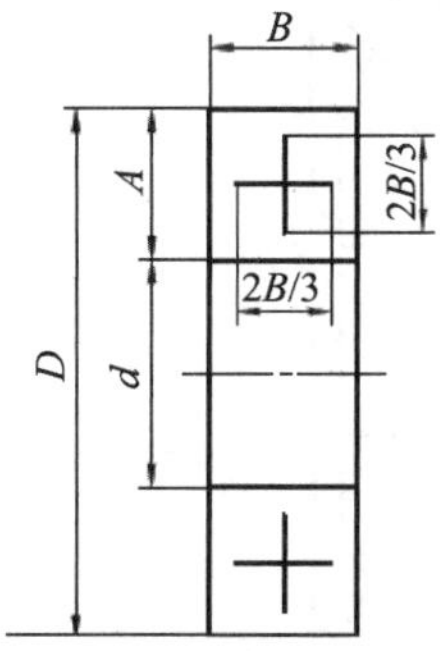	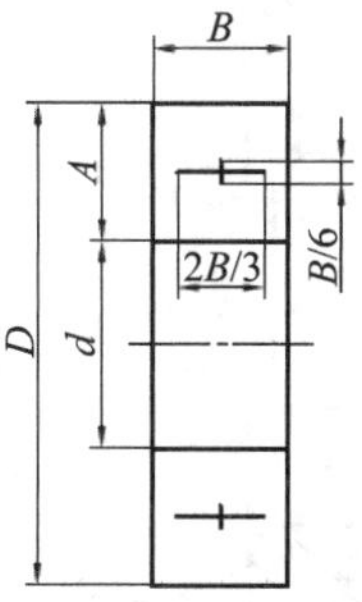	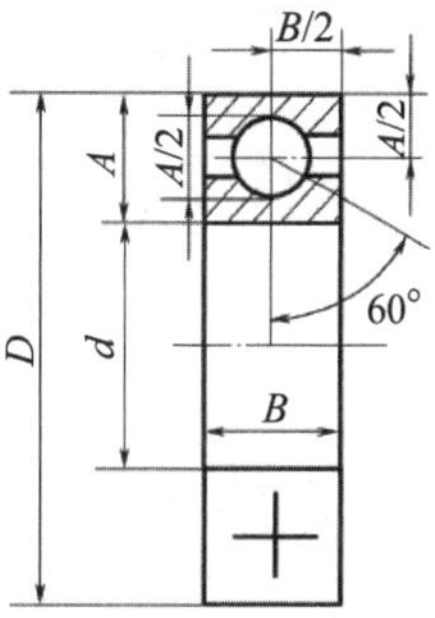

续表

轴承类型	通用画法	特征画法	规定画法
圆锥滚子轴承		B 30° 2B/3 B/6 A D d	T C A/2 A A/4 T/2 A/2 15° D d B
推力球轴承		T A 2A/3 A/6 D d	T A/2 T/2 T/2 60° D d A

采用规定画法绘制滚动轴承的剖视图时，轴承的滚动体不画剖面线，内外圈应画上方向和间隔相同的剖面线，保持架及倒角可以省略不画。规定画法一般绘制在轴的一侧，另一侧按通用画法绘制。在装配图中，滚动轴承的画法如图 4-24 所示。

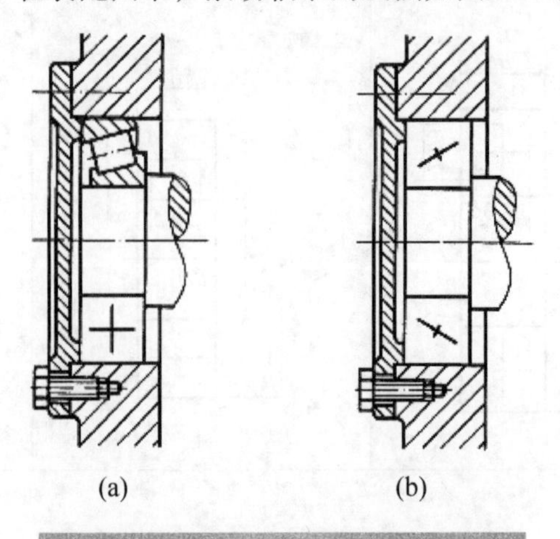

图 4-24　滚动轴承在装配图中的画法

三、滚动轴承的代号

按国家标准规定，滚动轴承的结构尺寸、公差等级、技术性能等特性由滚动轴承代号来表示。滚动轴承的代号可查阅 GB/T 272—2002，它由前置代号、基本代号和后置代号组成。其排列顺序为：

前置代号　基本代号　后置代号

1. 基本代号

基本代号表示滚动轴承的基本类型、结构和尺寸，是滚动轴承代号的基础。基本代号由滚动轴承的类型代号、尺寸系列代号和内径代号组成。

（1）类型代号

类型代号用阿拉伯数字或大写拉丁字母表示，见表 4-7。

表 4-7　滚动轴承的类型代号

代号	轴承类型	代号	轴承类型
0	双列角接触球轴承	6	深沟球轴承
1	调心球轴承	7	角接触球轴承
2	调心滚子轴承和推力调心滚子轴承	8	推力圆柱滚子轴承
3	圆锥滚子轴承	N	圆柱滚子轴承双列或多列用字母 NN 表示
4	双列深沟球轴承	U	外球面球轴承
5	推力球轴承	QJ	四点接触球轴承

（2）尺寸系列代号

尺寸系列代号由轴承的宽（高）度系列代号和直径系列组合而成，一般用两位数字表示。它表示同一内径的轴承，其内外圈的宽度和外径不同，承载能力也不同。向心轴承、推力轴承尺寸系列代号见表 4-8。

表 4-8　向心轴承、推力轴承尺寸系列代号

直径系列代号	向心轴承								推力轴承			
	宽度系列代号								高度系列代号			
	8	0	1	2	3	4	5	6	7	9	1	2
	尺寸系列代号											
7	—	—	17	—	37	—	—	—	—	—	—	—
8	—	08	18	28	38	48	58	68	—	—	—	—
9	—	09	19	29	39	49	59	69	—	—	—	—
0	—	00	10	20	30	40	50	60	70	90	10	—
1	—	01	11	21	31	41	51	61	71	91	11	—
2	82	02	12	22	32	42	52	62	72	92	12	22
3	83	03	13	23	33	—	—	—	73	93	13	23
4	—	04	—	24	—	—	—	—	74	94	14	24
5	—	—	—	—	—	—	—	—	—	95	—	—

（3）内径代号

内径代号表示轴承的公称内径（轴承内圈的孔径），一般由两位数字组成，具体见表 4-9。

表 4-9　向心轴承、推力轴承内径代号

轴承公称内径/mm	内径代号	示　例
0.6~10（非整数）	用公称内径毫米数直接表示，在其与尺寸系列代号之间用“/”隔开	深沟球轴承 618/2.5 d=2.5 mm
1~9（整数）	用公称内径毫米数直接表示，对深沟球和角接触球轴承 7、8、9 直径系列，内径与尺寸系列代号之间用“/”隔开	深沟球轴承 625 618/5 d=5 mm
10、12、15、17	00、01、02、03	深沟球轴承 6202 d=15 mm
20~480 （22、28、32 除外）	公称内径除以 5 的商数，商数为个位数时，需在商数左边加“0”	圆锥滚子轴承 30208 d=40 mm
大于等于 500 以及 22、28、32	用公称内径毫米数直接表示，在其与尺寸系列代号之间用“/”隔开	调心滚子轴承 230/500 d=500 mm 深沟球轴承 62/28 d=28 mm

例　解释下列轴承代号的含义。

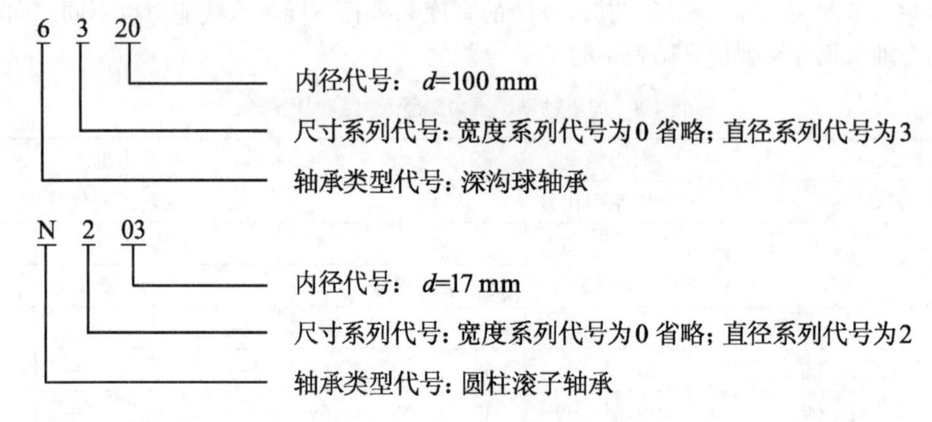

2. 前置、后置代号

前置、后置代号是轴承在结构形状、尺寸、公称和技术要求等有改变时，在其基本代号左右添加的补充代号。前置代号用字母表示，后置代号用字母（或加数字）表示，具体内容可查阅 GB/T 272—2017。

任务实施

已知滚动轴承 6306 GB/T 276—2013，试用规定画法在轴端面上画出滚动轴承图（图 4-25）。

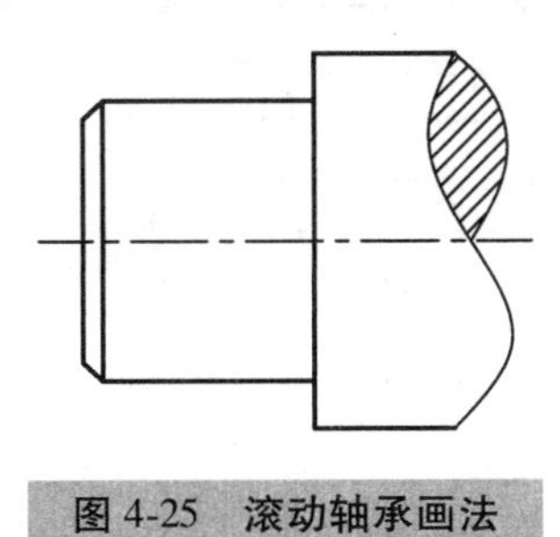

图 4-25　滚动轴承画法

任务四　键联接、销联接图

任务描述

键、销都是常用标准件，键联接、销联接与螺纹联接一样，也是机械工程中常使用的可拆联接。本任务将学习键和销的联接图。

目标：

（1）了解键联接和销联接的种类和标记；

（2）熟悉键联接和销联接的功用；

（3）熟悉键槽的画法、键联接画法以及销联接的画法。

知识准备

一、键联接

1. 键的种类和标记

键主要用于轴和轴上的零件（如带轮、齿轮等）之间的联接，起着传递扭矩的作用。键联接是一种可拆联接，如图 4-26 所示，将键嵌入轴上的键槽中，再将带有键槽的齿轮装在轴上，当轴转动时，因为键的存在，齿轮将与轴同步转动，达到传递动力的目的。

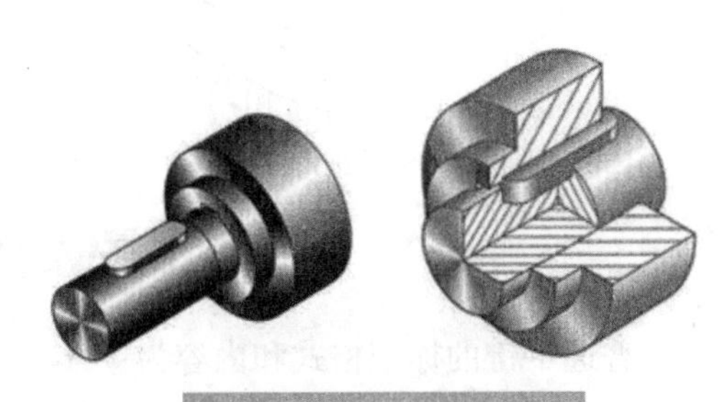

图 4-26　普通平键连接

键是标准件，有普通平键、半圆键和钩头楔键等，键的形式、标记如表 4-10 所示。普通平键与键槽的标准尺寸可查阅附录 7。

表 4-10 键的形式、标记

名称	立体图	图例	主要尺寸
普通平键			GB/T 1096 键 16×10×100 表示圆头普通平键 键宽 $b=16$ mm 键高 $h=10$ mm 键长 $L=100$ mm
半圆键			GB/T 1099.1 键 8×11×28 表示半圆键 键宽 $b=8$ mm 键高 $h=11$ mm 键长 $L=28$ mm
钩头楔键			GB/T 1565 键 18×100 表示钩头楔键 键宽 $b=18$ mm 键高 $h=11$ mm 键长 $L=100$ mm

2. 普通平键的结构型式、标记

普通平键最为常用，其两侧面为工作面，上、下两面为非工作面。普通平键根据其头部结构的不同可以分为圆头普通平键（A 型）、平头普通平键（B 型）和单圆头普通平键（C 型）三种型式，如图 4-27 所示。

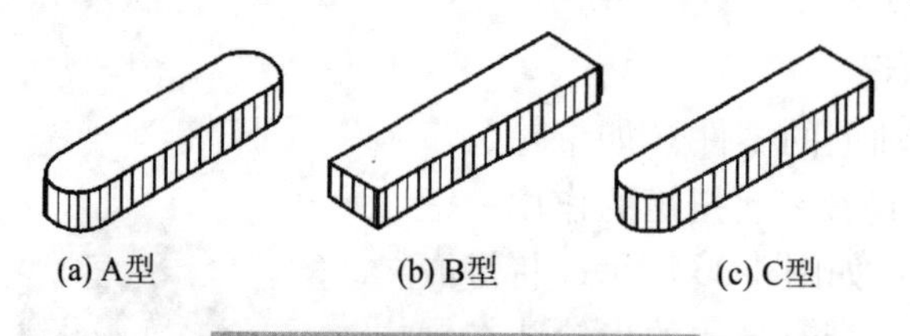

图 4-27 普通平键的型式

普通平键的标记格式和内容为：

标准编号　名称型号　宽度×高度×长度

其中普通 A 型平键的型号 A 可省略不标注。例如：宽度 $b=18$ mm，高度 $h=11$ mm，长度 $L=100$ mm 的圆头普通平键（A 型），其标记为 GB/T 1096 键 18×11×100。

同样尺寸的 B 型标记是：GB/T 1096 键 B 18×11×100。

同样尺寸的 C 型标记是：GB/T 1096 键 C 18×11×100。

3. 普通平键的联接画法

轴和轮毂上的键槽加工如图 4-28 所示。采用普通平键联接时，键的长度 L 和宽度 b 要根据轴的直径 d 和传递的扭矩大小从标准中选取适当值。轴和轮毂上键槽的表达方法及尺寸如图 4-29 所示。在装配图上，普通平键的联接画法如图 4-30 所示。

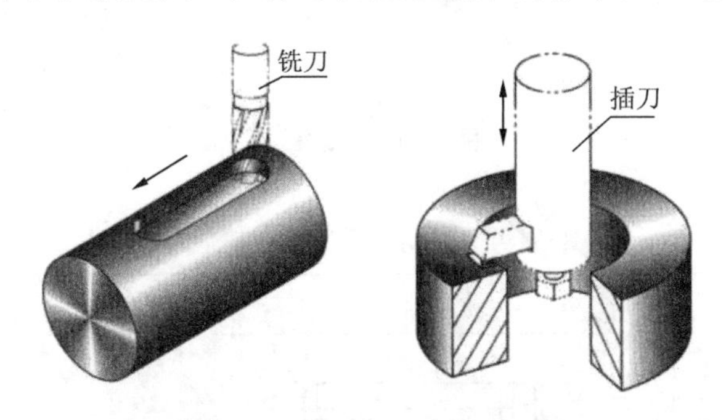

图 4-28　轴和轮毂上的键槽加工

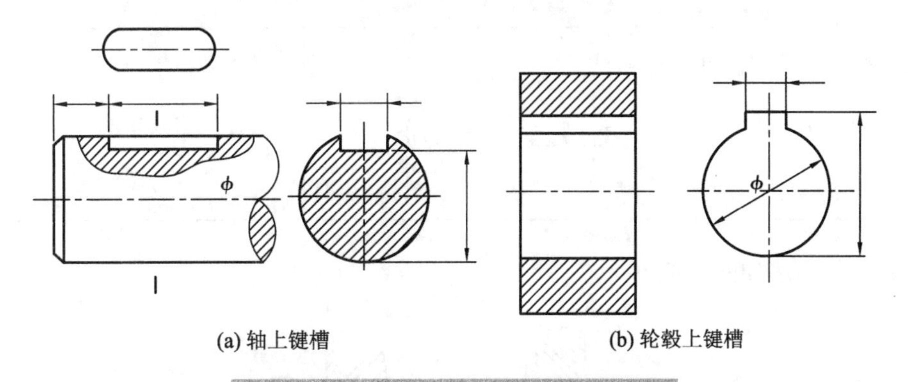

图 4-29　轴和轮毂上的键槽及尺寸标注

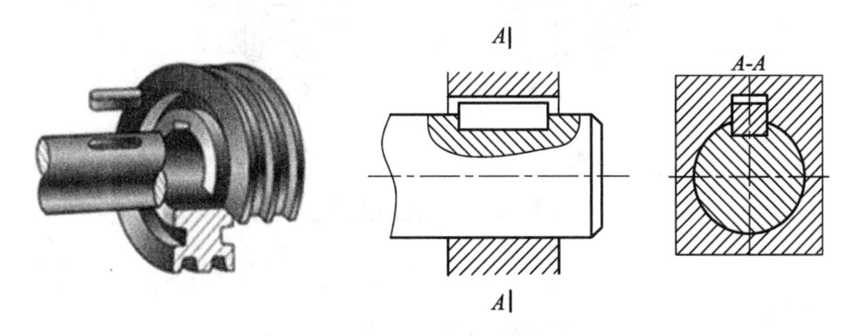

图 4-30　普通平键的联接画法

二、销联接

销也属于标准件，一般用于零件间的联接或定位。销联接也是一种可拆联接。

销有圆柱销、圆锥销和开口销三种基本类型（图 4-31），圆柱销利用微量过盈固定在销孔中，经过多次装拆后，联接的紧固性及精度降低，故只宜用于不常拆卸处。圆锥销有 1∶50 的锥度，装拆比圆柱销方便，多次装拆对联接的紧固性及定位精度影响较小，因此被应用广泛。圆柱销和圆锥销的主要尺寸和标记见表 4-11。

(a) 圆柱销　(b) 圆锥销　(c) 开口销

图 4-31　销的种类

表 4-11　销的种类、型式和标记

名称及标准	主要尺寸	标记
圆柱销 GB 1191. 1—2000	d l	销 GB/T119$d×l$
圆锥销 GB 117—2000	1:50 d l	销 GB/T117$d×l$

销联接的画法如图 4-32 所示。

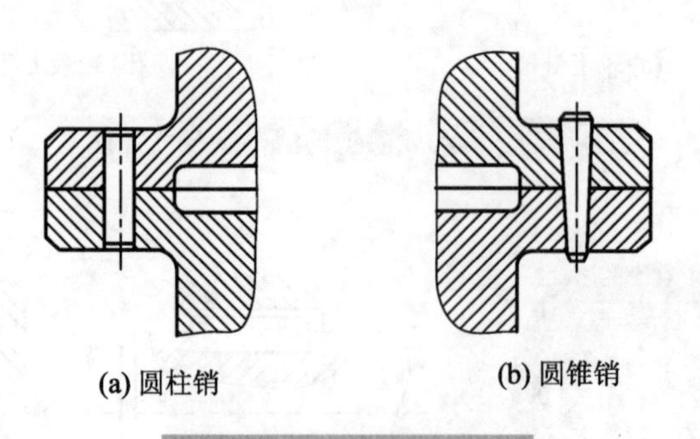
(a) 圆柱销　(b) 圆锥销

图 4-32　销联接的画法

任务实施

已知齿轮和轴（图 4-33），用 A 型普通平键联接，轴孔直径为 30 mm，键的尺寸为 6×6×25，试查附录 7 确定键槽尺寸，并将图形补充完整。

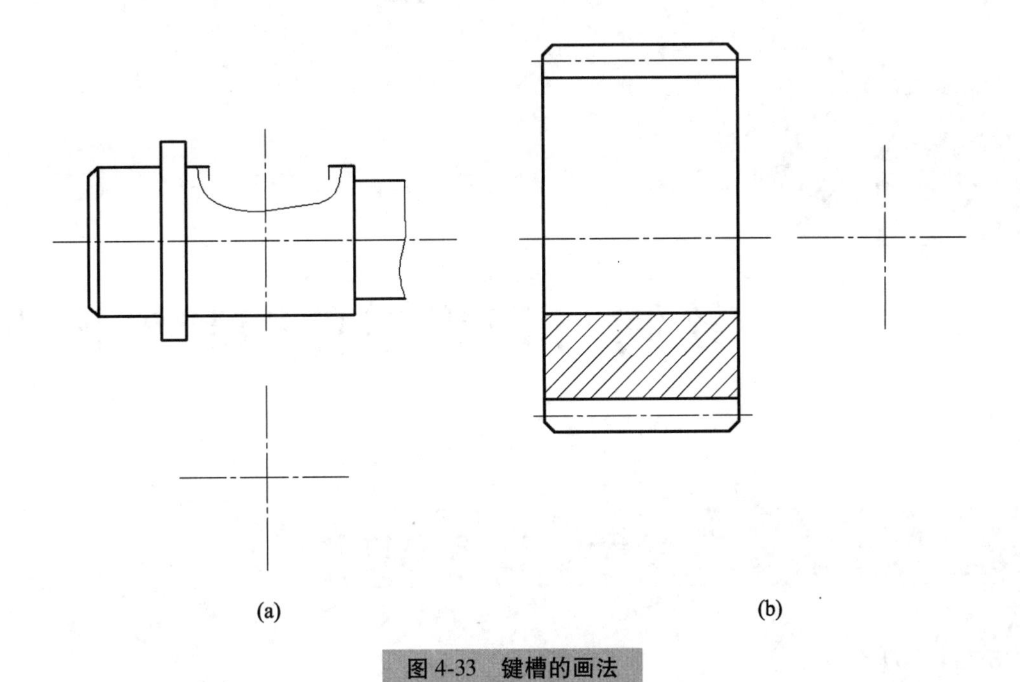

图 4-33　键槽的画法

项目 5 绘制与识读零件图和装配图

任务一 认识零件图

组成机器或部件的最小单元，称为零件。零件图是表达零件的结构形状、尺寸大小及技术要求的图样。零件图反映了设计者的意图，表达了机器或部件对零件的要求，并可根据它加工制造零件。本任务将学习零件图。

目标：

(1) 了解零件图的功用及内容；

(2) 能根据零件结构选择合适的表达方法。

一、零件图的内容

由图 5-1 可知，一张完整的零件图应包括以下四个方面的内容。

1. 一组视图

在零件图中需要用一组视图来正确、完整、清晰地表达零件各部分的形状和结构。这一组视图可以是视图、剖视、断面和其他表达方法。

2. 完整的尺寸

正确、完整、清晰、合理地标注出组成零件各形体的大小及其相对位置尺寸。尺寸标注的合理不仅能够满足设计者的意图，更有利于加工制造和检测。

3. 技术要求

用规定的代号和文字标注阐述零件所需要的技术要求，包括尺寸公差、几何公差、表面粗糙度、热处理及其他特殊要求等。

4. 标题栏

零件图标题栏一般包括零件的名称、材料、数量、比例、图号及设计等有关人员的签名等内容。

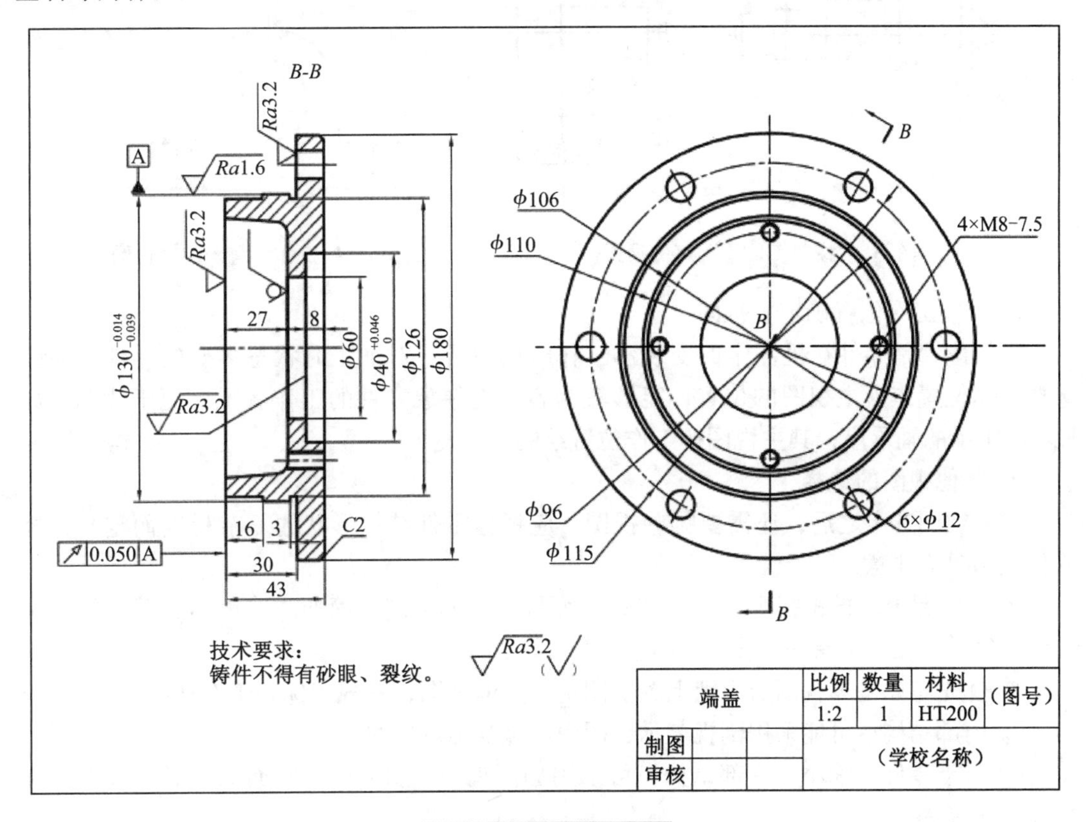

图 5-1　端盖零件图

二、零件的视图选择

为了把零件的内外形状和结构完整、正确、清晰地表达出来，合理选择零件的视图，对于读图和绘图都是至关重要的。零件的视图选择，是根据零件的结构形状、加工方法，以及它在机器中所处的位置等因素综合分析来确定的。

1. 主视图的选择

主视图是一组图形的核心，其选择恰当与否将直接影响到其他视图的数量，关系到绘图和读图是否方便。

选择主视图的一般原则：将能够表达零件信息量最多的那个视图作为主视图，同时应选择最能反映零件形体特征的方向作为主视图的投射方向。

（1）按加工位置确定主视图

加工位置是零件加工时在机床上的装夹位置，如回转类零件主要在车床上加工，因此，不论工作位置如何，一般将轴线水平放置。这样在加工时，方便图物对照，如图 5-2 所示，轴与盘类零件主视图就是按加工位置绘制的。

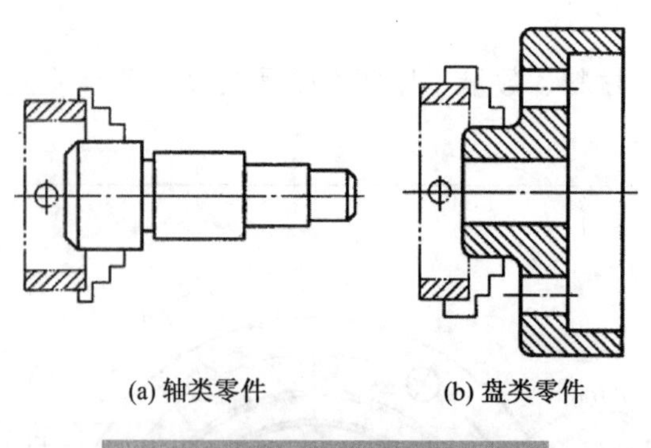

图 5-2　按加工位置确定主视图

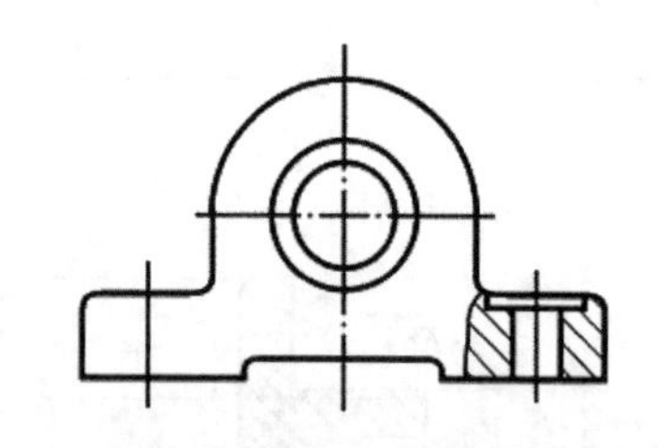

图 5-3　按工作位置确定主视图

（2）按工作位置确定主视图

工作位置是零件在机器中的安装和工作时的位置，对加工时状态多变的零件，一般选择工作位置作为主视图的位置，能够较为容易地想象零件的工作状况，便于读图。如图 5-3 所示的轴承座，其主视图按工作位置绘制。

2. 其他视图的选择

当主视图选定之后，还需要哪些视图，应根据零件结构形状的复杂程度而定。选择其他视图时应注意：

① 在满足要求的前提下，使视图数量为最少，力求制图简便。避免不必要的细节重复，使每一个图形都有一个表示重点。

② 优先考虑基本视图。习惯上俯视图优先于仰视图，左视图优先于右视图。

③ 内部结构尽可能采用剖视表示，图中尽量少出现虚线。

④ 对于零件上细小和局部结构，可采用局部视图、斜视图、断面图、局部放大图和简化画法等表示。

三、零件上的常见结构

零件的制造过程，通常是先制造出毛坯，再经机械加工制作成零件。因此，在绘制零件图时，必须考虑在铸造毛坯、进行机械加工时符合铸造工艺和机械加工工艺的要求。

1. 机械加工工艺结构

（1）倒角和倒圆

为了便于零件的装配并消除毛刺或锐边，在轴和孔的端部都作出倒角（图 5-4）。为减少应力集中，在轴肩处往往制成圆角过渡形式，称为倒圆（图 5-5）。倒角和倒圆在零件图中应画出，倒角为 45°的标注如图 5-4(a)所示，C2 表示宽度为 2 mm、倒角为 45°的简化注法。倒角为非 45°时尺寸标注如图 5-4(b)所示。

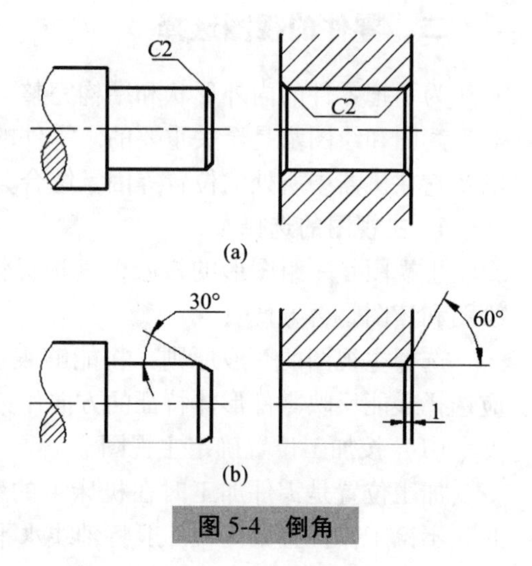

图 5-4　倒角

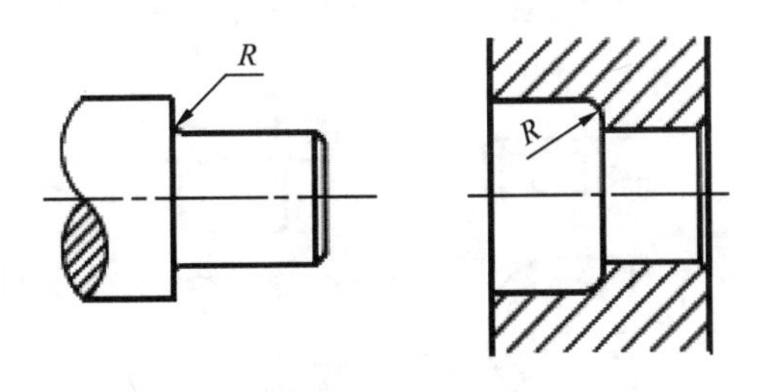

图 5-5　倒圆

（2）退刀槽和越程槽

在切削加工，特别是在车螺纹和磨削时，为便于进、退刀和被加工面的完全加工，常在螺纹端部、轴肩和孔的台阶部位设计出退刀槽［图 5-6(a)］或越程槽［图 5-6(b)］，其尺寸可按“槽宽×槽深”或“槽宽×直径”的形式注出。

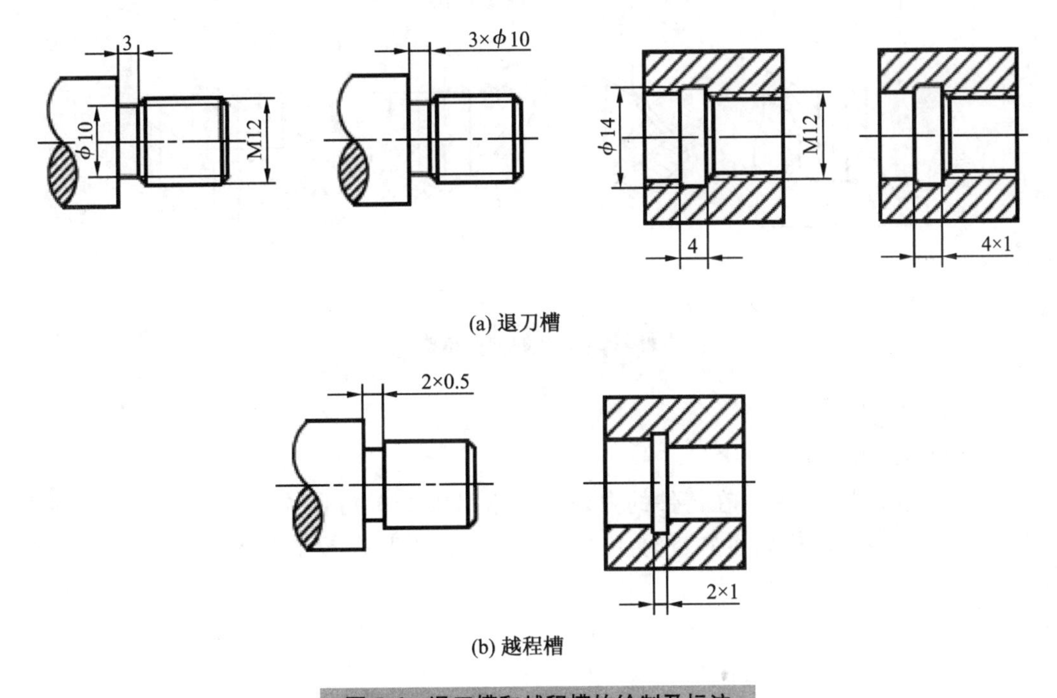

(a) 退刀槽

(b) 越程槽

图 5-6　退刀槽和越程槽的绘制及标注

（3）凸台和凹坑

当两零件的接触面都要加工时，为了减少加工面，保证两零件的表面接触良好，常将两零件的接触面作出凸台、凹坑、凹槽和凹腔的结构（图 5-7）。

（4）钻孔结构

钻孔时，应尽可能使钻头轴线与被钻孔表面垂直，以保证孔的精度和避免钻头折断。如图 5-8 所示为处理斜面上钻孔的端面结构。

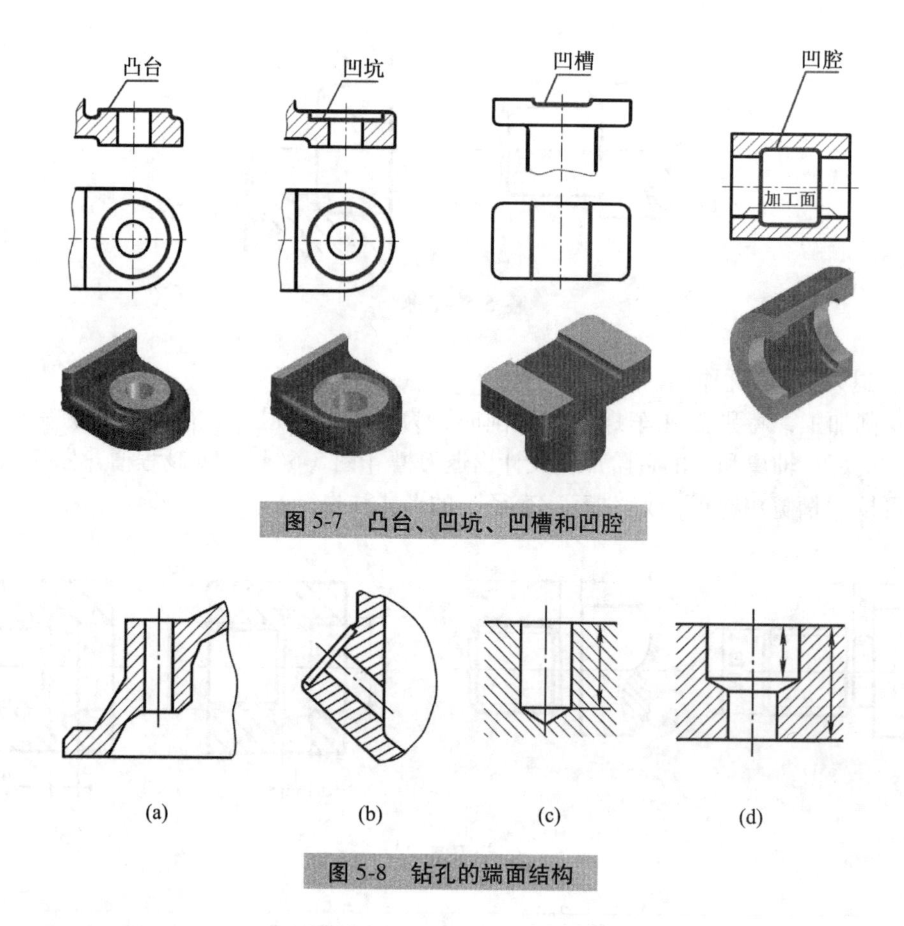

图 5-7　凸台、凹坑、凹槽和凹腔

图 5-8　钻孔的端面结构

2. 铸造工艺结构

（1）起模斜度

为了造型时起模方便，在铸件的内外壁上常沿着起模方向作出一定的斜度（通常为1∶20，约 3°）。起模斜度在图样上可不画出，必要时在技术要求中注明，如图 5-9 所示。

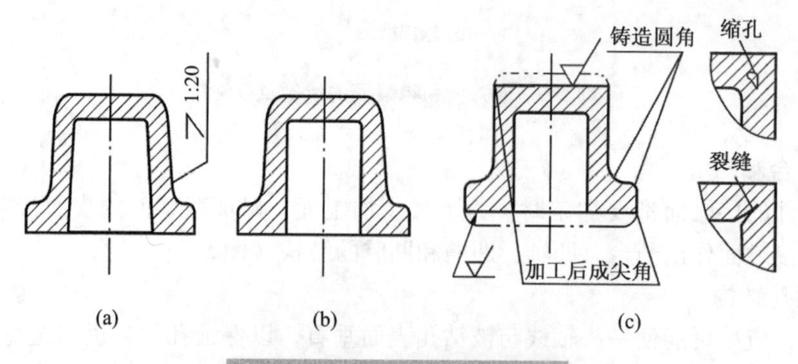

图 5-9　起模斜度和铸造圆角

（2）铸造圆角及过渡线

为了防止在尖角落砂和浇注时溶液冲坏砂型，也为了避免铸件冷却收缩时在尖角处产生裂纹和缩孔，在铸件表面转角处，应做成圆角［图 5-9(c)］。铸造圆角在零件图中应该画出，其半径尺寸常集中注在技术要求中，如“未注圆角为 $R3\sim R5$”。

由于铸件表面的转角处有圆角，因此其表面产生的交线不清晰，为了看图时便于区分不同的表面，在图中仍要画出理论上的交线，但两端不与轮廓线接触，此线称为过渡线。过渡线是用细实线绘制，如图 5-10 所示。

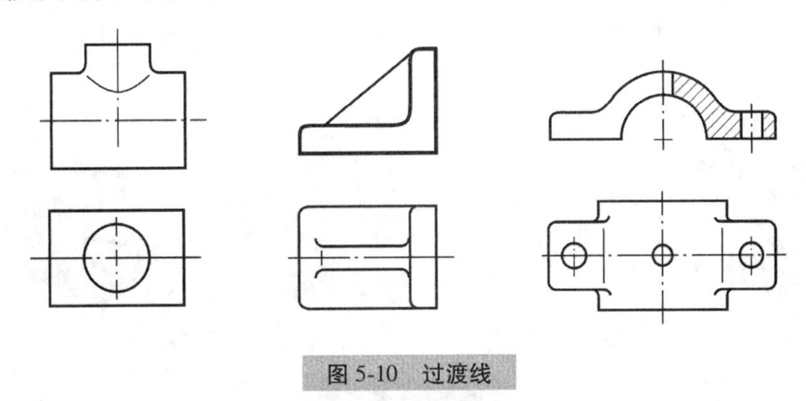

图 5-10　过渡线

（3）铸件壁厚

为避免铸件冷却速度不同而产生缩孔或裂纹，设计时应使铸件壁厚保持均匀，厚薄转折处应逐渐过渡，如图 5-11 所示。

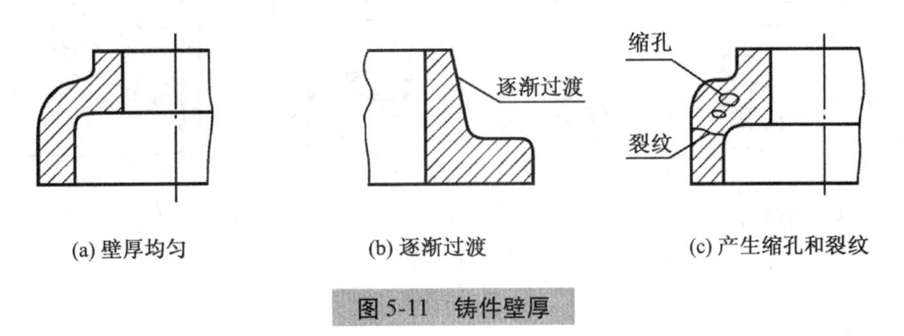

图 5-11　铸件壁厚

四、典型零件的结构分析

根据零件结构形状及加工过程的共性，零件可分为轴套类、轮盘类、叉架类和箱体类等。

1. 轴套类零件

轴套类零件包括轴、螺杆、空心套等。轴类零件一般是由同轴线上不同直径的圆柱体（或圆锥体）构成的，其主要作用是支承和传递动力。为满足装配要求，有时需在轴上加工键槽、凹坑（安装紧定螺钉）、退刀槽、圆角等结构，如图 5-12(a)所示。

轴套类零件一般用一个基本视图——主视图。按加工位置，轴线水平放置表示它的主体结构；对轴上的孔、键槽等结构，一般用局部视图、局部剖视图或断面图表示，如图 5-13(a)所示。

(a) 轴套类零件　　(b) 轮盘类零件

(c) 叉架类零件　　(d) 箱体类零件

图 5-12　零件

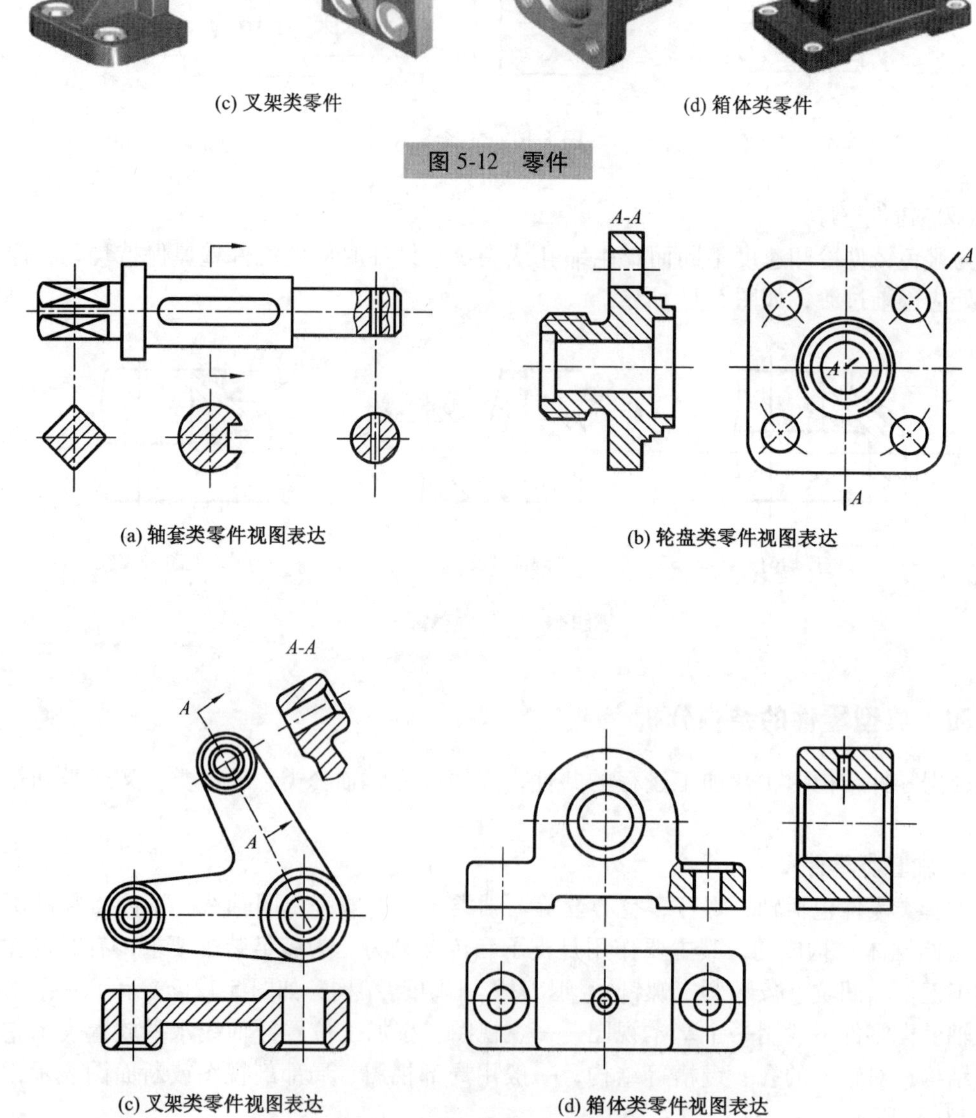

(a) 轴套类零件视图表达　　(b) 轮盘类零件视图表达

(c) 叉架类零件视图表达　　(d) 箱体类零件视图表达

图 5-13　典型零件视图表达

2. 轮盘类零件

轮盘类零件的基本形状是扁平的盘状，主要结构一般为多个同轴回转体或其他平板形，径向尺寸比轴向尺寸大，通常还有各种形状的凸缘、均匀分布的圆孔和肋、轮辐等局部结构。轮盘类零件一般多为铸件或锻件，如各种齿轮、带轮、手轮、减速器的端盖、齿轮泵的泵盖等都属于这类零件，如图5-12(b)所示。

如图5-13(b)所示，轮盘类零件一般采用两个基本视图——主、左视图或主、俯视图。按加工位置，轴线水平放置表示它的主体结构；另一视图表达零件的外形轮廓和凸缘、孔、轮辐等结构的分布情况。

3. 叉架类零件

叉架类零件包括各种用途的叉杆和支架零件。叉杆零件多为运动件，通常起传动、连接、调节或制动等作用。支架零件通常起支承、连接等作用，其毛坯多为铸件或锻件。

此类零件有的形状不规则，外形比较复杂。叉杆类零件常有弯曲或倾斜结构，其上常有肋板、轴孔、耳板、底板等结构，局部结构常有油槽、螺孔、沉孔等。常见的轴承座、拨叉等零件属于叉架类零件，如图5-12(c)所示。

由于叉架类零件的加工工序较多，其加工位置经常变化，因此选择主视图时，主要考虑零件的形状特征和工作位置。这类零件一般需要两个或两个以上的基本视图，为了表达零件上的弯曲或倾斜结构，还需要采用斜视图、局部视图、剖视图和断面图等，如图5-13(c)所示。

4. 箱体类零件

箱体类零件是机器或部件的外壳或座体，它是机器或部件中的骨架零件，起着支承、包容、安装、固定部件中其他零件的作用，毛坯多为铸件。

箱体类零件结构比较复杂，大致由以下几个部分组成：容纳运动零件和贮存润滑液的内腔，由厚薄较均匀的壁部组成；支承和安装运动零件的孔及箱盖相连的顶板或凸缘；将箱体固定在机座上的安装底板或安装孔；其他局部结构如凸台、凹坑、肋板、螺孔、销孔、沟槽与螺栓通孔、铸造圆角等结构，如图5-12(d)所示。

箱体类零件主视图常根据零件的安装位置、工作位置、主要结构特征进行选择，一般需要三个以上的基本视图和其他视图，并取剖视。当零件的内外结构都比较复杂，其投影并不重叠时，通常采用局部剖视；当投影重叠时，内外结构应采用视图和剖视图分别表达；对细小结构可采用局部视图、局部剖视图和断面图进行表达，如图5-13(d)所示。

任务实施

1. 如图5-14所示为主轴零件立体图，该零件材料为45钢。试分析零件结构，确定表达方案，绘制零件草图。

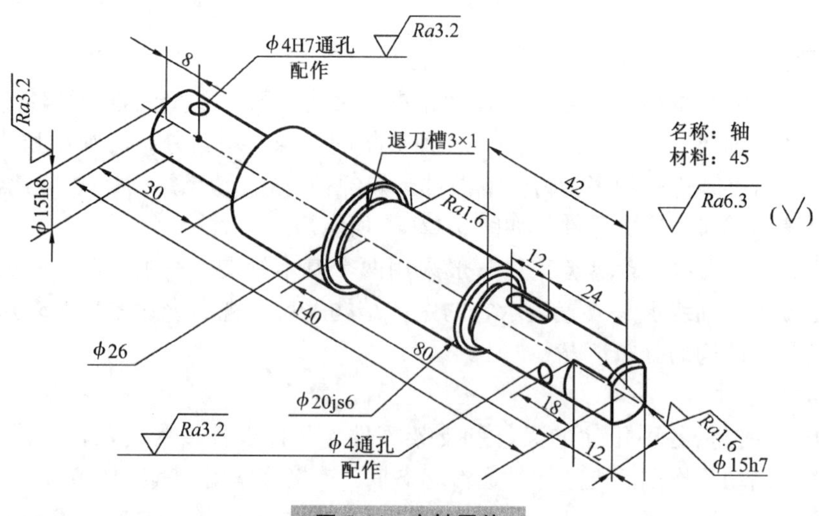

图 5-14 主轴零件

分析零件结构：____

____

确定表达方案：____

____

____

2. 如图 5-15 所示为支座零件立体图，该零件材料为 HT150。试分析零件结构，确定表达方案，绘制零件草图。

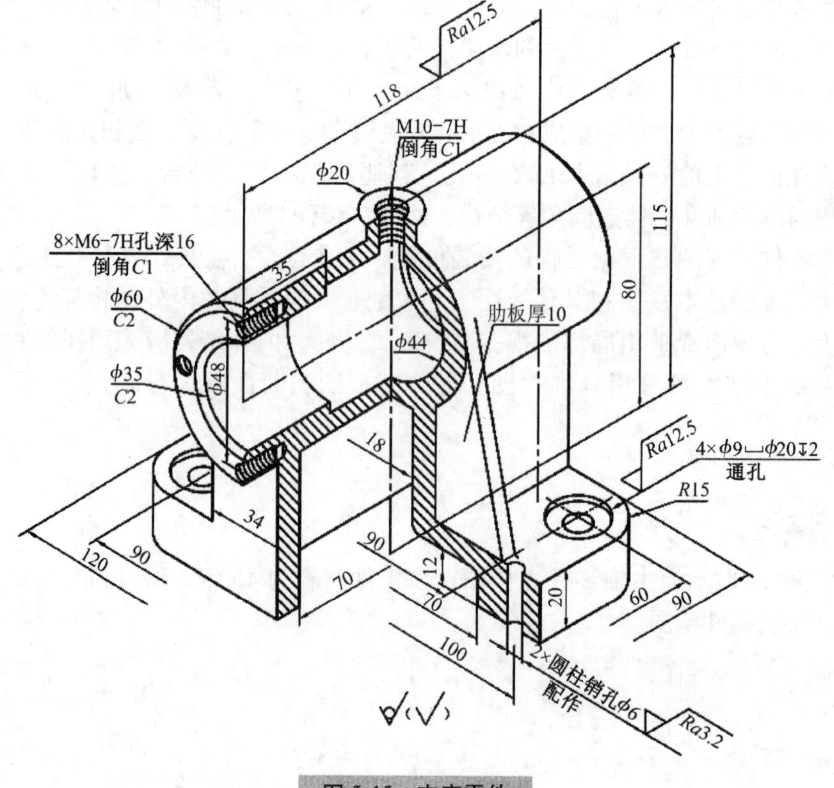

图 5-15 支座零件

分析零件结构：____________________

____

确定表达方案：____________________

____

____

____

任务二　绘制零件图

在零件的设计、生产加工及技术改造过程中，都需要用到零件图。如何规范、完整地绘制零件图？本任务将通过绘制主轴的零件图样，介绍绘制零件图的方法和步骤。

目标：

（1）理解表面结构、尺寸公差和几何公差等技术要求的含义；

（2）能正确标注尺寸和表面粗糙度、尺寸公差和几何公差等技术要求；

（3）能按照标准要求绘制主轴零件图并标注。

一、零件图的尺寸标注

零件图中的尺寸，是加工和检验零件的重要依据。因此，在零件图上标注尺寸，除了要符合前面所述的尺寸正确、完整、清晰外，还应考虑合理性。尺寸的合理性主要是指既符合设计要求，又便于加工、测量和检验。为了合理标注尺寸，必须了解零件的作用、在机器中的装配位置及采用的加工方法等。

1. 尺寸基准的选择

尺寸基准是指零件在设计、制造和检验时，计量尺寸的起点。要做到合理标注尺寸，首先必须选择好尺寸基准。一般以安装面、重要的端面、装配的结合面、对称平面和回转体的轴线等作为基准。

（1）设计基准

根据机器的结构和设计要求，用以确定零件在机器中位置的一些点、线、面。

如图 5-16 所示，长度方向的尺寸以对称平面 *A* 为基准，注出了 8、35、65 等对称尺寸，以便保证安装孔、螺钉孔之间的长度方向距离及其对于轴孔的对称关系；高度方向的尺寸，以轴承座的底面 *B* 为基准，以便保证轴承孔到底面的距离 40±0. 02 这个重要的尺寸；宽度方向的尺寸，以左端面 *C* 为基准，因左端面 *C* 为安装结合面，同时也能保证底板上安装孔间的宽度方向的距离。以上三个基准均为设计基准。

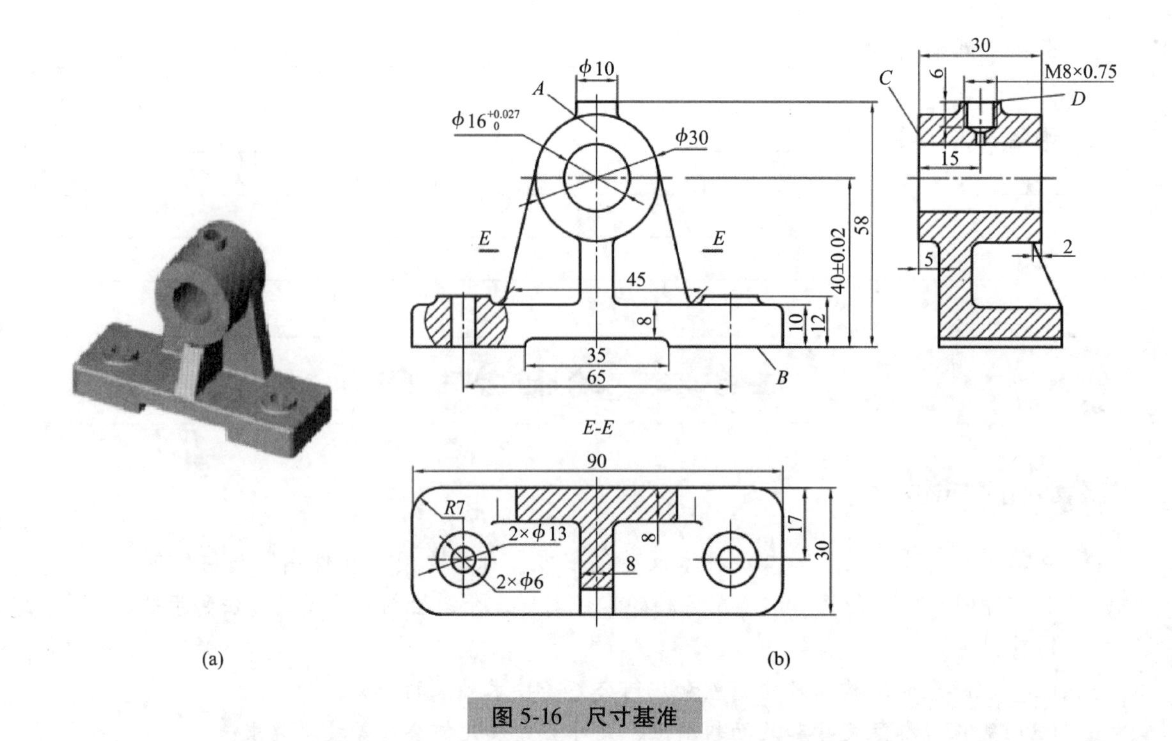

图 5-16　尺寸基准

零件在长、宽、高三个方向都应有一个主要尺寸基准。除此之外，在同一方向上有时还有辅助尺寸基准，如轴承座左视图上螺纹孔顶面 D 即为高度方向的辅助基准，主要表示螺纹孔的深度。同一方向主要基准与辅助基准之间的联系尺寸应直接注出，如图 5-16 所示的左视图中标注的 15。

（2）工艺基准

根据零件加工制造、测量和检验等工艺要求所选定的一些点、线、面。一般情况下，设计基准为主要基准，工艺基准为辅助基准。

如图 5-17 所示的阶梯轴，在车床上进行加工时，标注的尺寸均是以右端面为基准。因此，右端面为阶梯轴轴向尺寸的工艺基准。

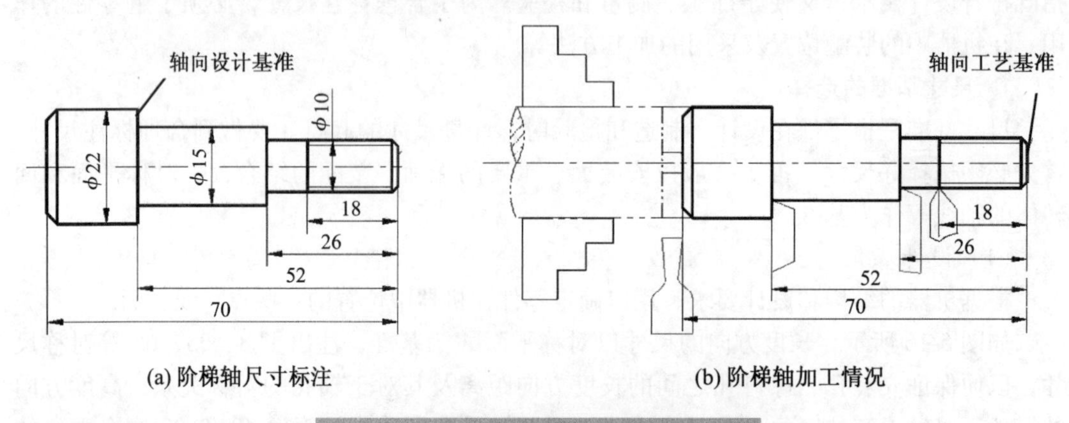

(a) 阶梯轴尺寸标注　　(b) 阶梯轴加工情况

图 5-17　阶梯轴的设计基准与加工基准

基准确定后，主要尺寸应从设计基准出发标注，一般尺寸从工艺基准出发标注。

2. 标注尺寸的合理原则

（1）重要尺寸应直接注出

重要尺寸是指直接影响机器装配精度和工作性能的尺寸，如零件之间的配合尺寸、重要的安装定位尺寸等。图5-18(a)中轴承孔的中心高 B 作为重要尺寸应直接从底面（设计基准）注出，不能如图5-18(b)中 A、C 的标法。同样，为了保证底板上两个安装孔与机座上的两个螺孔对中，必须直接注出中心距 N，而不应如图5-18(b)中 E 的注法。

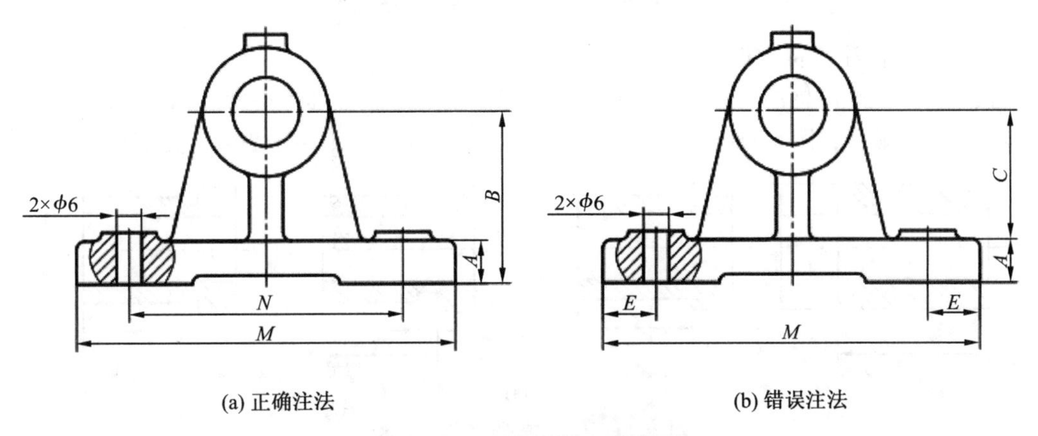

(a) 正确注法　　(b) 错误注法

图5-18　重要尺寸直接注出

（2）避免注成封闭尺寸链

避免零件上同一方向尺寸首尾相接，形成封闭尺寸链，如图5-19(a)所示。轴的各段尺寸为10 mm、$20^{+0.2}_{0}$ mm、15 mm，则实际加工后$45^{+0.1}_{0}$可能会出现不合格的情况，所以在标注时出现封闭尺寸链是不合理的，应该避免。为了保证每个尺寸的精度要求，通常对尺寸精度要求最低的一环不注尺寸，使尺寸误差都累积到这个尺寸上，从而保证重要尺寸的精度，又可降低加工成本，如图5-19(b)所示。若因某种原因必须将其注出时，应将此尺寸数值用圆括号括起，称之为“参考尺寸”。

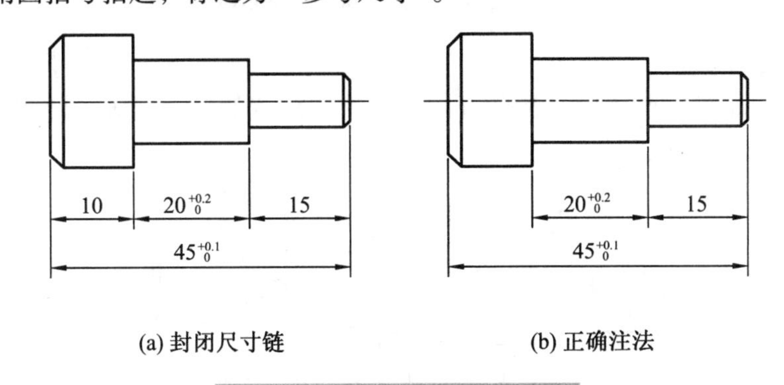

(a) 封闭尺寸链　　(b) 正确注法

图5-19　避免注成封闭尺寸链

（3）尺寸标注要便于测量

标注尺寸应考虑零件便于加工、测量。例如，在加工阶梯孔时，一般先加工小孔，然后依次加工出大孔。因此，在标注轴向尺寸时，应从端面注出大孔的深度，以便于测量，如图5-20所示。

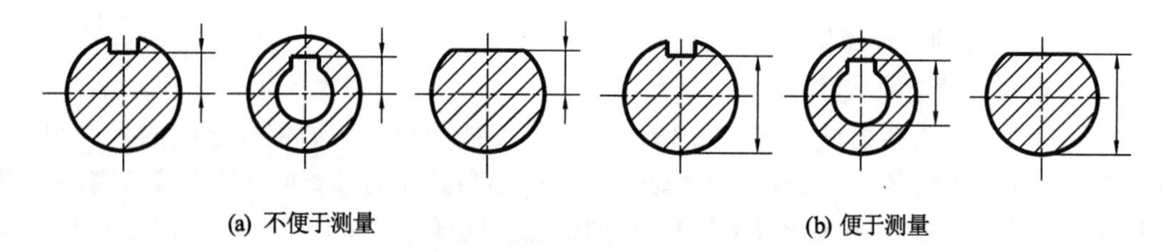

图 5-20　尺寸标注要便于测量

（4）尺寸标注应符合加工顺序

按零件加工顺序标注尺寸，便于看图和测量，有利于保证加工精度。如图 5-21(a)所示为零件的加工顺序，图 5-21(c)的尺寸标注不符合加工顺序，不便于测量，故不宜采用。

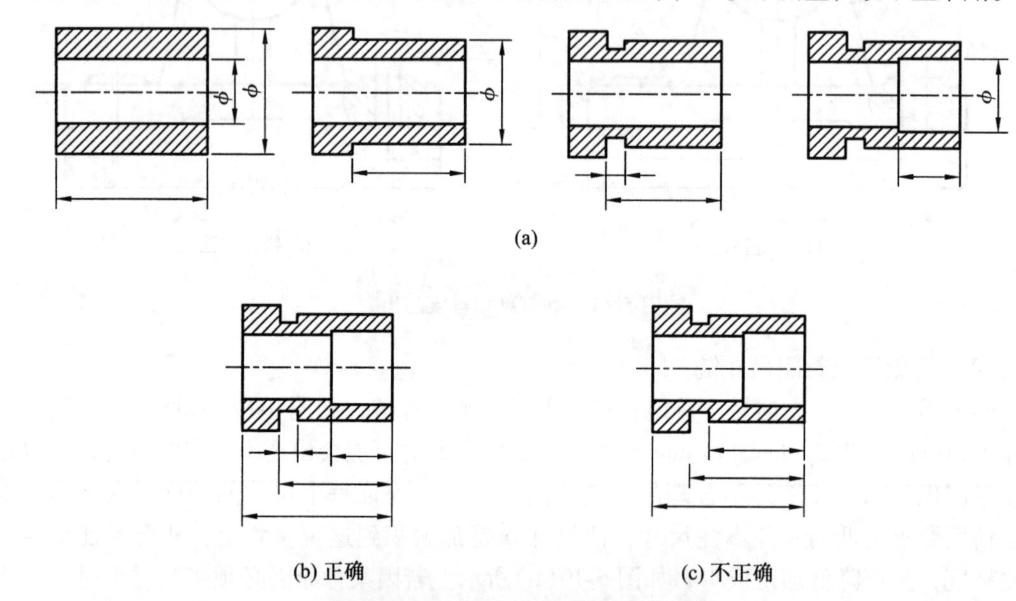

图 5-21　尺寸标注应符合加工顺序

（5）考虑加工方法

用不同工种加工的尺寸应尽量分开标注，这样配置的尺寸清晰，便于加工时读图。如图 5-22 中的铣工和车工尺寸分布。

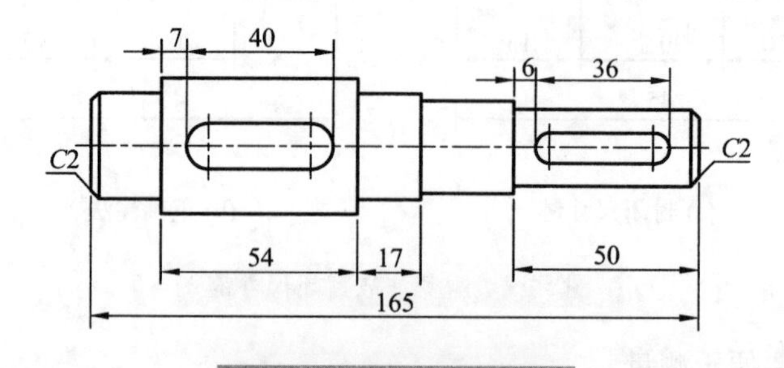

图 5-22　考虑加工方法

3. 零件上常见孔的尺寸注法

零件上常见孔的尺寸注法见表 5-1。

表 5-1　常见孔的尺寸注法

结构类型		普通	旁注法	说明
光孔	一般孔	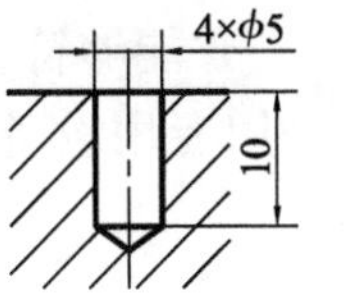 4×φ5 10	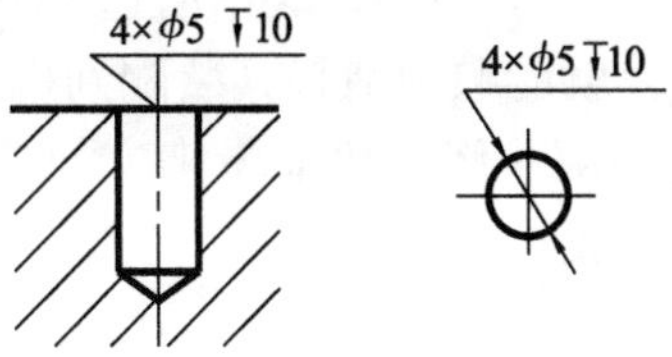 4×φ5 ↧10 4×φ5↧10	4×φ5 表示四个孔的直径均为 φ5 三种注法任选一种均可（下同）
	精加工孔	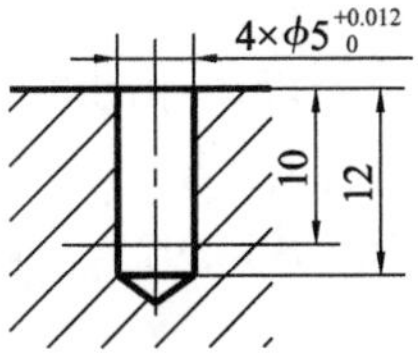 $4\times\phi5^{+0.012}_{0}$ 10 12	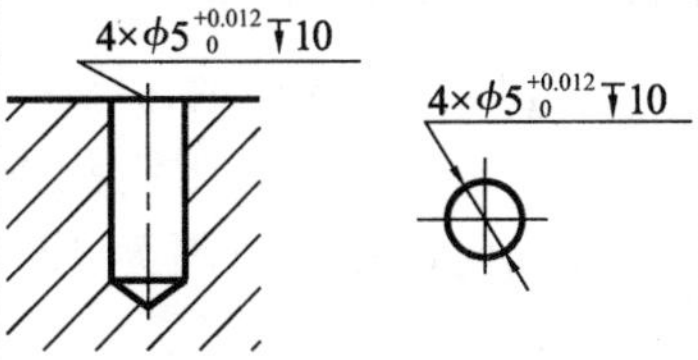 $4\times\phi5^{+0.012}_{0}$ ↧10 $4\times\phi5^{+0.012}_{0}$ ↧10	钻孔深为 12，钻孔后需精加工至 φ5，精加工深度为 9
	锥孔	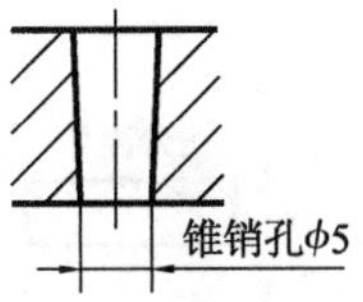 锥销孔φ5	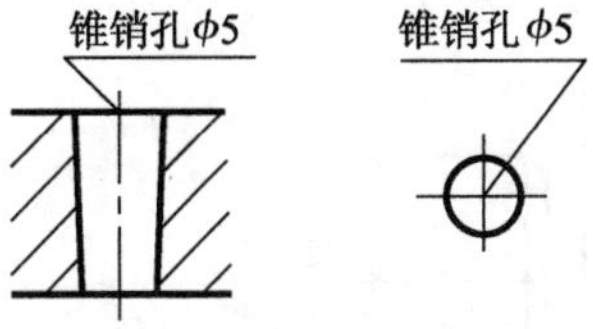 锥销孔φ5 锥销孔φ5	φ5 为与锥销孔相配的圆锥销小头直径（公称直径） 锥销孔通常是相邻两零件装在一起时加工的
沉孔	锥形沉孔	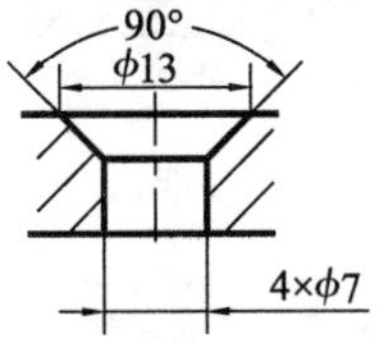 90° φ13 4×φ7	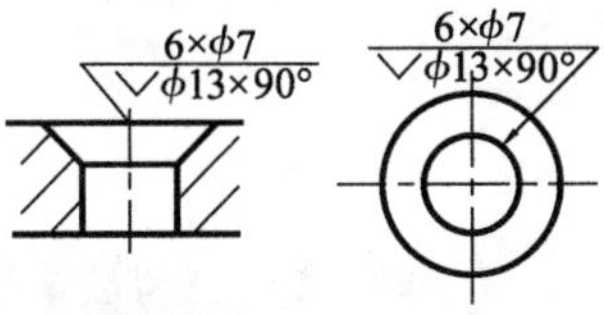 6×φ7 ⌵φ13×90° 6×φ7 ⌵φ13×90°	6×φ7 表示 6 个孔的直径均为 φ7。锥形部分大端直径为 φ13，锥角为 90°
	柱形沉孔	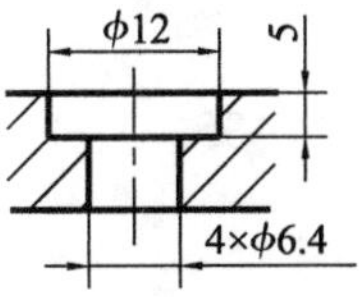 φ12 5 4×φ6.4	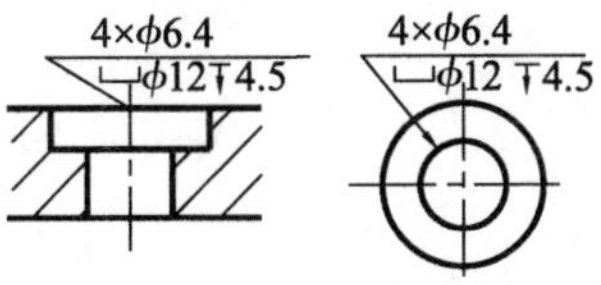 4×φ6.4 ⌴φ12↧4.5 4×φ6.4 ⌴φ12 ↧4.5	四个柱形沉孔的小孔直径为 φ6.4，大孔直径为 φ12，深度为 4.5
	锪平沉孔	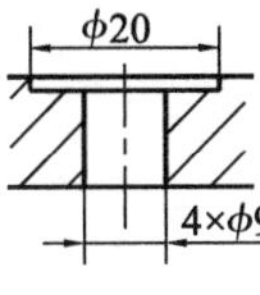 φ20 4×φ9	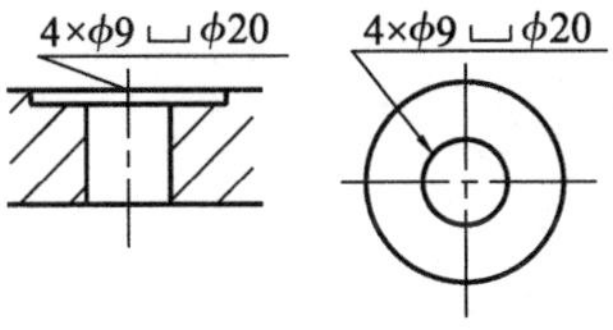 4×φ9 ⌴ φ20 4×φ9 ⌴ φ20	锪平面 φ20 的深度不需标注，加工时一般锪平到不出现毛面为止
螺孔	通孔	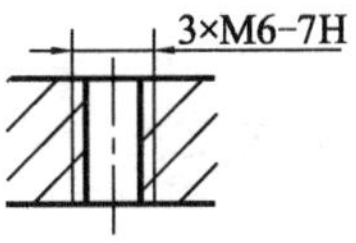 3×M6-7H	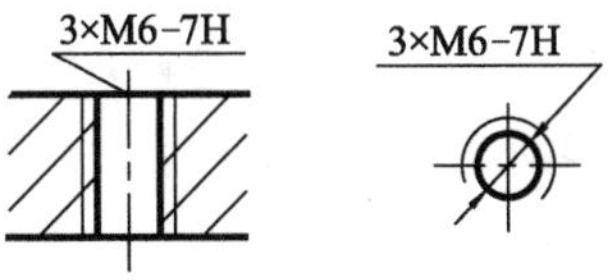 3×M6-7H 3×M6-7H	3×M6-7H 表示 3 个直径为 6，螺纹中径、顶径公差带为 7H 的螺孔
	不通孔	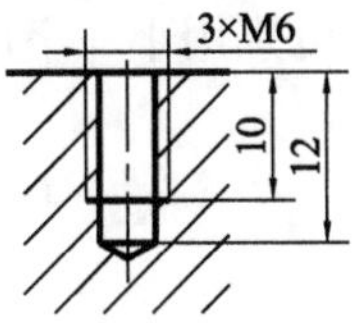 3×M6 10 12	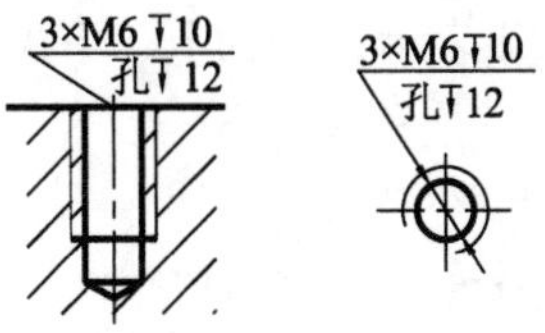 3×M6 ↧10 孔↧ 12 3×M6↧10 孔↧12	需要注出钻孔深度时，应明确标注出钻孔深度尺寸

二、极限与配合

现代化的大规模生产，要求零件具有互换性，即在同一规格的一批零件中任取一件，在装配时不经加工与修配，就能顺利地将其装配到机器上，并能够符合机器的使用要求。零件具有互换性，不但给装配、修理机器带来方便，还可用专用设备生产，提高产品数量和质量，同时降低产品的成本。

1. 尺寸公差

在实际生产中，零件的尺寸不可能加工得绝对准确，而是允许零件的实际尺寸在一个合理的范围内变动。这个允许尺寸的变动量，称为尺寸公差，如图 5-23(a)所示的孔和轴的直径 ϕ35 后的“$^{+0.025}_{0}$”和“$^{-0.025}_{-0.050}$”就是限制范围。它们的含义是孔直径的允许变动范围为 ϕ35～ϕ35.025，轴直径的允许变动范围为 ϕ34.950～ϕ34.975，这个限制范围就是公差。

下面以图 5-23 为例简要介绍关于尺寸公差的术语及定义。

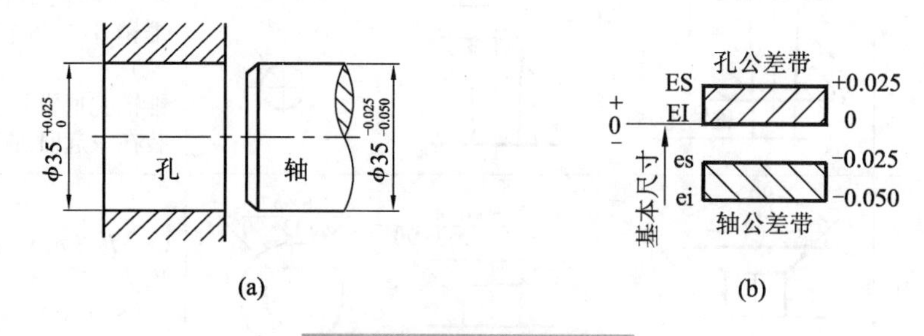

图 5-23　尺寸公差名词

(1) 公称尺寸

根据零件强度、结构和工艺性要求，设计给定的尺寸：ϕ35。

(2) 实际尺寸

零件加工后通过测量所得到的尺寸。

(3) 极限尺寸

允许尺寸变化的两个界限值。

孔　　上极限尺寸：35+0.025＝35.025

　　　下极限尺寸：35+0＝35

轴　　上极限尺寸：35+（−0.025）＝34.975

　　　下极限尺寸：35+（−0.050）＝34.950

零件经过测量后，若实际尺寸在上极限尺寸和下极限尺寸之间，即为合格。

(4) 极限偏差

极限尺寸减去公称尺寸的代数差，分别为上极限偏差和下极限偏差。孔的上、下极限偏差代号分别用大写字母 ES、EI 表示；轴的上、下极限偏差分别用小写字母 es、ei 表示。

上极限偏差＝上极限尺寸−公称尺寸

下极限偏差＝下极限尺寸−公称尺寸

孔　　上极限偏差：35.025−35＝0.025

　　　下极限偏差：0

轴　　上极限偏差：34.975-35＝ -0.025

　　　下极限偏差：34.950-35＝ -0.050

上、下极限偏差可以是正值、负值或零。

(5) 尺寸公差（简称公差）

允许尺寸的变动量。

尺寸公差＝上极限尺寸-下极限尺寸＝上极限偏差-下极限偏差

孔的公差　35.025-35＝0.025 或 0.025-0＝0.025

轴的公差　34.975-34.950＝0.025 或 -0.025-（-0.050）＝0.025

尺寸公差一定为正值，不能是零或负值。

(6) 公差带

为便于分析尺寸公差和进行有关计算，以公称尺寸为基准（零线），用夸大了间距的两条直线表示上、下极限偏差，这两条直线所限定的区域称为公差带。用这种方法画出的图称为公差带图，它表示尺寸公差的大小及相对零线的位置，如图5-23(b)所示。

2. 标准公差和基本偏差

公差带是由标准公差和基本偏差组成的。标准公差确定公差带的大小，基本偏差确定公差带的位置。

表5-2　标准公差数值(摘自GB/T 1800.1—2009)

基本尺寸/mm		标准公差等级																	
		IT1	IT2	IT3	IT4	IT5	IT6	IT7	IT8	IT9	IT10	IT11	IT12	IT13	IT14	IT15	IT16	IT17	IT18
大于	至	μm											mm						
-	3	0.8	1.2	2	3	4	6	10	14	25	40	60	0.1	0.14	0.25	0.4	0.6	1	1.4
3	6	1	1.5	2.5	4	5	8	12	18	30	48	75	0.12	0.18	0.3	0.48	0.75	1.2	1.8
6	10	1	1.5	2.5	4	6	9	15	22	36	58	90	0.15	0.22	0.36	0.58	0.9	1.5	2.2
10	18	1.2	2	3	5	8	11	18	27	43	70	110	0.18	0.27	0.43	0.7	1.1	1.8	2.7
18	30	1.5	2.5	4	6	9	13	21	33	52	84	130	0.21	0.33	0.52	0.84	1.3	2.1	3.3
30	50	1.5	2.5	4	7	11	16	25	39	62	100	160	0.25	0.39	0.62	1	1.6	2.5	3.9
50	80	2	3	5	8	13	19	30	46	74	120	190	0.3	0.46	0.74	1.2	1.9	3	4.6
80	120	2.5	4	6	10	15	22	35	54	87	140	220	0.35	0.54	0.87	1.4	2.2	3.5	5.4
120	180	3.5	5	8	12	18	25	40	63	100	160	250	0.4	0.63	1	1.6	2.5	4	6.3
180	250	4.5	7	10	14	20	29	46	72	115	185	290	0.46	0.72	1.15	1.85	2.9	4.6	7.2
250	315	6	8	12	16	23	32	52	81	130	210	320	0.52	0.81	1.3	2.1	3.2	5.2	8.1
315	400	7	9	13	18	25	36	57	89	140	230	360	0.57	0.89	1.4	2.3	3.6	5.7	8.9
400	500	8	10	15	20	27	40	63	97	155	250	400	0.63	0.97	1.55	2.5	4	6.3	9.7

（1）标准公差

分为 20 级，用 IT 表示，即 IT01，IT0，IT1，…，IT18，其尺寸精确程度从 IT01 到 IT18 依次降低，常用的是 IT6～IT9。IT 后面的数字表示公差等级，数字越小，标准公差值越小，尺寸的精确程度越高，如表 5-2 所示。

（2）基本偏差

基本偏差是指在标准的极限与配合中，确定公差带相对零线位置的上极限偏差或下极限偏差，一般指靠近零线的那个偏差。如图 5-23 中孔的基本偏差为下极限偏差，轴的基本偏差为上极限偏差。

基本偏差用拉丁字母 A～ZC（a～zc）表示，大写字母代表孔，小写字母代表轴，各有 28 个，如图 5-24 所示。

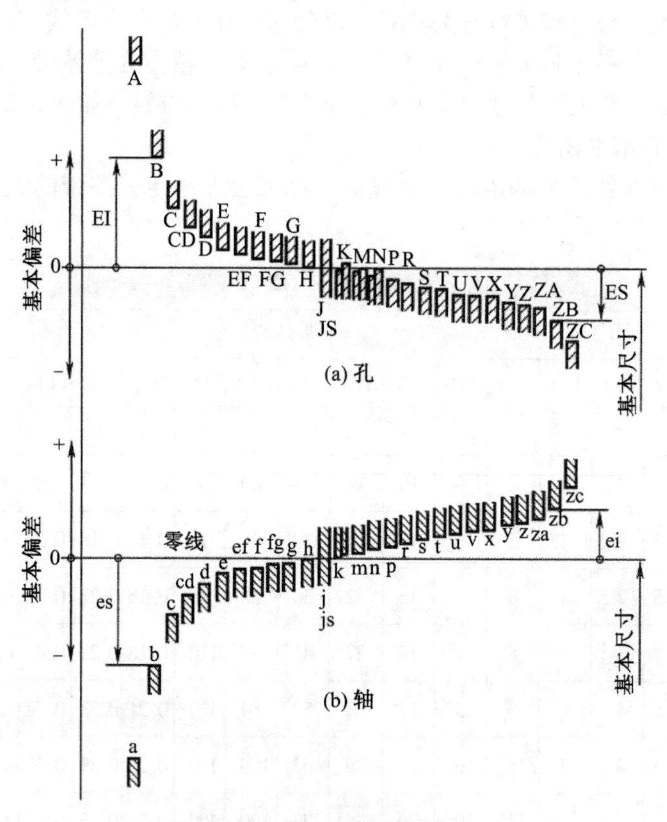

图 5-24　基本偏差系列图

（3）孔、轴的公差带代号

孔、轴的公差带代号由基本偏差与公差等级代号组成，例如：

ϕ14F8 的含义为：公称尺寸为 ϕ14，公差等级为 8 级，基本偏差为 F 的孔的公差带。

ϕ14h7 的含义为：公称尺寸为 ϕ14，公差等级为 7 级，基本偏差为 h 的轴的公差带。

3. 配合

公称尺寸相同的、相互结合的孔和轴公差带之间的关系，称为配合。

（1）配合的种类

根据使用要求的不同，孔和轴的配合有松有紧，为此，国家标准规定配合分为三种。

① 间隙配合。孔的实际尺寸总比轴的实际尺寸大，装配在一起后，孔与轴之间存在间隙（包括最小间隙等于零），轴在孔中能相对运动。

② 过盈配合。孔的实际尺寸总比轴的实际尺寸小，在装配时需要一定的外力或使带孔零件加热膨胀后，才能把轴压入孔中，所以孔与轴装配在一起后不能产生相对运动。

③ 过渡配合。孔的实际尺寸比孔的实际尺寸有时小，有时大，它们装在一起后，可能出现间隙或过盈，但间隙或过盈都比较小，这种介于间隙和过盈之间的配合即过渡配合。

（2）配合的基准制

国家标准规定了两种配合基准制。

① 基孔制配合。基本偏差一定的孔的公差带，与不同基本偏差的轴的公差带形成各种配合的一种制度。基孔制配合的孔称为基准孔，其基本偏差代号为H，下偏差为零，即它的下极限尺寸等于公称尺寸，如图5-25(a)所示。

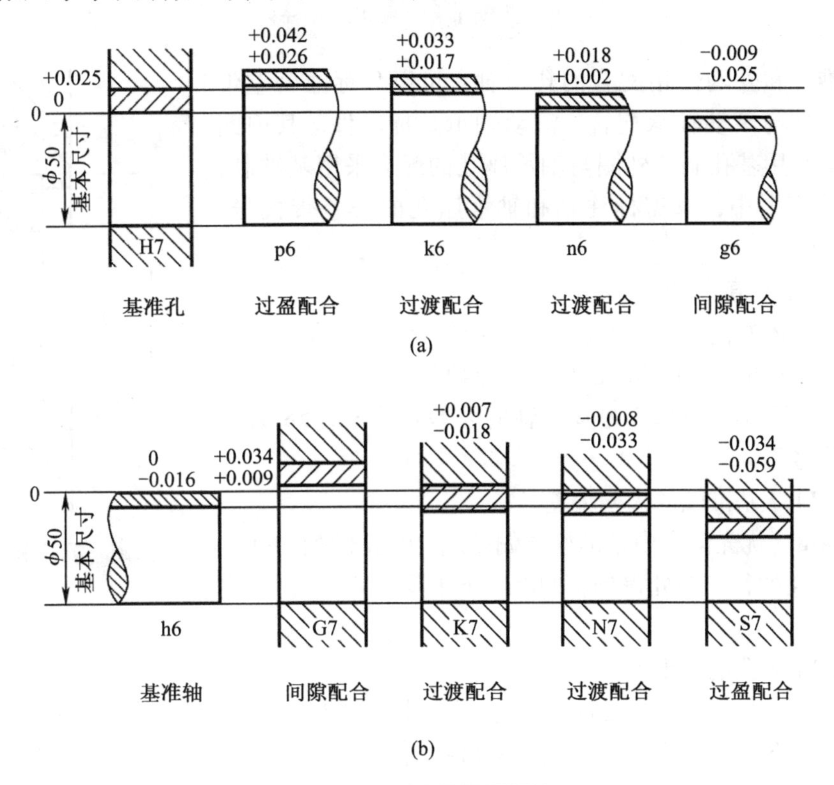

图5-25 配合基准制

② 基轴制配合。基本偏差一定的轴的公差带，与不同基本偏差的孔的公差带形成各种配合的一种制度。基轴制配合的轴称为基准轴，其基本偏差代号为h，上偏差为0，即它的最大极限偏差等于基本尺寸，如图5-25(b)所示。

（3）极限与配合的标注

在装配图上，一般采用代号的形式标注，分子表示孔的代号（大写），分母表示轴的代号（小写），如图5-26(a)所示；在零件图上，与其他零件有配合关系的尺寸或其他重要尺寸，一般采用在基本尺寸后面标注极限偏差的形式，也可以采用在基本尺寸后面标注公差带代号的形式，或采用两者同时注出的形式，如图5-26(b)所示。

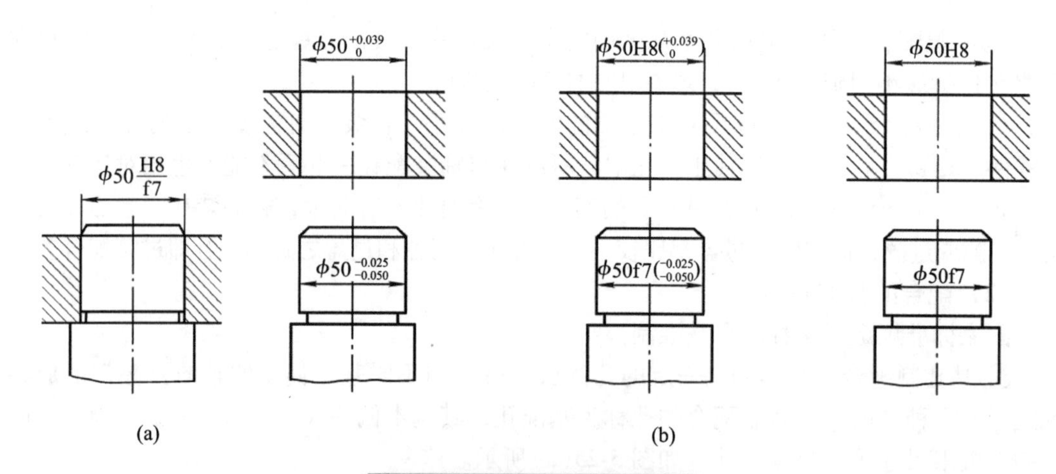

图 5-26 极限与配合的标注

与标准件和外购件相配合的孔与轴，可以只标注公差带代号。如零件与滚动轴承配合，滚动轴承是标准件，其内圈与轴的配合采用基孔制，外圈与轴承座孔的配合采用基轴制，因此，在装配图中，只需标注轴和轴承座孔的公差带代号，如图 5-27 所示。

$\phi62J7$　$\phi30k6$

图 5-27 轴承的配合

4. 极限偏差值的查表

孔、轴具体的偏差数值可在附录 8 和附录 9 中查得。

例 查表写出 ϕ14F8/h7 的极限偏差数值。

解：ϕ14F8/h7 中的 h7 为基准轴的公差带代号，F8 为孔的公差带代号。

（1）ϕ14h7 基准轴的极限偏差

查附录 8《优先配合中轴的极限偏差》，由 h7 的列和基本尺寸为 10~14 的行交汇处得到轴的上、下极限偏差$^{0}_{-0.18}$，标注为 $\phi14^{0}_{-0.18}$。

（2）ϕ14F8 孔的极限偏差

查附录 9《优先配合中孔的极限偏差》，由 F8 的列和基本尺寸为 10~14 的行交汇处得到孔的上、下极限偏差$^{+0.043}_{+0.016}$，标注为 $\phi14^{+0.043}_{+0.016}$。

根据要求填表 5-3。

表 5-3 孔、轴尺寸

孔或轴	名称	
	孔：ϕ35S7(　　　　)	轴：ϕ35h6(　　　　)
基本尺寸		
上极限尺寸		
下极限尺寸		
上极限偏差		

续表

孔或轴	名称	
	孔：ϕ35S7(　　　　)	轴：ϕ35h6(　　　　)
下极限偏差		
公差		
配合制度		
配合类别		

三、表面结构表示法

表面结构是表面粗糙度、表面波纹度、表面缺陷、表面纹理和表面几何形状的总称，这里主要介绍常用的表面粗糙度表示法。

1. 表面粗糙度

零件的表面，无论采用哪种方法加工，都不可能绝对光滑、平整，将其置于显微镜下观察，都将呈现出不规则的高低不平的状况，高起的部分称为峰，低凹的部分称为谷，这种表面上具有较小间距的峰谷所组成的微观几何形状特性，称为表面粗糙度，如图5-28所示。它是评定零件表面质量的一项重要技术指标，对于零件的配合、耐磨性、抗腐蚀性及密封性都有显著影响。

图5-28　表面粗糙度

零件表面粗糙度的选用，应该既满足零件表面的功用要求，又要考虑经济合理性。一般情况下，凡是零件上有配合要求或有相对运动的表面，表面粗糙度参数值越小，表面质量越高，但加工成本也越高。因此，在满足使用要求的前提下，应尽量选用较大的参数值，以降低成本。

评定表面粗糙度的主要参数是：轮廓算术平均偏差 *Ra* 和轮廓最大高度 *Rz*，优先选用 *Ra*。

2. 表面结构的图形符号

标注表面结构要求时的图形符号的种类、名称、尺寸及含义见表5-4。

表5-4　表面结构符号的含义

名称	图形符号	含义及说明
基本图形符号	3*h*　1.4*h*　60°　60° *h* 为字体高度	未指定工艺方法的表面。仅用于简化代号的标注，当通过一个注释解释时可单独使用，没有补充说明时不能单独使用

续表

名称	图形符号	含义及说明
扩展图形符号		去除材料的方法获得的表面，如通过机械加工获得的表面
		不去除材料的方法获得的表面，也可用于表示保持上道工序形成的表面
完整图形符号		在上述图形符号的长边上加一横线，用于对表面结构有补充要求的标注

3. 表面结构要求在图样上标注

在图样上标注表面粗糙度时，应注意以下几点：

① 同一零件图中，每个表面一般只标注一次表面粗糙度代号。

② 表面结构的注写和读取方向与尺寸的注写和读取方向一致。表面结构要求可标注在轮廓线上，其符号应从材料外指向材料表面［图 5-29(a)］。

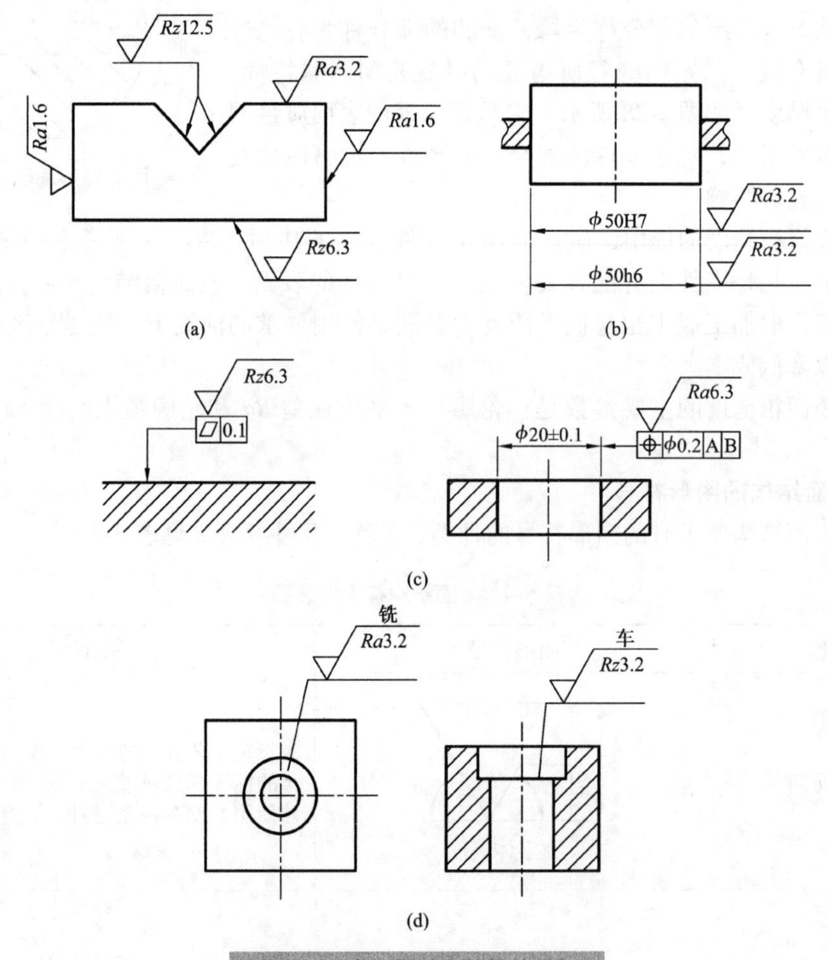

图 5-29　表面粗糙度的标注示例

③ 在不致引起误解时，表面结构要求可以标注在给定的尺寸线上，如图 5-29(b)所示，也可标注在几何公差框格的上方［图 5-29(c)］。

④ 必要时，表面结构也可用带箭头或黑点的指引线引出标注［图 5-29(d)］。

⑤ 如果在工件的多数表面有相同的表面结构要求时，则其表面结构要求可统一标注在图样的标题栏附近。此时，表面结构要求的符号后面应该在圆括号内给出无任何其他标注的基本符号［图 5-30(a)］，或者在圆括号内给出不同的表面结构要求［图 5-30(b)］。

⑥ 当零件表面有相同的表面结构要求时，可采用图 5-30(c)所示的简化画法。

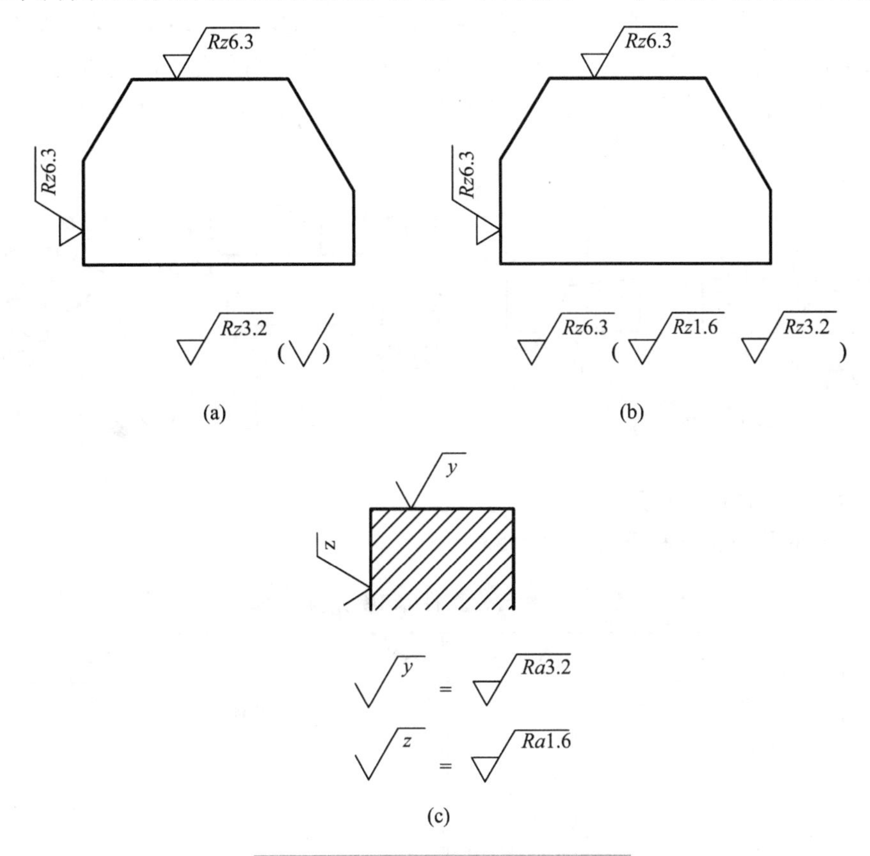

图 5-30　表面粗糙度的简化注法

四、几何公差

零件在加工后形成的各种误差是客观存在的，除了在极限与配合中讨论过的尺寸误差外，还存在着形状、方向、位置和跳动误差，对零件的这些误差加以限制，就形成了几何公差。

例如，加工轴时可能会出现轴线弯曲的现象，如图 5-31 所示，产生了直线度误差。为将形状误差控制在允许的范围之内，在设计和加工时要确定一个形状误差的最大允许值 ϕ0. 08，如图 5-32 所示，称为形状公差。

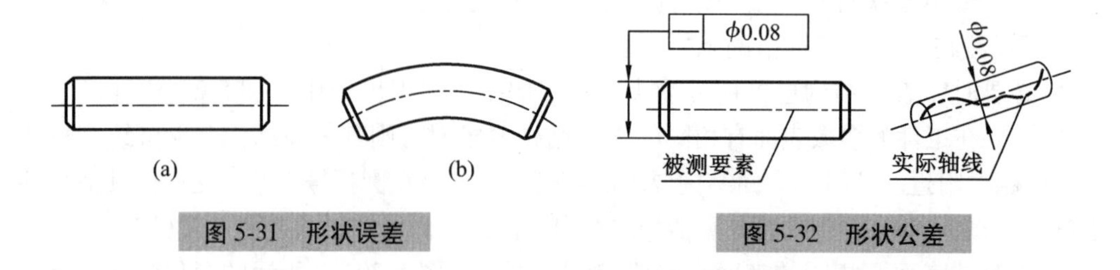

图 5-31　形状误差

图 5-32　形状公差

如图 5-33(a)所示为一理想形状的四棱柱，加工后的实际表面是上表面倾斜了，如图 5-33(b)所示，因而产生了平行度误差。为将位置误差控制在允许的范围之内，在设计和加工时确定一个位置误差的最大允许值 0.01（即实际要素的位置对基准所允许的变动全量），如图 5-34 所示，称为位置公差。

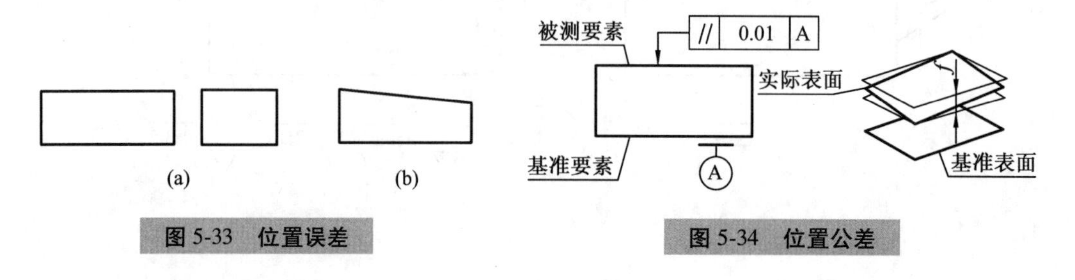

图 5-33　位置误差

图 5-34　位置公差

1. 几何公差的特征和符号

几何公差的几何特征和符号见表 5-5。

表 5-5　几何公差的几何特征和符号

公差类型	特征项目	符号	有无基准	公差类型	特征项目	符号	有无基准
形状公差	直线度	—	无	位置公差	位置度	⌖	有
	平面度	▱	无		同轴度（用于中心度）	◎	有
	圆度	○	无				
	圆柱度	⌭	无		同轴度（用于轴线）	◎	有
	线轮廓度	⌒	无				
	面轮廓度	⌓	无		对称度	⌯	有
方向公差	平行度	//	有		线轮廓度	⌒	有
	垂直度	⊥	有		面轮廓度	⌓	有
	倾斜度	∠	有	跳动公差	圆跳动	↗	有
	线轮廓度	⌒	有				
	面轮廓度	⌓	有		全跳动	⌰	有

2. 几何公差的标注

几何公差的代号包括几何公差特征项目符号、几何公差框格及指引线、基准符号、几何公差数值和其他有关符号等，如图 5-35(a)所示。基准符号如图 5-35(b)所示。

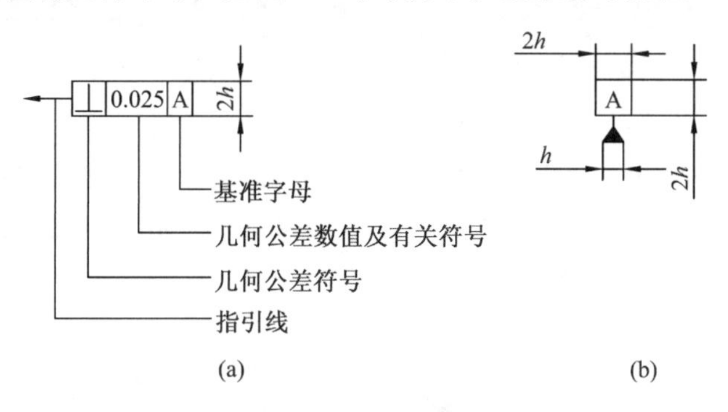

图 5-35　公差框格

如图 5-36 所示为标注几何公差的图例。从图中可以看到，当被测要素是表面或素线时，从框格引出的指引线箭头，应指在该要素的轮廓线或其延长线上；当被测要素是轴线时，应将箭头与该要素的尺寸线对齐；当基准要素是轴线时，应将基准符号与该要素的尺寸线对齐（如基准 A）。

图中标注的各个几何公差代号的含义如下：

① 基准 A 为 ϕ16f7 圆柱的轴线。

② ϕ16f7 圆柱面的圆柱度公差为 0.005 mm。

③ M8×1 的螺纹孔轴线相对基准 A 的同轴度公差为 ϕ0.1 mm。

④ $\phi\,36^{0}_{-0.34}$的右端面对基准 A 的垂直度公差为 0.025 mm。

⑤ $\phi\,14^{0}_{-0.24}$的右端面对基准 A 的圆跳动公差为 0.1 mm。

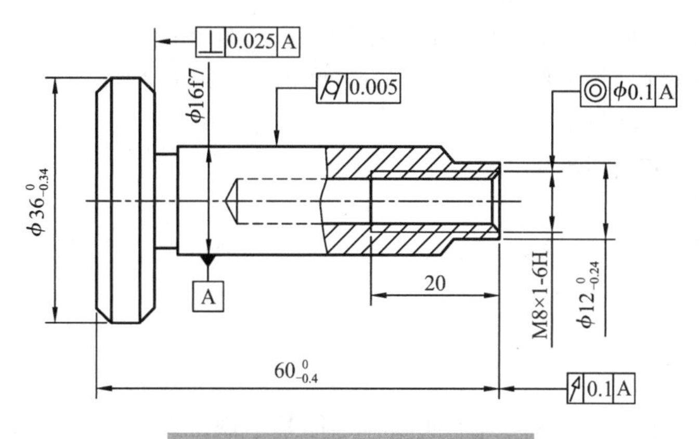

图 5-36　几何公差的标注示例

任务实施

绘制任务一中的主轴或支座零件的零件图，图幅、比例自定，注意标注规范且完整。

任务三　识读阀盖零件图

任务描述

零件的设计、生产加工及技术改造过程中，都需要读零件图。因此，准确、熟练地读懂零件图，是工程技术人员必须掌握的基本技能之一。本任务通过识读阀盖的零件图样，掌握识读零件图的一般方法和步骤。

目标：

（1）能对零件图进行正确的分析；

（2）能想象出零件的立体形状；

（3）熟悉识读零件图的方法和步骤，熟练识读零件图。

知识准备

一、零件图的读图方法和步骤

在零件设计制造、机器安装、机器的使用和维修及技术革新、技术交流等工作中，常常要读零件图。读零件图的目的是为了弄清零件图所表达零件的结构形状、尺寸大小和技术要求，以便指导生产和解决有关的技术问题。

1. 读零件图的基本要求

① 了解零件的名称、用途和材料。

② 分析零件各组成部分的几何形状、结构特点及作用。

③ 分析零件各部分的定形尺寸和各部分之间的定位尺寸。

④ 熟悉零件的各项技术要求。

2. 读零件图的方法和步骤

（1）概括了解

从标题栏内了解零件的名称、材料、比例等，并浏览视图，可初步得知零件的用途和形体概貌。

（2）详细分析

① 分析表达方案。

分析零件图的视图布局，找出主视图、其他基本视图和辅助视图所在的位置。根据剖视、断面的剖切方法和位置，分析剖视、断面的表达目的和作用。

② 分析形体，想出零件的结构形状。

这一步是看零件图的重要环节。先从主视图出发，联系其他视图，利用投影关系进行分析，弄清零件各部分的结构形状，想象出整个零件的结构形状。

③ 分析尺寸。

先找出零件长、宽、高三个方向的尺寸基准，然后从基准出发，搞清楚哪些是主要尺寸，再用形体分析法找出各部分的定形尺寸和定位尺寸。在分析中要注意检查是否有多余的尺寸和遗漏的尺寸，并检查尺寸是否符合设计和工艺要求。

④ 分析技术要求。

分析零件的尺寸公差、几何公差、表面粗糙度和其他技术要求，弄清楚零件的哪些尺寸要求高，哪些尺寸要求低，哪些表面要求高，哪些表面要求低，哪些表面不加工，以便进一步考虑相应的加工方法。

（3）归纳总结

综合前面的分析，把图形、尺寸和技术要求等全面系统地联系起来思索，并参阅相关资料，得出零件的整体结构、尺寸大小、技术要求及零件的作用等完整的信息。

必须指出，在读零件图的过程中，不能把上述步骤机械地分开，它们往往是交叉进行的。

二、读图举例

读懂图5-37所示的零件图。

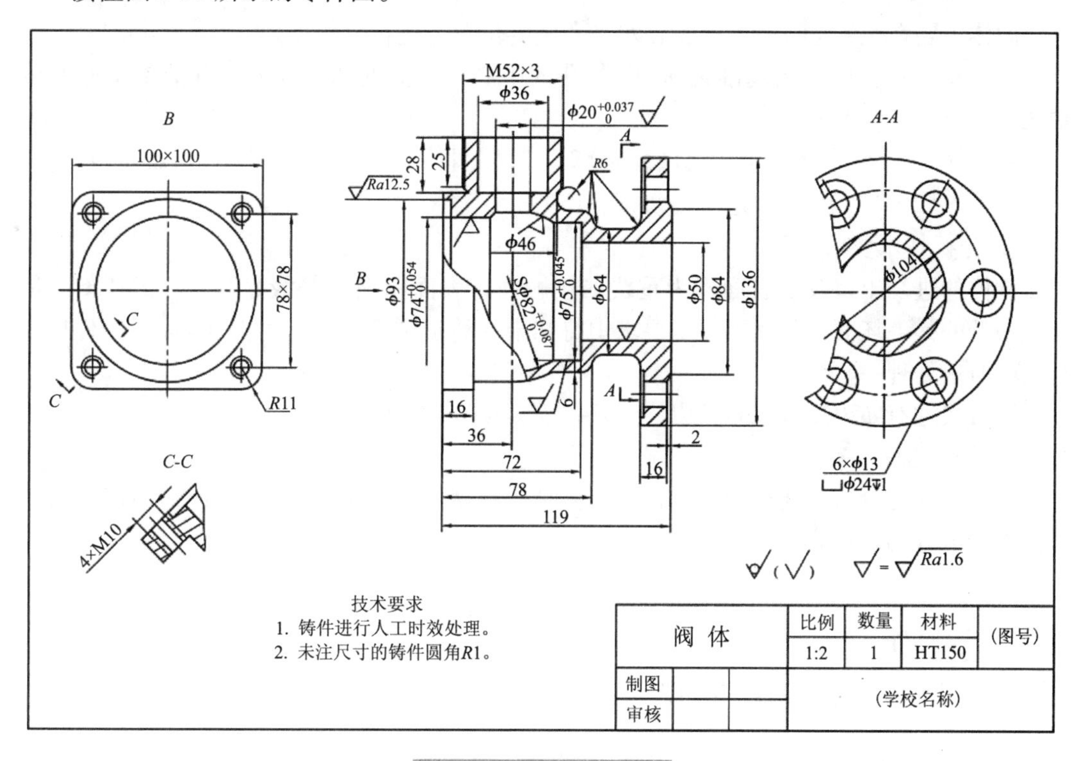

阀 体	比例	数量	材料	(图号)
	1:2	1	HT150	
制图			(学校名称)	
审核				

图5-37 阀体零件图

（1）概括了解

由标题栏可知，该零件名称为阀体，是阀门中的主要零部件，是一种典型的箱体类零件。材料是铸铁（HT150），因此在制造该零件时的工艺结构有铸造圆角等。

(2) 详细分析

① 分析表达方案。

阀体零件采用了两个基本视图、一个局部剖视图和一个局部视图。主视图根据形状特征和工作位置确定，并采用局部剖视的方法表达阀体的内外结构。左视图为 $A-A$ 局部剖视图，表达了阀体壁厚及连接部分螺孔的大小及位置。局部视图 B 表达了螺孔的位置及内孔部分的具体结构形式。局部剖视图 $C-C$ 表达了螺孔的具体位置及深度。

图 5-38　阀体

② 分析形体，想出零件的结构形状。

结合两个基本视图，可将阀体分为两部分：一是阀体左边腔体；二是右边连接板，为安装阀体之用。根据局部剖视图 $A-A$、$C-C$ 和局部视图 B，以及投影关系，想象出阀体的结构形状，如图 5-38 所示。

③ 分析尺寸。

阀体主要在铣床上进行加工，在水平和竖直位置上进行定位。

尺寸基准：长度方向基准是 $\phi20^{+0.037}_{0}$ 孔的中心线，宽度和高度方向基准是 $\phi50$ 孔的轴线。

主要尺寸：阀体内腔球体直径 $S\phi82^{+0.087}_{0}$ 及阀体进、出口的直径（如 $\phi74^{+0.054}_{0}$、$\phi70^{+0.045}_{0}$、$\phi20^{+0.037}_{0}$）等均是主要尺寸。

④ 分析技术要求。

阀体的进、出口及上表面作为重要的接触面，表面粗糙度等级最高，为 $Ra1.6$ μm，等级最低的是毛坯面。从文字技术要求中得知未注铸造圆角半径尺寸是 1 mm，铸件应进行人工时效处理。

配合尺寸有 $\phi20^{+0.037}_{0}$、$S\phi82^{+0.087}_{0}$、$\phi74^{+0.054}_{0}$、$\phi70^{+0.045}_{0}$ 等。

(3) 归纳总结

综合前面的分析，通过分析零件的总体结构形状、尺寸大小、技术要求及加工方法，读懂整个零件图的内容。

任务实施

识读图 5-39 所示的阀盖零件图，并回答问题。

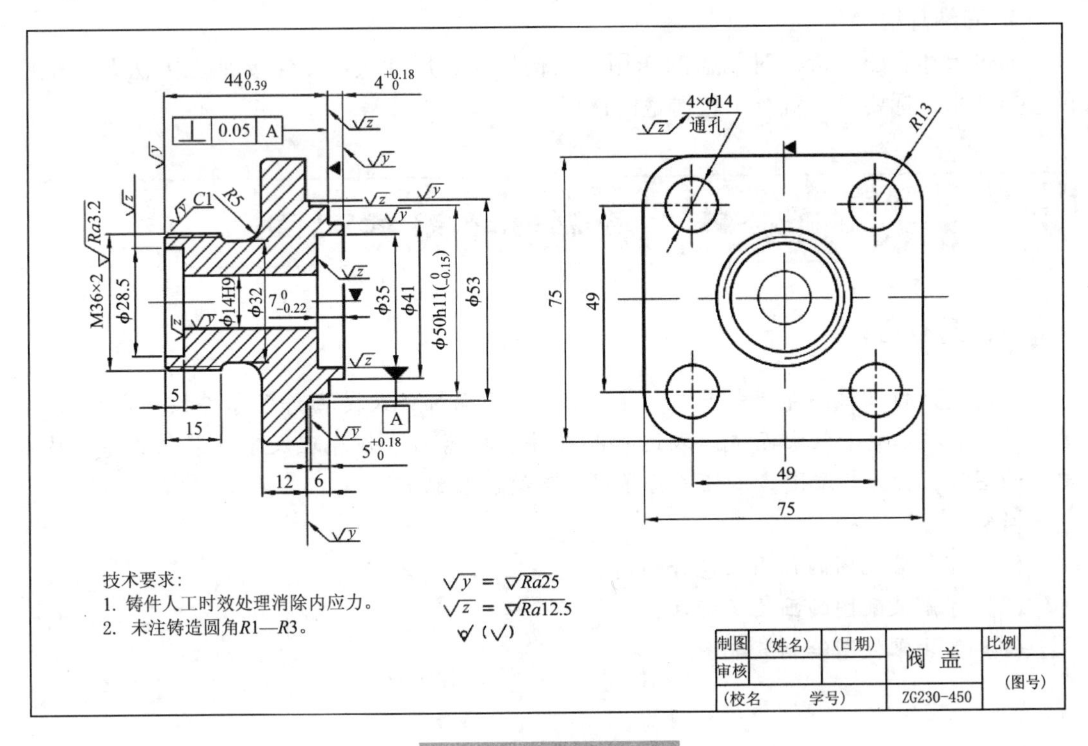

图 5-39 阀盖零件图

1. 概括了解

从标题栏可知，该零件名称是阀盖，属于__________类零件，材料为________ 。

2. 详细分析

（1）分析表达方案和形体结构

主视图采用________，表示阀盖两端的阶梯孔及右端的圆形凸缘和左端的外螺纹。选用轴线水平放置，既符合________位置，又符合阀盖在阀体中的________位置。左视图用外形视图表示带圆角的________形凸缘及其四个角上的________孔。

（2）尺寸分析

以轴孔的轴线为________向尺寸基准，由此注出阀盖各部分同轴线的直径尺寸。以阀盖的重要端面（▼符号处）为________度方向尺寸基准，由此注出________、________及________、________等。以阀盖前后对称面为________度方向尺寸基准，以阀盖的上下对称面为________度方向尺寸基准，注出带圆角的方形凸缘的外形尺寸________，四个通孔的定位尺寸________。

（3）分析技术要求

阀盖是铸件，需进行________处理，消除________。注有尺寸公差的 φ50*h*11 与阀体有配合关系，但由于之间没有相对运动，所以对表面粗糙度要求不严，*Ra* 值为________。图中的 | ⊥ | 0.05 | A | 的含义是作为长度方向主要尺寸基准的端面对________轴线的________公差为________。

3. 归纳总结

通过上述看图分析，对阀盖的作用、结构形状、尺寸大小、主要加工方法及加工中的主要技术指标要求，就有了较清楚的认识。

任务四　绘制轴承架装配图

任务描述

任何复杂的机器，都是由若干个部件组成的，而部件又是由许多零件按一定的位置、装配关系和技术要求装配而成。表达产品部件和机器的工作原理及零件装配关系、技术要求的图样，称为装配图。本任务将学习如何绘制装配图。

目标：

（1）了解装配图的作用及包含的内容；

（2）了解装配图的画法及标注；

（3）能由零件图绘制装配图。

知识准备

一、装配图的作用和内容

1. 装配图的作用

在工业生产中，无论是开发新产品，还是对其他产品进行改造、改进，都要先画出装配图。在开发设计产品时，通常是根据设计任务书，先画出符合设计要求的装配图，再根据装配图画出零件图；在制造产品的过程中，要根据装配图制定装配工艺规程来进行装配、调试和检验产品；在使用产品时，要从装配图上了解产品的结构、性能、工作原理及保养、维修的方法和要求。由此可见，装配图是指导生产的重要技术文件。

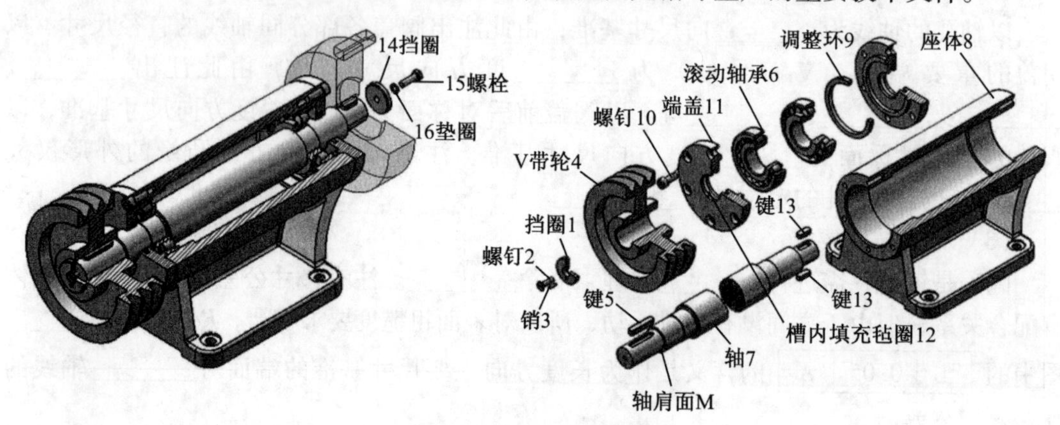

图 5-40　铣刀头轴测图

2.装配图的内容

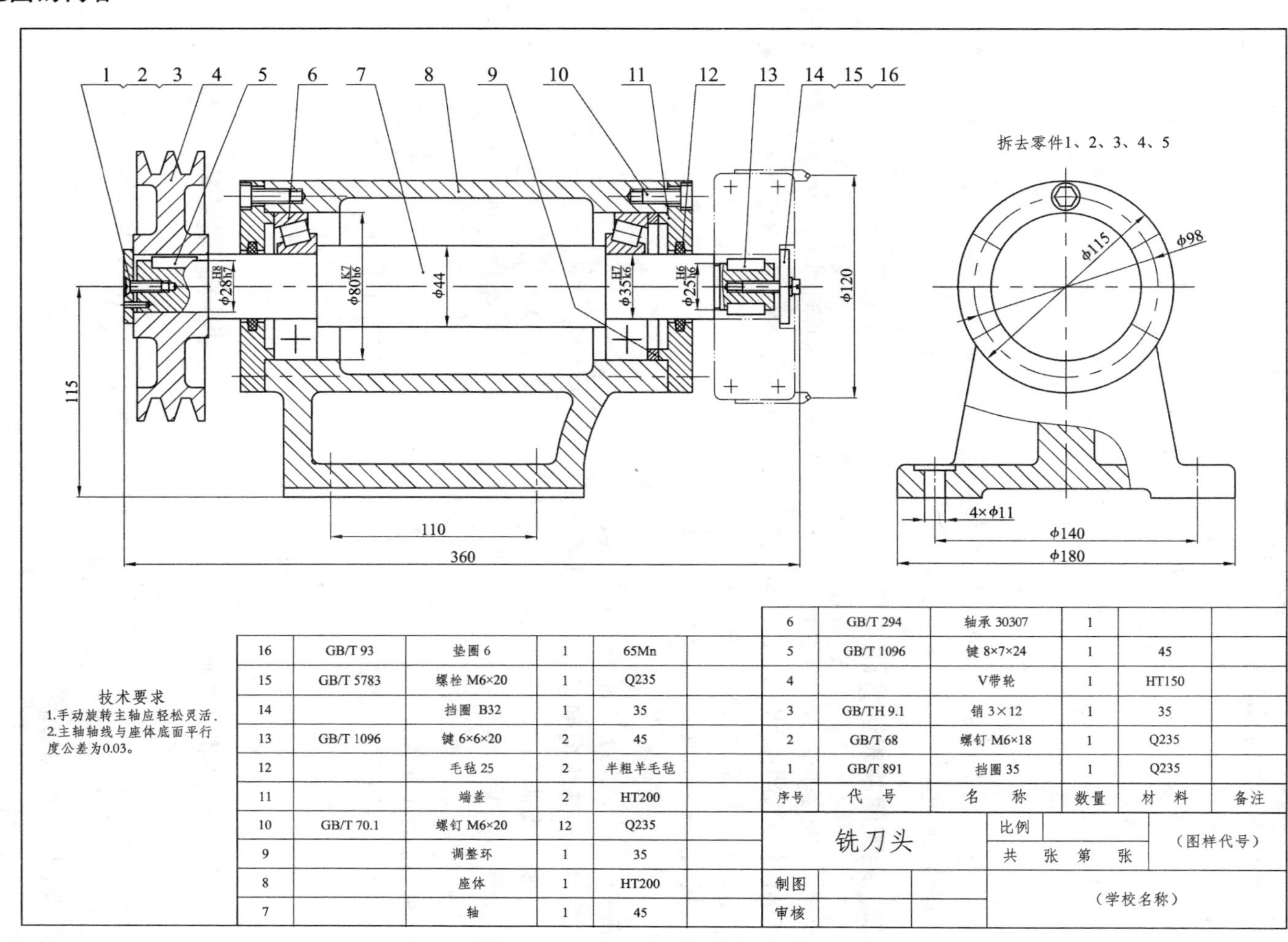

图 5-41 铣刀头装配图

如图 5-40 所示为铣刀头的装配轴测图。铣刀头是安装在铣床上的一个部件，用来安装铣刀盘。如图 5-41 所示为该铣刀头的装配图，从图中可以看出装配图应包括的内容为：

（1）一组视图

用各种常用表达方法准确、完整、清楚和简便地表达机器的工作原理、零件间装配关系、零件的主要结构形状等。

（2）必要的尺寸

用以表示机器或部件的性能、规格、外形大小及装配、检验、安装所需的尺寸。

（3）技术要求

用符号或文字注写的机器或部件在装配、检验、调试和使用等方面的要求、规则和说明等，一般是从装配要求和检验要求两方面考虑。

（4）零件的序号、明细栏和标题栏

说明零件名称、数量、材料和标准代号及部件名称、主要责任人等，供管理生产、备料、存档查阅用。

二、装配图的表达方法

零件图中的各种表示法（视图、剖视图、断面图）同样适用于装配图，但装配图着重表达装配体的结构特点、工作原理及各零件间的装配关系。针对这一特点，国家标准制定了装配图的规定画法和简化画法。

1. 装配图的规定画法

（1）实心零件画法

在装配图中，对于紧固件及轴、键、销等实心零件，若按纵向剖切，且剖切平面通过其对称平面或轴线时，这些零件均按不剖绘制，如图 5-42 中的轴、螺钉等。如果需要表明这些零件上的凹槽、键槽、销孔等局部结构，可用局部剖视图表示。

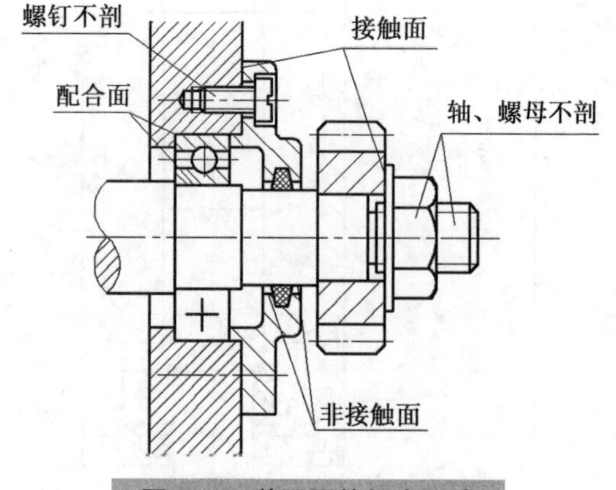

图 5-42　装配图的规定画法

（2）相邻零件的轮廓画法

两相邻零件的接触面或配合面，只画一条共有的轮廓线，非接触面和非配合面分别画出两条各自的轮廓线，如图 5-42 所示。

（3）相邻零件的剖面线画法

同一个零件的剖面线在各个剖视图、断面图中应保持倾斜方向一致、间隙相同。但相邻两零件的剖面线要方向相反，或者方向一致、间隔不等以示区别，如图 5-42 所示。

2. 装配图的特殊画法

（1）拆卸画法

在装配图中，当某些零件遮住了需要表达的结构和装配关系时，可假想沿着某些零件的结合面剖切或假想将某些零件拆卸后绘制，如图 5-41 所示的左视图就是拆去了零件 1、2、3、4、5 绘制的。

（2）夸大画法

在装配图中，对于薄片零件或微小间隙及较小的斜度和锥度，无法按照实际尺寸画出，或图线密集难以区分时，可将薄片零件或间隙适当夸大画出，如图 5-43 中的垫片采用了夸大画法。

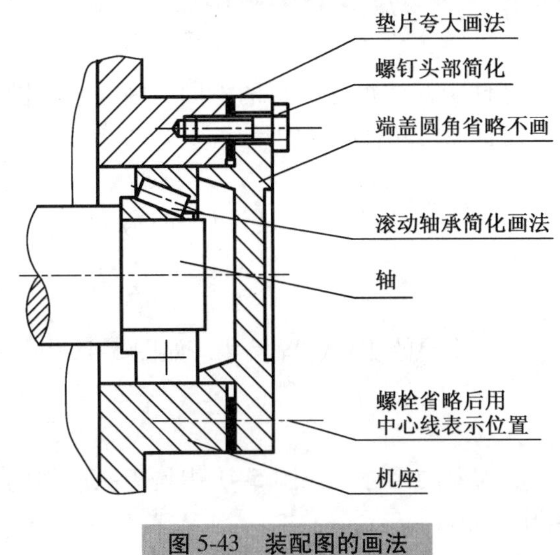

图 5-43　装配图的画法

（3）假想画法

与本部件有关但不属于部件的相邻零部件，或运动机件的运动范围和极限位置，可用细双点画线表示（图 5-44）。

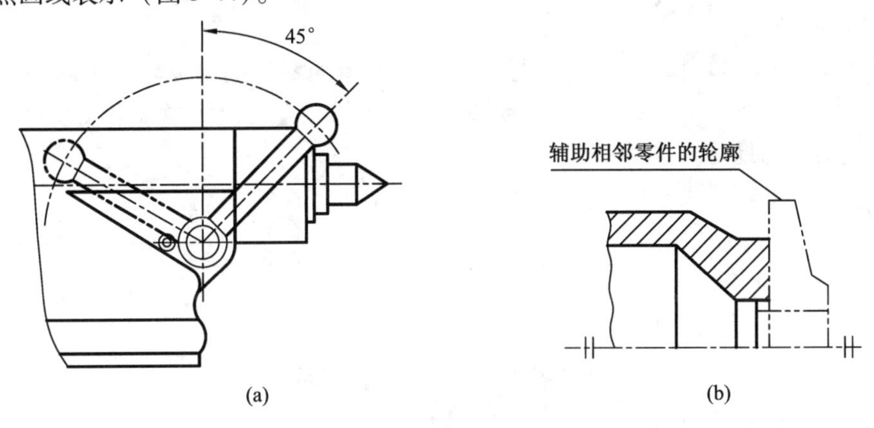

图 5-44　装配图的假想画法

（4）展开画法

为了表达传动机构的传动路线和装配关系，可假想按传动顺序沿轴线剖切，然后依次将各剖切平面展开在一个平面上，画出其剖视图。此时应在展开图的上方注明“*X-X* 展开”字样。

3. 装配图的简化画法

（1）零件工艺结构的简化

装配图中，零件的工艺结构如圆角、倒角或工艺槽等可以简化，如图 5-43 所示。

（2）相同零件组的简化

装配图中相同规格的零件组可详细地画出一处，其余用细点画线表示其他装配位置，如图 5-43 所示。

三、装配图的尺寸、零部件序号和明细栏

1. 尺寸标注

装配图上标注尺寸与零件图标注尺寸的目的不同，因为装配图不是制造零件的直接依据，所以在装配图上只需标注出几种必要的尺寸。

（1）规格尺寸

表示机器或部件的性能和规格的尺寸，是设计和选用机器、部件的主要依据，如图 5-41中铣刀盘轴线的高度 115。

（2）装配尺寸

表示零件间的配合关系及重要的相对位置尺寸，如图 5-41 中 V 带轮与轴的配合尺寸为 ϕ28H8/h7。

（3）安装尺寸

将部件安装到机座上所需要的尺寸，如图 5-41 中铣刀头座体的底板上四个沉孔的定位尺寸 140、110 和安装孔 4×ϕ11。

（4）总体尺寸

表示部件外形轮廓的尺寸，即总长、总宽、总高，为包装、运输等所需的空间大小提供依据。

除上述尺寸外，有时还要标注其他重要尺寸，如运动零件的极限位置尺寸等。

2. 零件序号

装配图上所有的零件均需编写序号，需要在所指的零件的可见轮廓内画一圆点，从圆点画指引线（细实线），在水平线上或圆内注写序号，也可以不画水平线或圆，在指引线另一端附近注写序号（图 5-45）。

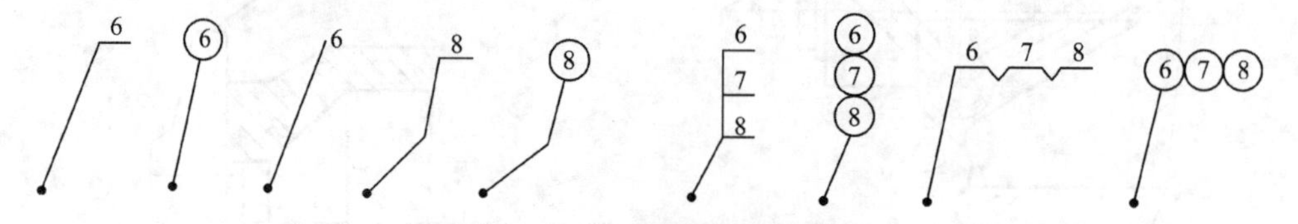

图 5-45　零件序号的编写形式

编写零件序号的注意事项：

① 相同零件只对其中一个编号，其数量填在明细栏内。一组紧固件或装配关系清楚的零件组，可采用公共的指引线编号，如图 5-45 所示。

② 指引线不能相交，在通过剖面线的区域时，不能与剖面线平行。

③ 零件序号应按顺时针或逆时针方向注写，且按水平方向或垂直方向整齐排列。

④ 先画出指引线和横线，检查无重复、无遗漏后，再统一填写序号。指引线、短横线及圆圈均为细实线。

3. 明细栏

明细栏是部件全部零件的详细目录，表中填有零件的序号、名称、数量、材料、备

注等。明细栏在标题栏的上方，当位置不够时可移一部分紧接标题栏左边继续填写，推荐学生制图作业的明细栏采用图 5-46 所示的格式。

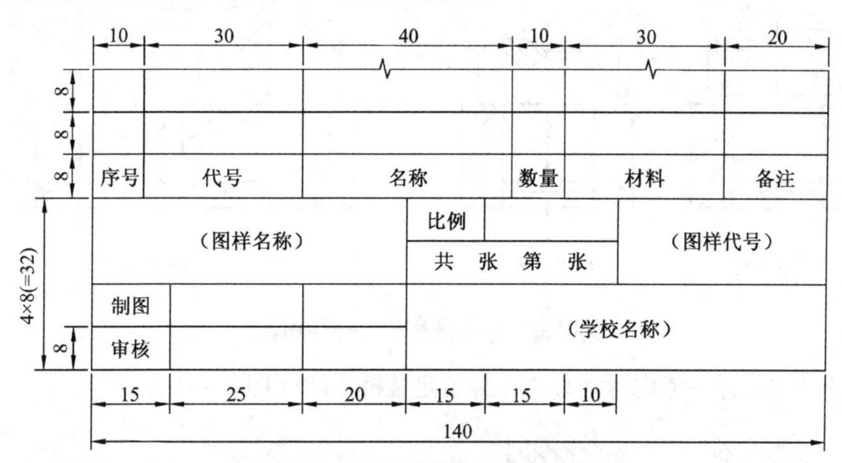

图 5-46　推荐学生用标题栏和明细栏

明细栏中的零件序号应与装配图中的零件编号一致，并且由下往上填写，因此，应先编零件序号再填明细栏。

①“代号”栏内，应注出每种零件的代号或者标准件代号，如 GB/T 891。

②“名称”栏内，注出每种零件的名称，若为标准件，应注出规定标记中除标准号以外的其余内容，如螺钉 M6×18，对齿轮和弹簧等具有重要参数的零件还应注出参数。

③“材料”栏内，填写制造该零件所用的材料标记。

④“备注”栏内，可填写必要的附加说明或其他有关的重要内容，如齿轮的齿数和模数。

⑤ 标题栏说明机器或部件的名称、图样代号、比例及责任者的签名和日期等内容。

四、常见的装配结构

在画装配图时，应考虑装配结构的合理性，以保证机器和部件的性能，使连接可靠，便于零件拆卸。

1. 接触面与配合面结构的合理性

两个零件在同一方向上只能有一组面接触，应尽量避免两组面同时接触，如图 5-47 所示。

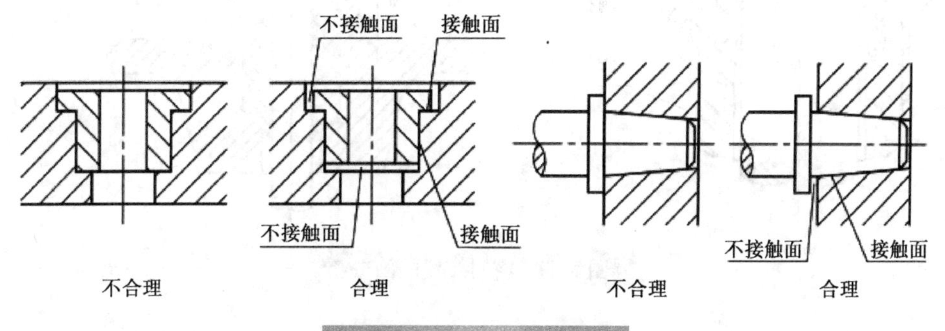

图 5-47　接触面的合理性

为保证轴肩端面与孔断面接触，可在轴肩处加工出退刀槽，或在孔的端面加工出倒角，如图 5-48 所示。

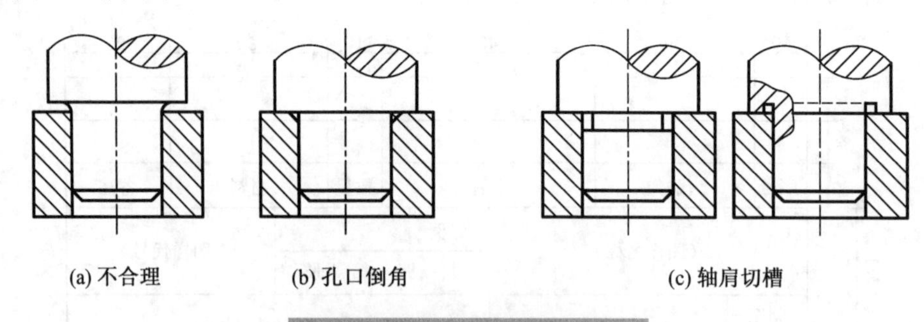

图 5-48　退刀槽与倒角的画法

零件的结构设计要考虑拆卸方便，并留足装拆空间（图 5-49）。

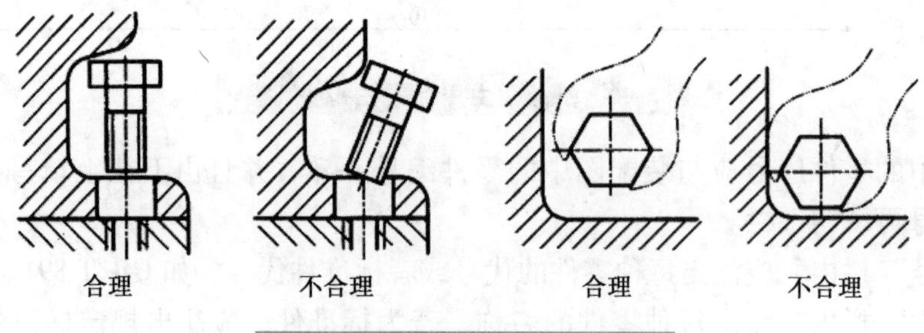

图 5-49　设计时考虑拆装空间

2. 密封装置的画法

为防止机器或部件内部液体或气体向外渗漏，同时也避免外部的灰尘或杂质侵入，必须采用密封装置。图 5-50 为典型的密封装置，通过压盖（或螺母）将填料压紧起防漏作用。

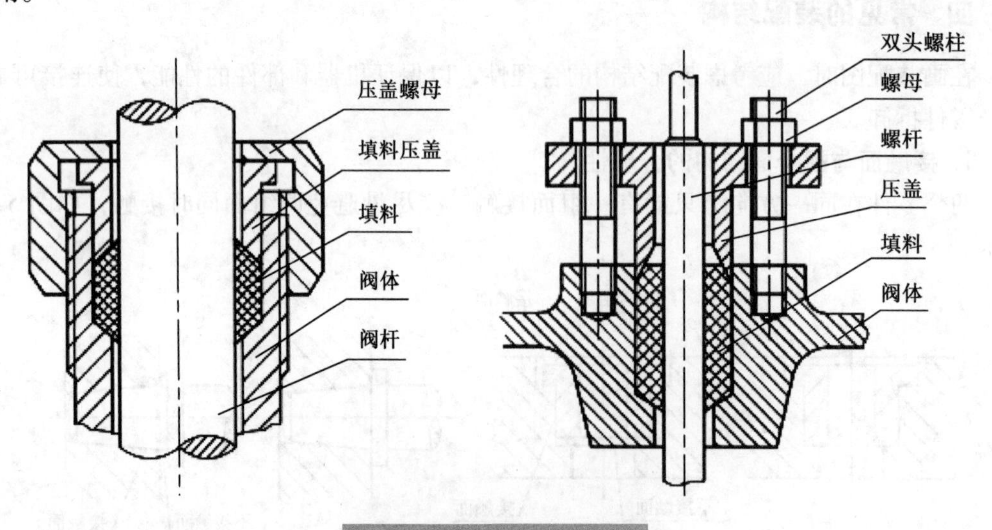

图 5-50　密封装置的画法

3. 防松装置的画法

机器或部件在工作时，由于受到冲击或振动，一些紧固件可能出现松动，因此在某些装置中需采用防松装置。图 5-51 为几种常见的防松装置。

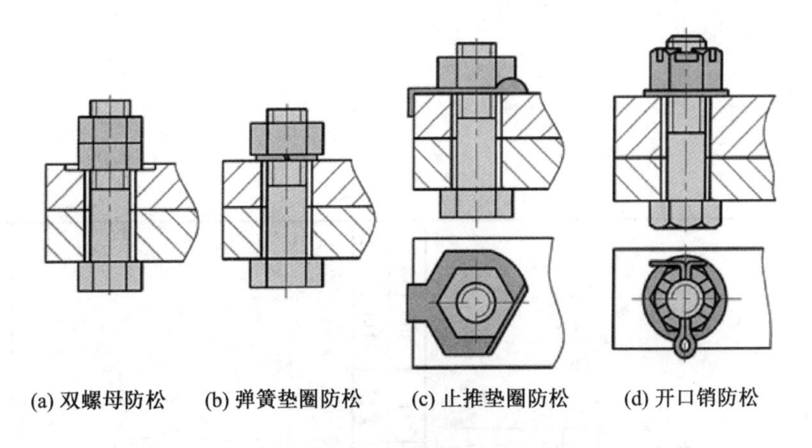

图 5-51　防松装置的画法

任务实施

根据轴承架装配示意图（图 5-52），轴 2 配以轴衬 3 后与轴架 1 装配，带轮 5 用键 6 连接于轴上带轮的两侧衬以垫圈 4 和垫圈 8，并用螺母 7 紧固。

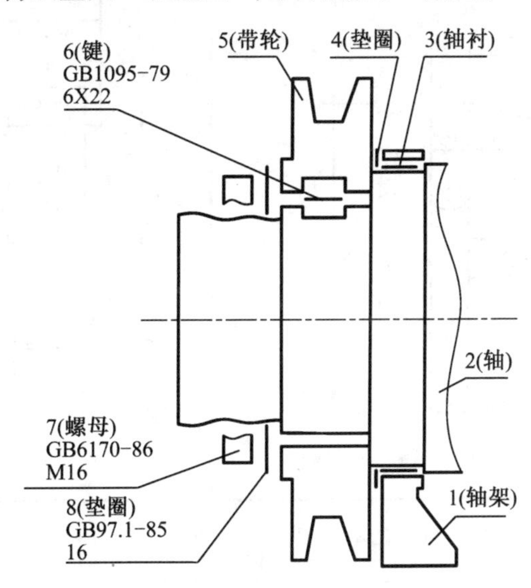

图 5-52　装配示意图

技术要求：装配后，要求转动灵活。使用时，在件 1 与件 2、件 5 的接触面上滴机油。

现根据所给的零件图（图 5-53）绘制轴承架的装配图（图纸幅面和比例自定）。

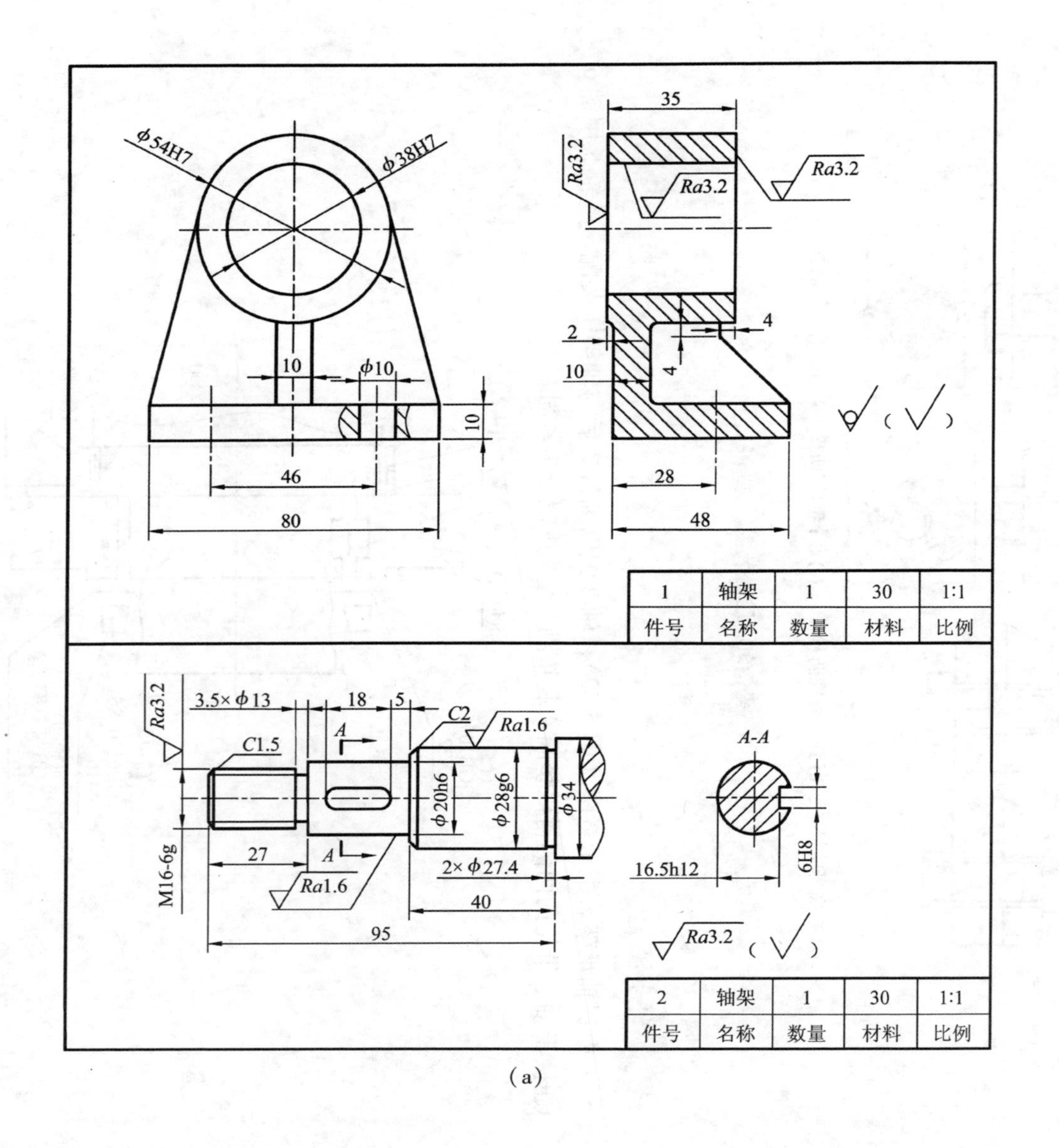
φ54H7
φ38H7
10
φ10
10
46
80
35
Ra3.2
Ra3.2
Ra3.2
2
4
10
4
28
48
1
轴架
1
30
1:1
件号
名称
数量
材料
比例
Ra3.2
3.5×φ13
18
5
C2
Ra1.6
C1.5
A
φ20h6
φ28g6
φ34
M16-6g
27
A
Ra1.6
2×φ27.4
40
95
A-A
16.5h12
6H8
Ra3.2
2
轴架
1
30
1:1
件号
名称
数量
材料
比例

(a)

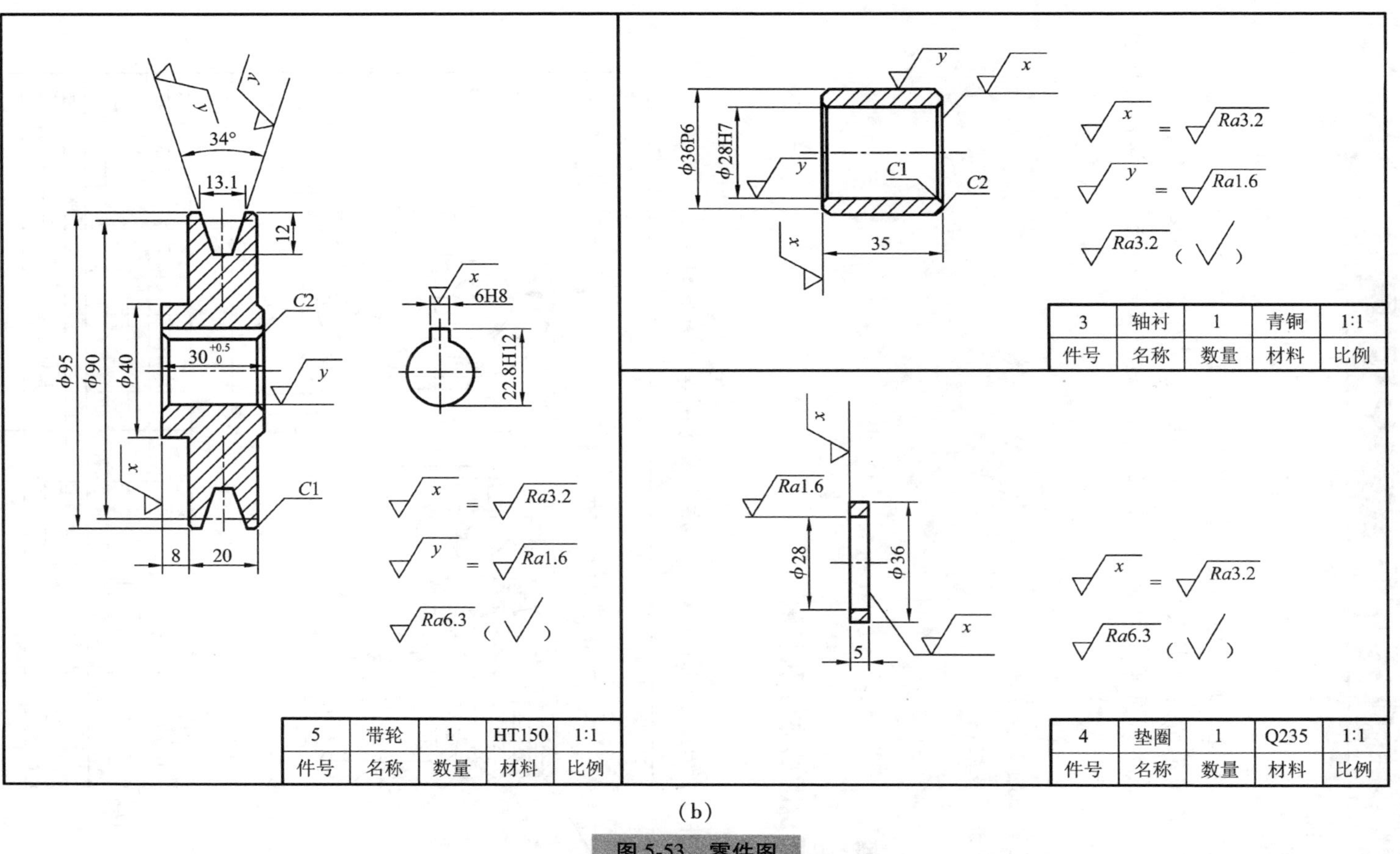
34°
13.1
12
C2
C1
φ95
φ90
φ40
30 +0.5 0
8
20
6H8
22.8H12
x = Ra3.2
y = Ra1.6
Ra6.3 (√)
5 | 带轮 | 1 | HT150 | 1:1
件号 | 名称 | 数量 | 材料 | 比例
φ36P6
φ28H7
C1
C2
35
x = Ra3.2
y = Ra1.6
Ra3.2 (√)
3 | 轴衬 | 1 | 青铜 | 1:1
件号 | 名称 | 数量 | 材料 | 比例
Ra1.6
φ28
φ36
5
x = Ra3.2
Ra6.3 (√)
4 | 垫圈 | 1 | Q235 | 1:1
件号 | 名称 | 数量 | 材料 | 比例

(b)

图 5-53　零件图

任务五　识读钻模装配图

任务描述

在进行机器设计、制造、使用和技术革新等各种生产活动中，都涉及读装配图的问题。

识读装配图就是要搞清楚机器或部件的用途、性能、工作原理、各组成零件的主要结构形状。它是工程技术人员必备的能力。本任务将通过识读齿轮油泵和钻模装配图，掌握装配图的识读方法和步骤。

目标：

（1）掌握装配图的识读方法；

（2）能正确识读装配图。

知识准备

一、装配图识图的方法和步骤

1. 概括了解

① 从标题栏中了解机器或部件的名称、用途及比例等（图 5-54）。

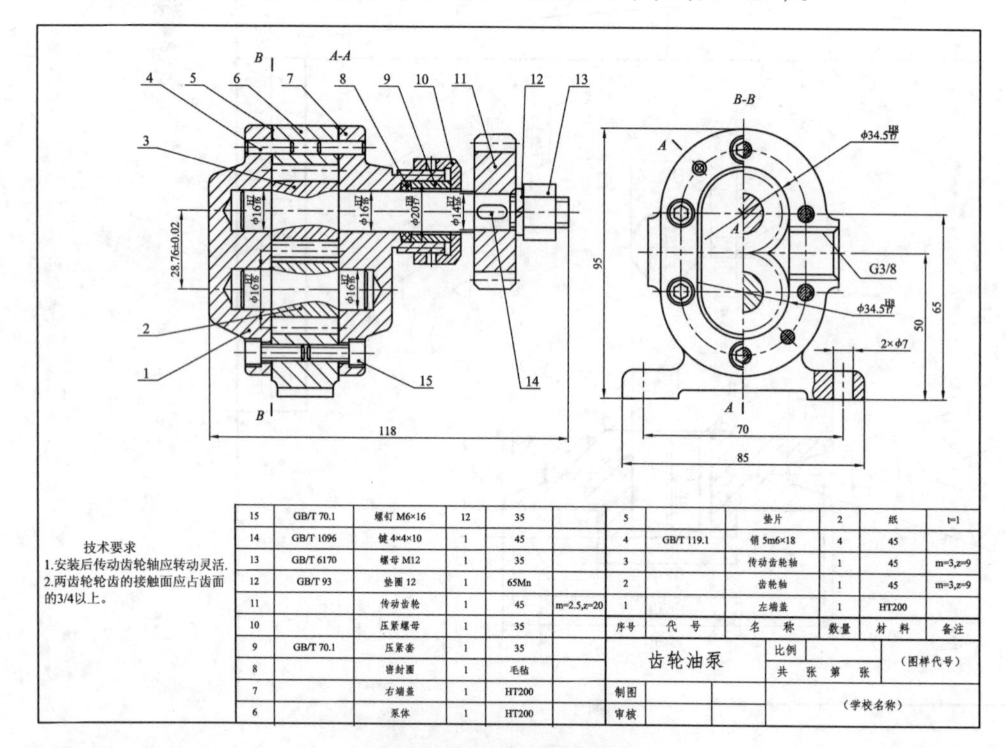

序号	代号	名称	数量	材料	备注
15	GB/T 70.1	螺钉 M6×16	12	35	
14	GB/T 1096	键 4×4×10	1	45	
13	GB/T 6170	螺母 M12	1	35	
12	GB/T 93	垫圈 12	1	65Mn	
11		传动齿轮	1	45	m=2.5,z=20
10		压紧螺母	1	35	
9	GB/T 70.1	压紧套	1	35	
8		密封圈	1	毛毡	
7		右端盖	1	HT200	
6		泵体	1	HT200	
5		垫片	2	纸	t=1
4	GB/T 119.1	销 5m6×18	4	45	
3		传动齿轮轴	1	45	m=3,z=9
2		齿轮轴	1	45	m=3,z=9
1		左端盖	1	HT200	

图 5-54　齿轮油泵装配图

② 从零件序号及明细栏中，了解零件的名称、数量、材料及在机器或部件中的位置。

③ 分析视图，了解各视图的作用及表达意图。

首先从标题栏入手，可了解装配体的名称和绘图比例。该装配体的名称是“齿轮油泵”，从视图中估计该装配体是较简单的部件。齿轮油泵是用于机器润滑系统中的部件。它是由泵体、泵盖、运动零件（传动齿轮、齿轮轴等）、密封零件及标准件等组成，对照零件序号和明细栏可以看出齿轮油泵共由 15 种零件装配而成。

在装配图中，主视图采用全剖视图和局部剖视图，表达了齿轮油泵各零件间的装配关系和齿轮啮合画法；左视图采用沿左泵盖与泵体结合面剖切的半剖视图，表达了齿轮油泵的外形、齿轮的啮合情况及油泵吸、压油的工作原理；再采用一个局部剖视反映进出油口的情况。齿轮油泵的外形尺寸是 118、85、95。

2. 分析工作原理

分析机器或部件的工作原理，一般应从分析传动关系入手。齿轮油泵的工作原理如图 5-55 所示：当外部动力产生的旋转力经传动齿轮传至主动齿轮轴时，即产生旋转运动。主动齿轮轴按逆时针方向转动时，带动从动齿轮轴按顺时针方向转动，两轮啮合区右边的油被轮齿带走，压力降低形成负压，油池中的油在大气压力作用下，进入油泵低压区内的吸油口，随着齿轮的转动，齿槽中的油不断沿箭头方向被带至左边的压油口把油压出，送至机器需要润滑的部分。

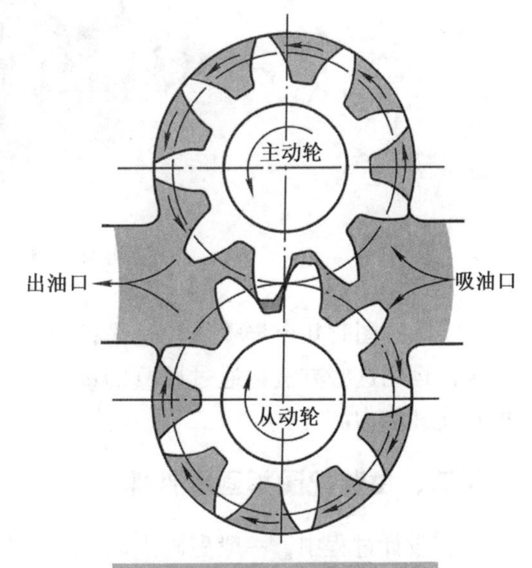

图 5-55　齿轮油泵工作原理

3. 分析装配关系

齿轮油泵泵体 6 的内腔容纳一对齿轮，将齿轮轴 2、传动齿轮轴 3 装入泵体后，由左端盖 1、右端盖 7 支承这一对齿轮轴的旋转运动。由销 4 将左、右端盖与泵体定位后，再用螺钉 15 连接。为防止泵体与泵盖结合面齿轮轴伸出端漏油，分别用垫片 5 及密封圈 8、压紧套 9、压紧螺母 10 密封。

4. 分析零件的结构及其作用

为深入了解机器或部件的结构特点，需要分析组成零件的结构形状和作用。对于装配图中的标准件（如螺纹紧固件、键、销等）和一些常用的简单零件，其作用和结构形状比较明确，无须细读，而对主要零件的结构形状必须仔细分析。

分析时一般先从主要零件开始，再看次要零件。首先对照明细栏，在编写零件序号的视图上确定该零件的位置和投影轮廓，按视图的投影关系并根据同一零件在各视图中剖面线方向和间隔应一致的原则来确定该零件在各视图中的投影，然后分离其投影轮廓。先推想出因其他零件的遮挡或因表达方法的规定而未表达清楚的结构，再按形体分析和结构分析的方法，弄清零件的结构形状。

5. 总结归纳

在对工作原理、装配关系和主要零件结构分析的基础上，还需对技术要求和全部尺寸进行研究。最后，综合分析想象出机器或部件的整体形状，如图 5-56 所示。

图 5-56　齿轮油泵轴测装配图

实际读图时几个步骤往往是平行或交叉进行的。因此，读图时应根据具体情况和需要灵活运用这些方法，通过反复的读图实践，便能逐渐掌握其中的规律，提高读装配图的速度和能力。

二、由装配图拆画零件图

在设计过程中，一般先画出装配图，然后根据装配图拆画零件图，称为拆图。拆图需要在看懂装配图的基础上，按照零件图的内容和要求进行拆画。

1. 零件分类

拆画零件图前，需对机器或部件中的零件进行分类。

标准件：只需填写标准件的标记、材料及数量，不需要拆画零件图。

特殊零件：指设计时经过特殊考虑和计算所确定的重要零件，这类零件应按给定的图样或数据资料进行拆画。

一般零件：拆画主要针对这类零件，应根据在装配图中表达的形状、大小和技术要求进行拆画。

借用零件：指借用定型产品中的零件，可以利用已有的零件图。

如图 5-54 所示的齿轮泵装配图中有五种标准件，其中两种为填料和垫片，属于特殊零件，因此需要拆画的只有六种一般零件（零件 1、2、3、7、9、10）。

2. 分离零件

现在以图 5-54 所示齿轮泵装配图中的泵体 6 为例说明分离零件的方法。

利用序号指引线确认零件的位置。根据主视图，从序号 6 的指引线的起点找到泵体的位置。

利用剖面线方向、间隔和配合代号等辨别出拆画零件与相邻零件的关系和结构。在主视图中，根据泵体6两边剖面线方向，可知与其相邻的零件是左端盖1和右端盖7，泵体6空腔中是齿轮轴2和传动齿轮轴3，再根据左视图上的配合代号ϕ34.5H8/f7，可以大概确定泵体的形状及其位置。

利用投影关系确定零件结构。主视图结合左视图，根据剖切画法，可确定泵体6的外形和内孔结构。

3. 确定表达方案

（1）主视图选择

泵体属于箱体类零件，主视图应与装配图一致，按工作位置选择主视图。

（2）其他视图选择

泵体的视图可以参照装配图，但不应受装配图的限制，根据泵体结构形状及在装配图中的位置，确定表达方案。如泵体底面形状没有表达，可以增加局部视图进行表达。

（3）补全工艺结构

由于零件的个别结构或工艺结构等并未在装配图中表达，因此在拆画零件图时需要将这些结构补画出来以满足零件图的要求，如倒角、圆角、退刀槽等。

4. 确定尺寸

（1）抄注

凡是在装配图上已经给定的尺寸都是较为重要的尺寸，这些尺寸数值，包括公差代号、偏差等都可以直接抄注，如泵体内腔直径ϕ34.5H8。

（2）计算

零件图上的某些尺寸数值应根据装配图给定的尺寸和数值，经过计算或校核确定，如齿轮分度圆直径，可根据模数和齿数进行计算。

（3）查取

零件上的标准结构（如倒角、圆角、退刀槽、螺纹、键槽等）的尺寸数值，应查阅标准手册核对后进行标注。如泵体上的销孔和螺孔尺寸，可根据明细栏中的标记确定。

（4）量取

未标注在装配图中的零件尺寸，可以按照绘图比例在装配图中直接量取，并适当圆整。

5. 确定技术要求

可根据零件作用，结合设计要求，查阅手册或参照同类及相近产品的零件图确定表面粗糙度、极限与配合、几何公差等技术要求。

6. 填写标题栏

按要求填写标题栏。

完成上述步骤，即可完成泵体零件图（图5-57）。

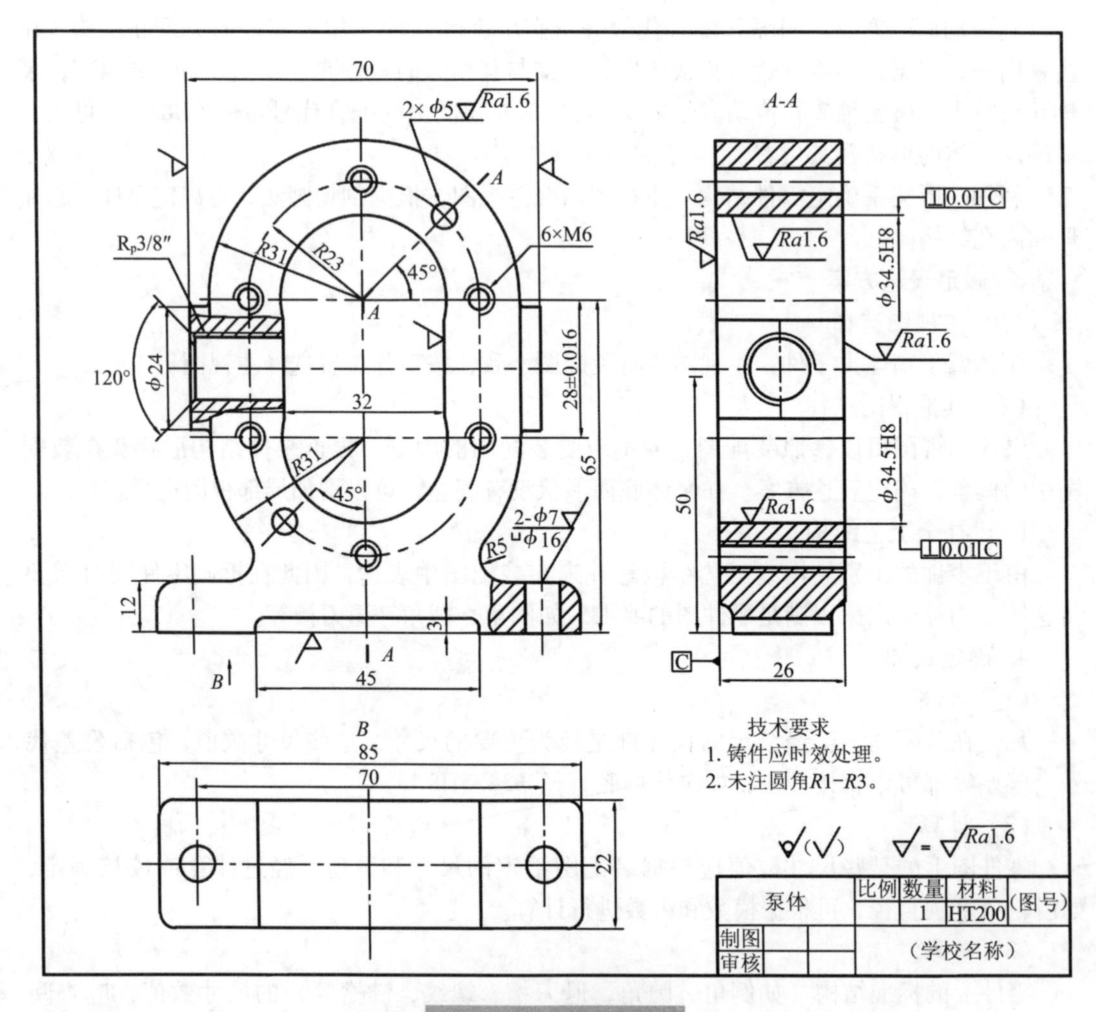

图 5-57　泵体零件图

任务实施

如图 5-58 所示为钻模装配图，读懂装配图并回答问题。

1. 概括了解

从标题栏、明细栏中可以看出，该钻模共有______种零件，其中标准件为______种，其余为非标准件。

该装配体主要用于装夹和定位工件。将工件装在钻模上即可用钻头钻孔，在钻完孔后旋松特制螺母，取出开口垫圈，即可将钻模板取出，从而拿出工件。

2. 详细分析

该装配体共用了______个视图。

主视图采用__________，表达了各个零件的位置及装配关系。

左视图采用__________，表达了轴承架的外形和内形，俯视图表达了开口垫圈 5 和钻模板 2 的形状及孔的分布。

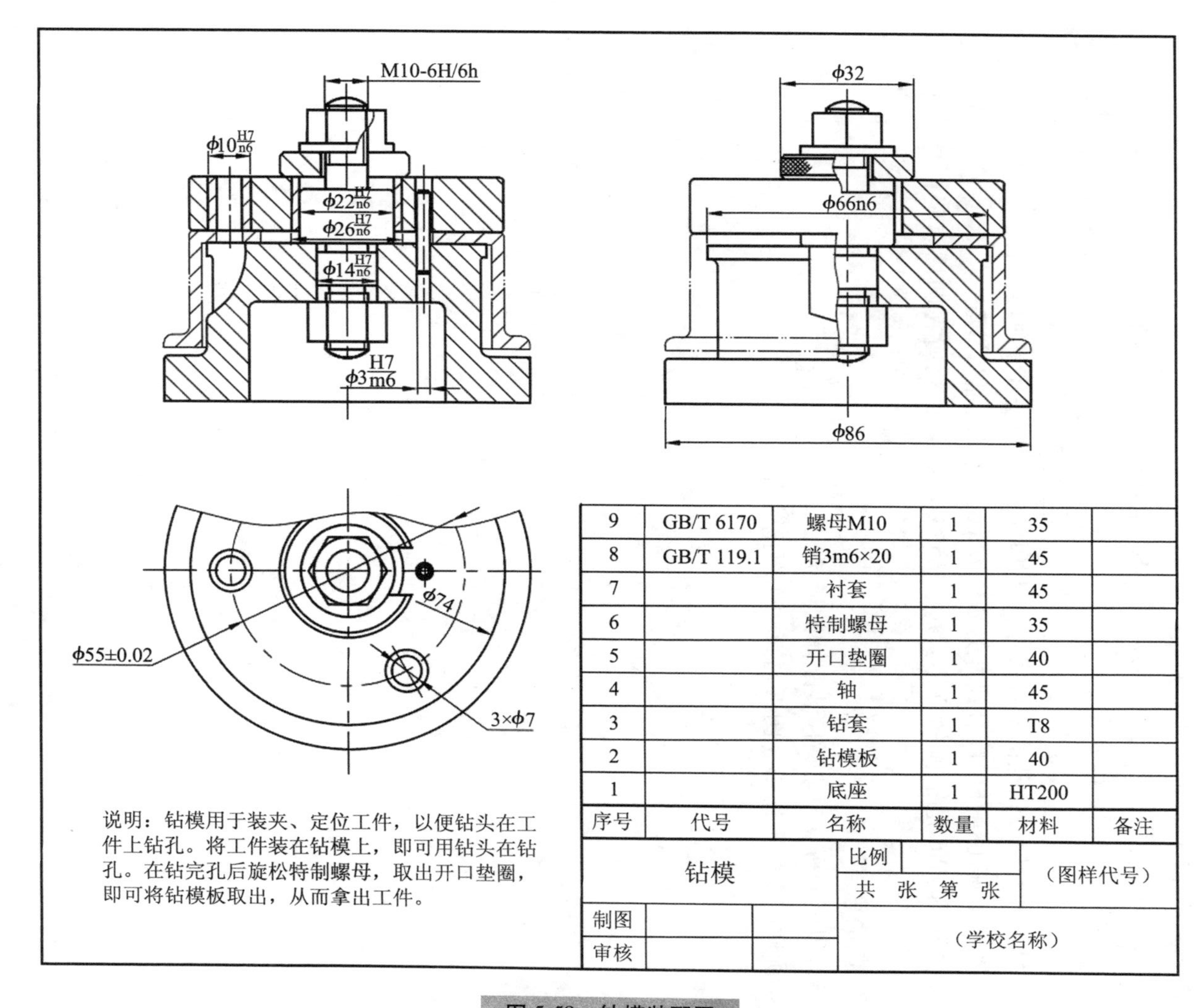

序号	代号	名称	数量	材料	备注
9	GB/T 6170	螺母M10	1	35	
8	GB/T 119.1	销3m6×20	1	45	
7		衬套	1	45	
6		特制螺母	1	35	
5		开口垫圈	1	40	
4		轴	1	45	
3		钻套	1	T8	
2		钻模板	1	40	
1		底座	1	HT200	

图 5-58　钻模装配图

________、________和________构成了钻模的主体。销 8 主要是定位____________与____________的相对位置，图中双点画线表示的是________零件，该零件上有______处需要钻孔，钻套的作用主要是________________。

底座在主视图的左上角空白处的结构在该零件上共有______处，其作用是____________________。

钻模装配图上标注的尺寸主要有：

① 轴和底座孔的配合尺寸为 ϕ14H7/n6，是基孔制过渡配合。

② 轴和衬套的配合尺寸为__________，是________ 制________ 配合。衬套和钻模板的配合尺寸为__________，是________ 制________ 配合。

③ 钻套和钻模板钻孔的配合尺寸为 ϕ10H7/n6，是基孔制过渡配合。

④ 销和底座上销孔的配合尺寸为 ϕ3H7/m6，是基孔制过渡配合。

尺寸 73 和 ϕ86 是钻模的总体尺寸。$\phi55\pm0.02$ 是钻孔所在圆周直径，是一个重要尺寸。

3. 归纳总结

结合以上分析，想象钻模装配体的形状。

拆画底座 1 的零件图（图纸幅面和作图比例自定）。

项目6 识读电梯土建布置图

任务一 认识电梯

任务描述

识读电梯土建图样，必须对电梯、井道、机房的结构有所了解。本次课程任务是认识和熟悉电梯、井道、机房结构及电梯工作原理等，为后续识读电梯土建图做准备。

目标：

（1）熟悉电梯的总体结构；

（2）熟悉电梯各主要部件的分布及其安装位置。

知识准备

一、电梯的定义

GB/T 7004—2008《电梯、自动扶梯、自动人行道》中将电梯定义为：服务于建筑物内若干特定楼层，其轿厢运行在至少两列垂直于水平面或铅垂线倾斜角小于15°的刚性导轨运动的永久运输设备。

在2009年1月14日国务院颁发的《特种设备安全监察条例》（第549号）中规定电梯定义为：电梯，是指动力驱动，利用沿刚性导轨运行的箱体或者沿着固定线路运行的梯级（踏步），进行升降或者平行运送人、货物的机电设备，包括载人（货）电梯、自动扶梯、自动人行道等。

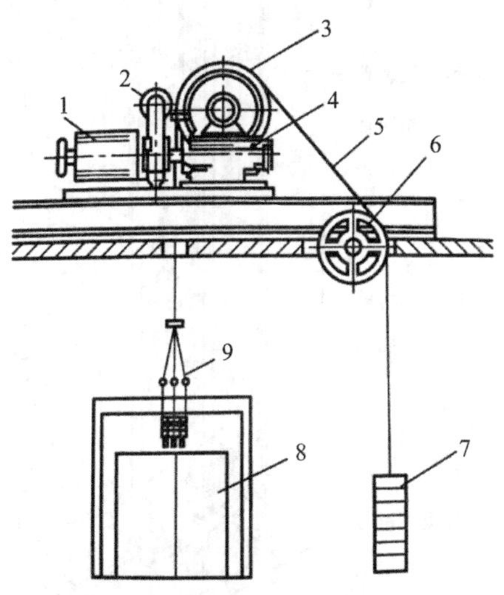

1—电动机；2—制动器；3—曳引轮；4—减速器；5—钢丝绳；6—导向轮；7—对重装置；8—轿厢；9—绳头组合。

图6-1 电梯的运行原理

二、电梯的运行原理

曳引钢丝绳通过曳引轮，一端连接轿厢，另一端连接对重装置（或者两端固定在机房上），轿厢与对重装置的重力使钢丝绳压紧在曳引轮绳槽内产生摩擦力，电动机带动曳引轮转动，驱动钢丝绳拖动轿厢和对重装置做相对运动，电梯的运行原理如图 6-1 所示。

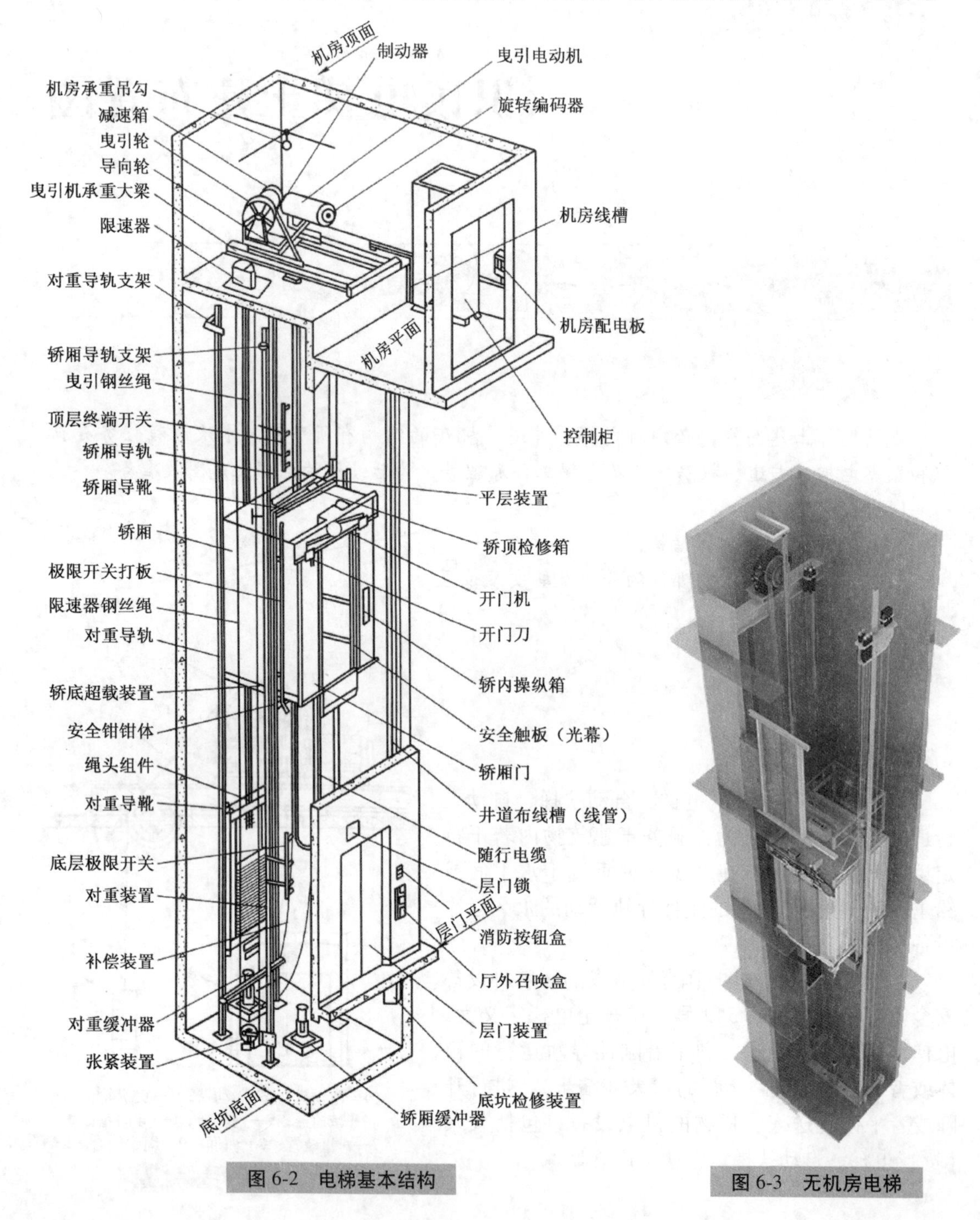

图 6-2 电梯基本结构

图 6-3 无机房电梯

三、电梯结构

图6-2是电梯基本结构图。通常使用得最多的电梯是上置式电梯，也称上机房电梯。在特殊情况下，也可将机房设置在井道底部旁侧，称为下置式电梯。若将曳引机等安装在井道内部，则省去了传统的电梯专用机房，这种电梯称为无机房电梯，如图6-3所示。

从空间位置上看，电梯由四个部分组成：依附建筑物的机房、井道、轿厢（运载乘客或货物的空间）、层站（乘客或货物出入轿厢的地点），如图6-4所示。根据电梯运行过程中各组成部分发挥的作用与实际功能，可以将电梯划分为曳引系统、导向系统、门系统、重量平衡系统、安全保护系统、电力拖动系统、电气控制系统和轿厢八个相对独立的系统。

(a) 机房

(b) 井道

(c) 轿厢

(d) 层站

图6-4　电梯的四大空间

四、电梯的分类

电梯的分类比较复杂，可从不同的角度进行分类。下面仅介绍最常见的几种电梯。

（1）乘客电梯

乘客电梯是专门为运送乘客而设计的电梯，代号为TK。乘客电梯适用于高层住宅、办公大楼、宾馆、饭店、旅馆等。额定载重量分为630 kg、800 kg、1 000 kg、1 250 kg、1 600 kg等几种，速度有0. 63 m/s、1. 0 m/s、1. 6 m/s、2. 5 m/s等多种，载客人数多为8~21人，运送效率高，在超高层大楼运行时，速度可以超过3 m/s，甚至达到10 m/s。

（2）载货电梯

载货电梯主要是为运送货物而设计的电梯，通常有人伴随，代号 TH。为节约动力，保证良好的平层精确度，常取较低的额定速度，轿厢的空间通常比较宽大，载重量有 630 kg、1 000 kg、1 600 kg、2 000 kg 等几种，运行速度多在 1.0 m/s 以下。

（3）汽车电梯

汽车电梯是一种解决汽车垂直运输问题的特殊电梯，代号 TQ。它的标准载重为 3 000 kg、5 000 kg，速度为 0.25～0.5 m/s。作为重要的汽车垂直运输工具，和传统的汽车坡道相比，汽车电梯能节省 80%的建筑面积和两倍以上的汽车周转效率，如图 6-5 所示。

（4）观光电梯

观光电梯用于多层建筑载人或载运货物，有一面或几面的井道壁和轿厢壁是透明材料，代号 TG。乘客在乘坐电梯时，可以观看轿厢外的景物。观光电梯主要安装于宾馆、商场、高层办公楼场合，如图 6-6 所示。

（5）病床电梯、医用电梯

病床电梯或医用电梯是为运送病床（包括病人）及医疗设备而设计的电梯，代号 TB。医院中运送病人、医疗器械和救护设备用电梯，其特点是轿厢窄且深，常要求前后贯通开门，运行稳定性要求较高，噪音低，额定载重量有 1 000 kg、1 600 kg、2 000 kg 等几种。

图 6-5　汽车电梯

图 6-6　观光电梯

五、电梯常用名词术语

GB/T 7024—2008《电梯、自动扶梯、自动人行道术语》中，对电梯常用术语进行了明确解释，见表 6-1。

表 6-1　电梯常用术语

序号	术语名称	技术含义	序号	术语名称	技术含义
1	提升高度	底层端站楼面与顶层端站楼面之间的垂直距离	4	井道宽度	平行于轿厢宽度方向井道壁内表面之间的水平距离
2	机房面积	机房宽度与深度的乘积	5	基站	轿厢无投入运行指令时停靠的层站。一般位于大厅或底层端站乘客最多处
3	轿厢宽度	平行于轿厢入口宽度的方向，在距轿厢底 1 m 高处测得的轿厢壁两个内表面之间的水平距离	6	底坑深度	底层端站底板与井道底坑底板之间的垂直距离

续表

序号	术语名称	技术含义	序号	术语名称	技术含义
7	开门宽度	轿厢门和层门完全开启的净宽	9	反绳轮	设置在轿厢架和对重框架上部的动滑轮。根据需要，曳引绳绕过反绳轮可构成曳引比
8	导向轮	增大轿厢与对重之间的距离，使曳引绳经曳引轮再导向对重装置或轿厢一侧而设置的绳轮	10	曳引比	悬吊轿厢的钢丝绳根数与曳引轮轿厢侧下垂的钢丝绳根数之比

任务实施

1. 以4~6人为一组，在教师的带领下从空间位置观察电梯，认识电梯的主要结构和位置。

2. 查看图6-7，完成下表。

序号	名称	序号	名称
1		5	
2		6	
3		7	
4		8	

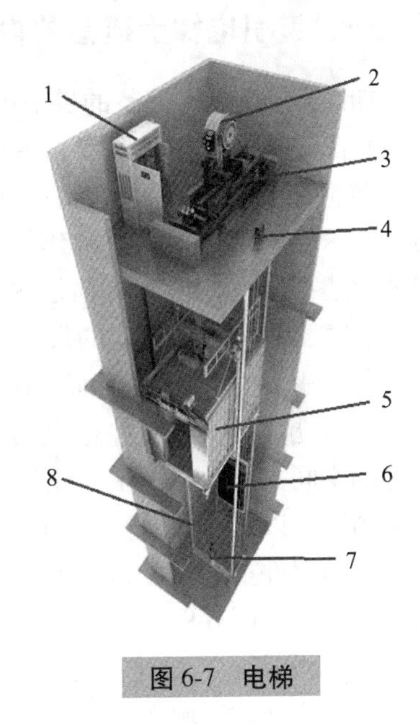

图6-7　电梯

任务二　识读乘客电梯土建图

任务描述

电梯的土建工程图是贯穿产品配置、销售制造、合同文件、结构设计、安装施工的极其关键和必不可少的技术资料，是电梯专业技术人员必须掌握的内容。本任务将学习识读电梯土建图。

目标：

（1）掌握电梯土建图的内容；

（2）能读懂载货电梯和乘客电梯土建图。

知识准备

为了融于建筑、易于规划、便于施工、利于安装，电梯土建工程图宜采用立面、平面、正面、剖（断）面、局部等表现形式。通常完整的电梯、自动扶梯的土建工程图兼容并涵盖土建布置图和土建结构图。因而电梯的土建工程图既能用作土建参照，也能用作安装依据。在规范的电梯和自动扶梯的土建工程图中的技术说明表格内，应详细标注客户名称、项目名称、工程地址、合同编号、电梯型号、额定速度、额定载重量、停层站数、提升高度、控制方式、驱动系统、电动机功率、启动电流、额定电流等主要参数。因此，看懂和弄清电梯、自动扶梯的土建工程图对电梯的购置、销售、配套、安装等工作的开展和完成具有很大帮助。

一、曳引电梯土建图的内容

如图 6-8 所示，完整的曳引电梯土建工程图通常包括井道纵剖面（立面）图、井道平面布置图、机房平面布置图、主机承重梁安装图（局部放大图）、底坑平面图、局部外视图（包括层门及部件留孔图、层门入口详图、牛腿加工图等）及电梯参数栏、电梯支反力、技术要求（即对用户和建筑商的要求）和项目信息框等。对于无机房电梯和液压电梯的土建布置图，还会有顶层平面布置图和底坑或下侧机房平面布置图等。无论如何，电梯土建工程图中所设定的尺寸必须符合国家相关标准和规范中的要求。

（1）井道立面（纵剖面）图

井道立面图，又叫井道纵剖面图，它反映了轿厢、对重、机房、层门、底坑部件与井道的空间关系，在图中标注的尺寸主要有机房高度、顶层高度、底坑深度、楼层高度、门洞高度，以及井道总高度和提升高度。除此之外，井道立面图还具体标示出固定导轨支架的预埋件挡距、井道照明的开距、底坑竖梯的位距、轿厢和对重与各自缓冲器接触面的间距，如图 6-9 所示。

① 机房高度。机房高度即机房地板至机房顶面的净垂直距离。对于有机房电梯，要求供工作活动的区域净高不小于 2 m；电梯驱动主机旋转部件上方的垂直净空距离不小于 0.3 m。同时，在接近曳引机上方的机房顶板（或上梁）处应注明带有承载重量标志的吊钩位置，吊钩承重应不小于 1.5 倍的曳引主机质量，通常介于 1 500~5 000 kg。

② 顶层高度。顶层高度是指顶层端站地坎上平面至井道顶板下最突出构件水平面的净垂直距离。由相关公式和实践经验可知，在安装、维保和改造的过程中，很容易使对重架底面与缓冲器顶面的最大距离（如曳引绳裁截过短）、固定在轿架的横梁上最高部件的垂直尺寸（如加装空调）超标，从而留下安全隐患。因此在电梯安装完成后，还需对顶层高度进行检查，使其满足使用要求。

③ 底坑深度。底坑深度是指底层端站地坎上平面至井道底面的垂直距离。安装工程完成后，当轿厢完全压在缓冲器上时底坑深度应同时满足下面三个条件：

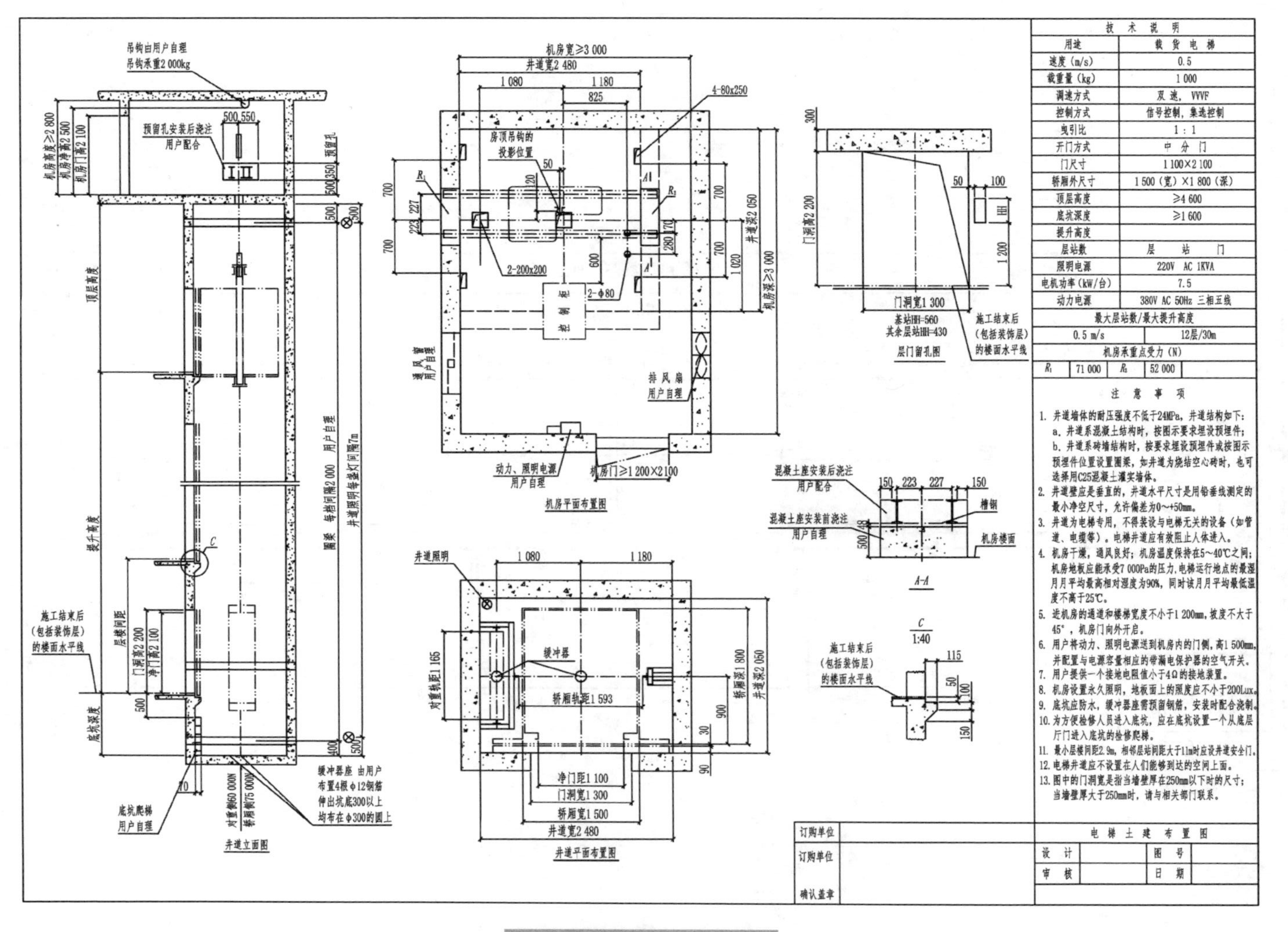

技术说明
用途 载货电梯
速度（m/s） 0.5
载重量（kg） 1 000
调速方式 双速，VVVF
控制方式 信号控制，集选控制
曳引比 1：1
开门方式 中分门
门尺寸 1 100×2 100
轿厢外尺寸 1 500（宽）×1 800（深）
顶层高度 ≥4 600
底坑深度 ≥1 600
提升高度
层站数 层 站 门
照明电源 220V AC 1KVA
电机功率（kW/台） 7.5
动力电源 380V AC 50Hz 三相五线
最大层站数/最大提升高度
0.5 m/s 12层/30m
机房承重点受力（N）
R1 71 000 R2 52 000
注意事项
1. 井道墙体的耐压强度不低于24MPa，井道结构如下：
a. 井道系混凝土结构时，按图示要求埋设预埋件；
b. 井道系砖墙结构时，按要求埋设预埋件或按图示预埋件位置设置圈梁，如井道为烧结空心砖时，也可选择用C25混凝土灌实墙体。
2. 井道壁应是垂直的，井道水平尺寸是用铅垂线测定的最小净空尺寸，允许偏差为0～+50mm。
3. 井道为电梯专用，不得装设与电梯无关的设备（如管道、电缆等）。电梯井道应有效阻止人体进入。
4. 机房干燥，通风良好；机房温度保持在5～40℃之间；机房地板应能承受7 000Pa的压力，电梯运行地点的最湿月月平均最高相对湿度为90%，同时该月月平均最低温度不高于25℃。
5. 进机房的通道和楼梯宽度不小于1 200mm，坡度不大于45°，机房门向外开启。
6. 用户将动力、照明电源送到机房内的门侧，高1 500mm，并配置与电源容量相应的带漏电保护器的空气开关。
7. 用户提供一个接地电阻值小于4Ω的接地装置。
8. 机房设置永久照明，地板面上的照度应不小于200Lux。
9. 底坑应防水，缓冲器座需预留钢筋，安装时配合浇制。
10. 为方便检修人员进入底坑，应在底坑设置一个从底层厅门进入底坑的检修爬梯。
11. 最小层楼间距2.9m，相邻层站间距大于11m时应设井道安全门。
12. 电梯井道应不设置在人们能够到达的空间上面。
13. 图中的门洞宽是指当墙壁厚在250mm以下时的尺寸；当墙壁厚大于250mm时，请与相关部门联系。
订购单位
订购单位
确认盖章
电梯土建布置图
设计
审核
图号
日期
吊钩由用户自理
吊钩承重2 000kg
预留孔安装后浇注
用户配合
机房高度≥2 800
机房净高2 500
机房门高2 100
顶层高度
提升高度
层楼间距
门洞高2 200
净门高2 100
底坑深度
施工结束后
(包括装饰层)
的楼面水平线
底坑爬梯
用户自理
对重侧60 000N
轿厢侧75 000N
缓冲器座 由用户
布置4根ϕ12钢筋
伸出坑底300以上
均布在ϕ300的圆上
圈梁 每楼间隔2 000 用户自理
井道照明每层灯间隔7m
井道立面图
机房宽≥3 000
井道宽2 480
房顶吊钩的
投影位置
2-200x200
2-ϕ80
4-80x250
控制柜
通风窗
用户自理
排风扇
用户自理
动力、照明电源
用户自理
机房门≥1 200×2100
井道深2 050
机房深≥3 000
机房平面布置图
井道照明
缓冲器
对重轨距1 165
轿厢轨距1 593
净门距1 100
门洞宽1 300
轿厢宽1 500
井道宽2 480
轿厢深1 800
井道深2 050
井道平面布置图
门洞高2 200
门洞宽1 300
基站HH=560
其余层站HH=430
层门留孔图
混凝土座安装后浇注
用户配合
混凝土座安装前浇注
用户自理
槽钢
机房楼面
A-A
C
1:40

图 6-8　电梯土建布置图

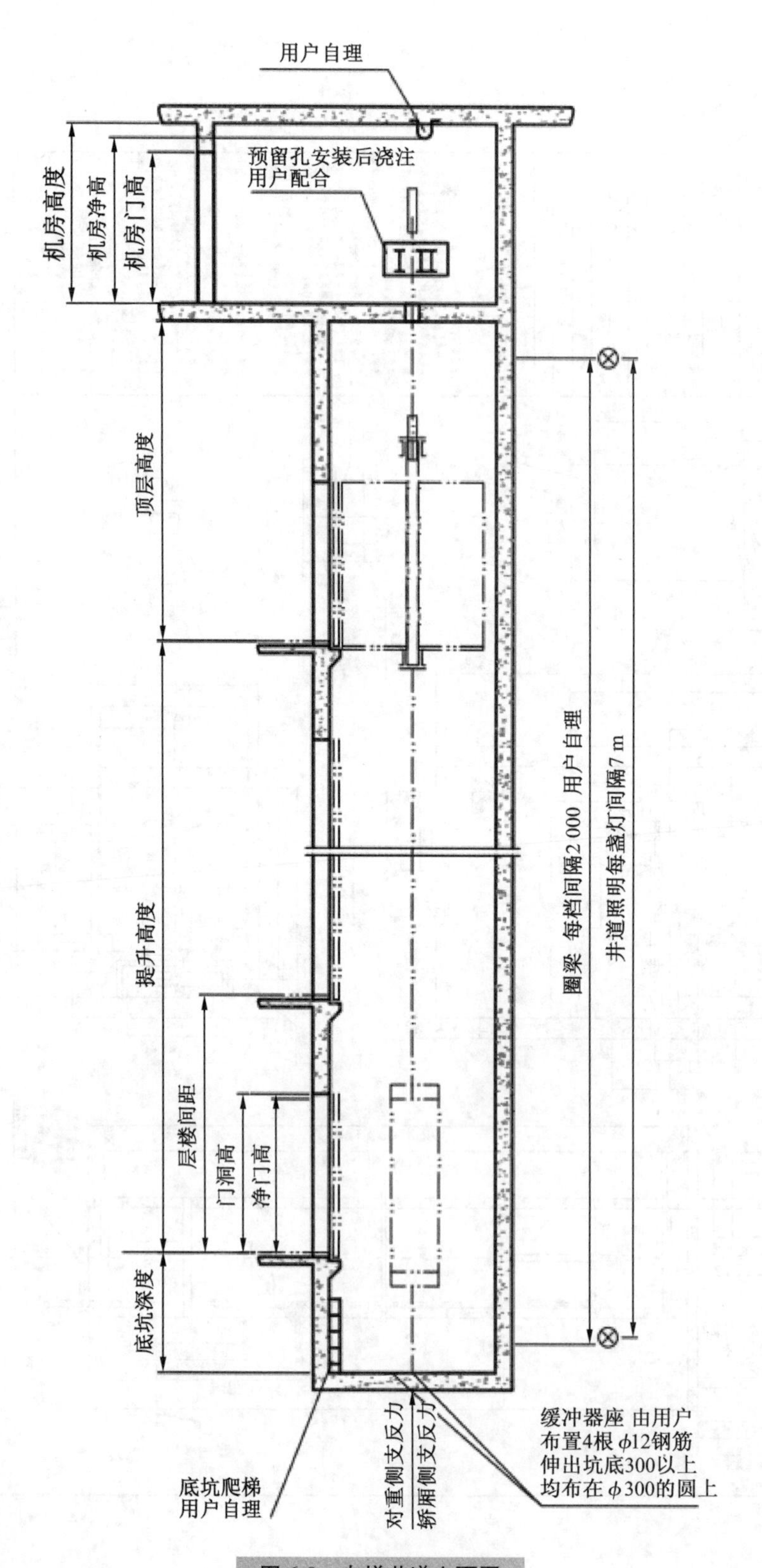
用户自理
预留孔安装后浇注
用户配合
机房高度
机房净高
机房门高
顶层高度
提升高度
层楼间距
门洞高
净门高
底坑深度
圈梁 每档间隔2 000 用户自理
井道照明每盏灯间隔7 m
缓冲器座 由用户
布置4根 φ12钢筋
伸出坑底300以上
均布在 φ300的圆上
对重侧支反力
轿厢侧支反力
底坑爬梯
用户自理

图 6-9 电梯井道立面图

a. 底坑中至少应有一个任一平面朝下放置、不小于 0.5 m×0.6 m×1.0 m 的长方体空间。

b. 底坑面与轿厢最低部件之间的自由垂直距离不小于 0.5 m。当垂直滑动门的部件、护脚板与相邻井道壁之间，轿厢最低部件与导轨之间的水平距离在 0.15 m 之内时，此垂直距离允许减少到 0.10 m；当轿厢最低部件与导轨之间的水平距离大于 0.15 m 但不大于 0.5 m 时，该垂直距离可按线性关系增加至 0.5 m。

c. 底坑中固定的最高部件（如补偿绳张紧装置、限速器绳张紧装置等，但不包括垂直滑动门、护脚板和导轨）的最上位置与轿厢的最低部件之间的自由垂直距离不小于 0.3 m。

④ 门洞高度。由于层门入口的最小净高度为 2 m，因此层门的门洞高度应大于 2 m。门洞高度既要考虑为层门、地坎和门套的净高与便于安装固定附属部件而预留尽可能大的间隙，也要考虑为减少回填与封补剩余孔隙的工程量而设定尽可能小的尺寸。另外，检修门的门洞高度应大于 1.4 m；井道安全门的门洞高度应大于 1.8 m；检修活板门的门洞高度应小于等于 0.5 m。

（2）机房平面布置图

机房平面布置图简称为机房平面图，它反映了电梯曳引机、控制柜、限速器、电源箱、排风扇和通风窗等在机房内的安放位置，表示了机房中的设备与井道里的部件及土建结构的搭配布置。机房一般设置在井道的顶部，当然也可根据需求设置在井道的中部、下部或侧部，还有一种无机房电梯，应用也较广泛。一般来说，机房面积包括小机房电梯，都应该符合电梯机房的相关标准规范和土建的技术要求，要考虑散热隔噪、电梯部件的挪卸拆装、确保安装维修人员安全及容易操作。图 6-10 是电梯的机房平面图，其上

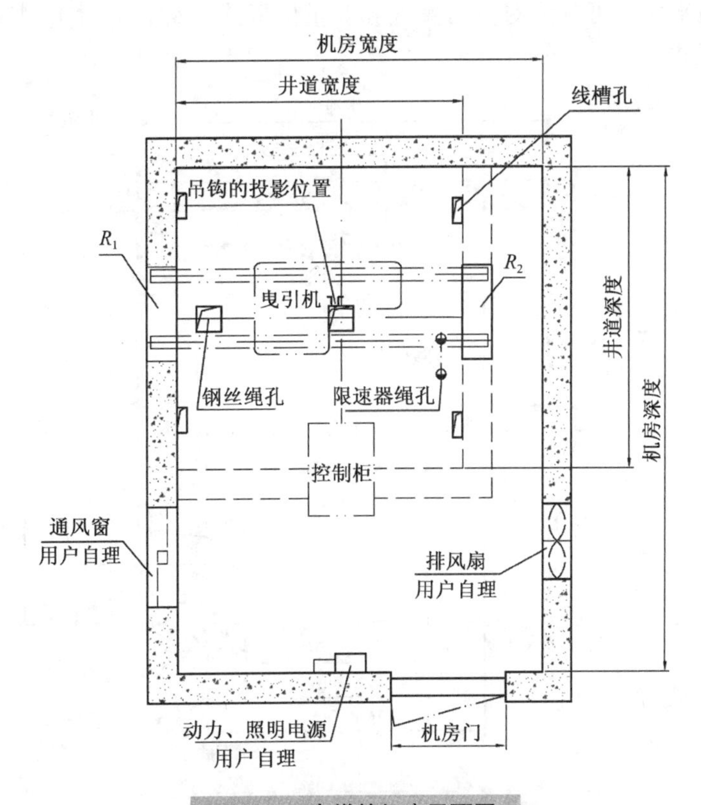

图 6-10 电梯的机房平面图

还需标明建筑物（常为钢筋混凝土井道壁或结构圈梁）所承受的作用力（亦叫支反力），如图 6-10 中的 R_1、R_2。

传统液压电梯的机房多为下侧布置，如图 6-11 所示。

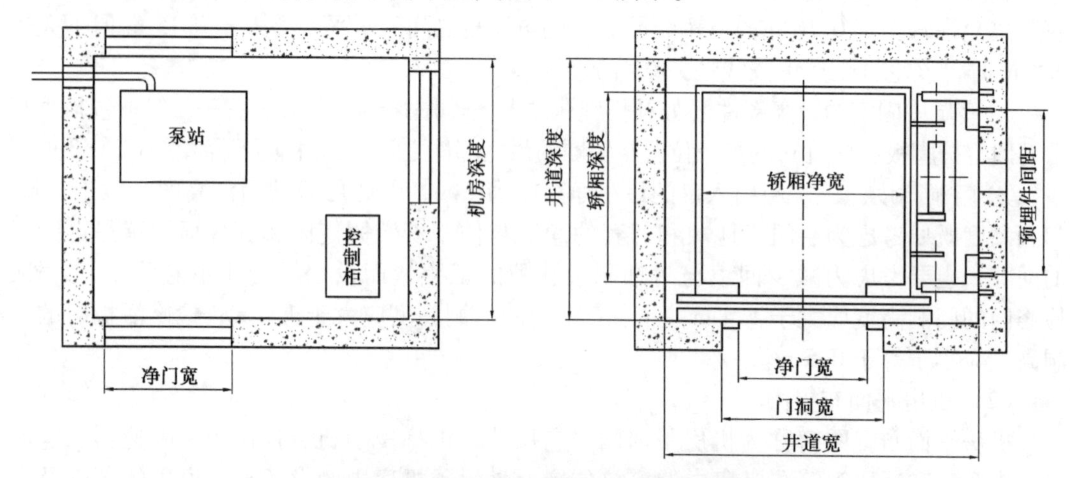

图 6-11　液压电梯下侧机房与井道平面图

（3）井道平面布置图

井道平面布置图，简称井道平面图，它主要表示在井道内轿厢、对重、层门、导轨、井道开关、随行电缆及限速器绳等的摆放和放置位置，如图 6-12 所示。根据对重布置位置的不同，井道平面图可分为对重后置式和对重侧置式两种，而对重侧置式又可分为左侧置式和右侧置式。

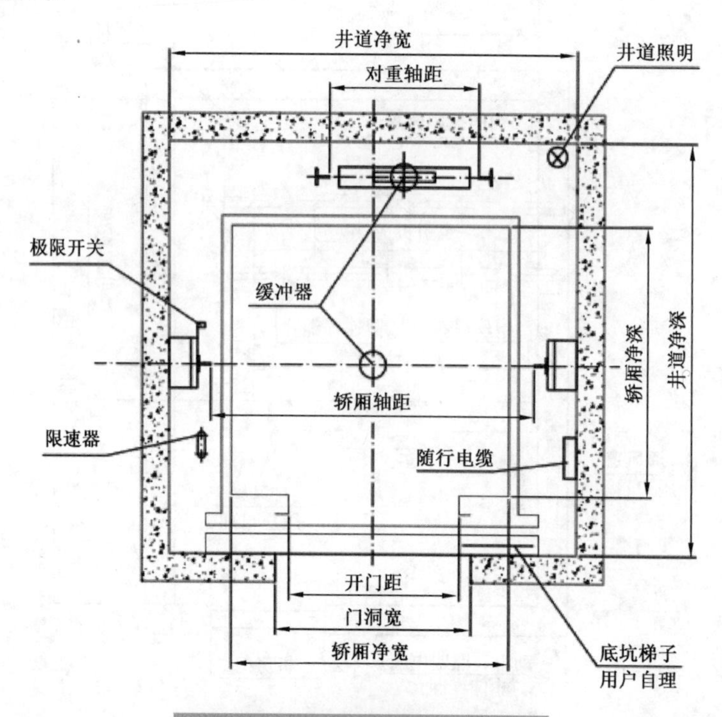

图 6-12　对重后置式井道平面图

为了减小允许偏差和满足安装精度，井道平面布置图通常标明和注解以下规格参数与水平尺寸：

① 井道：净宽×净深。

② 轿厢：净宽×净深，外宽×外深。

③ 门中心线、门洞宽、开门宽、层门地坎深度及层门地坎与轿门地坎间的距离。

④ 轿厢、对重的导轨支架位置及导轨间的轴距、对重框架的位置。

⑤ 井道线槽、井道照明、随行电缆、平层感应装置、极限开关、井道控制与中继及分支接线箱的布设。

（4）机房留孔图

机房留孔图用于详细标注曳引钢丝绳、限速器绳、随行电缆、井道布线槽在机房地面上的开孔位置和尺寸，以及用于起重搬运的吊钩在机房顶梁处的固定位置和尺寸，如图 6-13 所示。对于机房平面图和机房留孔图，有些电梯厂家会将其合二为一，而有些电梯厂家会分别绘制机房平面图和机房留孔图。

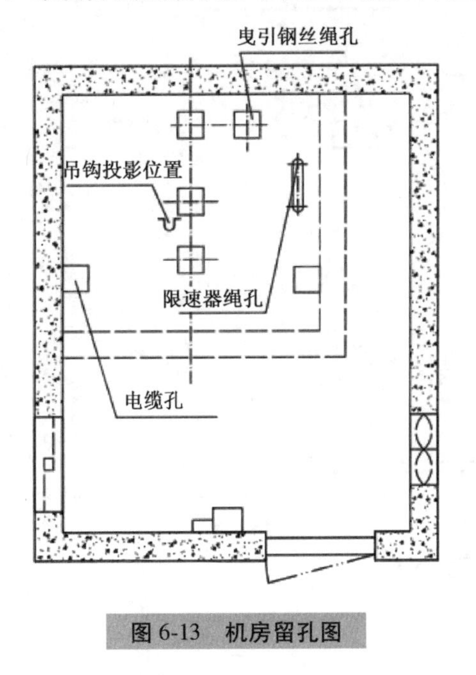

图 6-13　机房留孔图

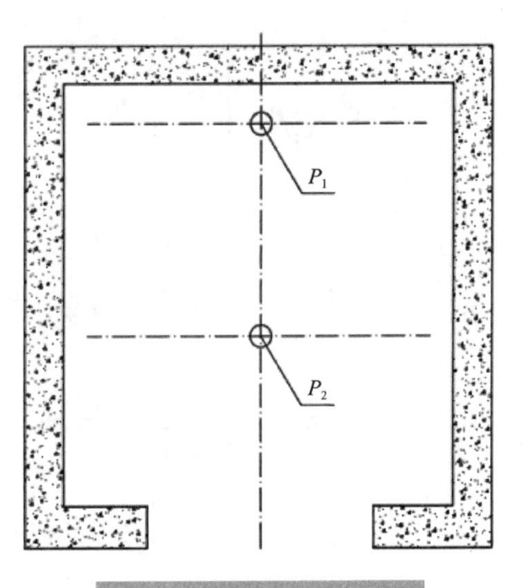

图 6-14　电梯底坑受力图

（5）底坑受力图

底坑受力图，主要表示底坑中各部件对底坑地面的作用力。如图 6-14 所示，受力一般会用字母在图中注明，并会在图样右侧专门列表写明支反力数值，图中 P_1表示对重缓冲器处承受的支反力，P_2表示轿厢缓冲器处承受的支反力。一般情况下，当支反力点的单位作用值足够大而相近支反力点间的单位距离值足够小时，如对重缓冲器受力点旁的对重导轨受力点、轿厢缓冲器受力点侧的补偿张紧装置受力点，就可省略标注。

（6）局部外视图

局部外视图主要有承重梁安装图、层门留孔图、牛腿加工图、层门入口详图等。

① 承重梁安装图。承重梁安装图主要表示曳引机承重梁两端放置方式和尺寸。为便于安装操作，一般会注明承重梁两端是放置在混凝土座上还是在井道壁上预留孔洞、混

凝土座或预留孔洞的高度及布置方式，如图 6-15 所示。

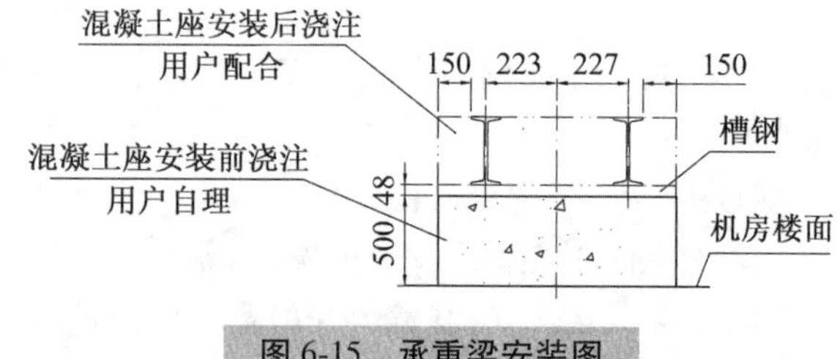

图 6-15　承重梁安装图

② 层门留孔图。层门留孔图表示电梯层门、门套、召唤箱、消防盒、楼层显示器在入口侧井道壁处预制孔洞的形状和位置，如图 6-16 所示。层门留孔图是建筑设计方为避免日后安装时再耗费人力和工时在井道壁上开凿敲砸而在留孔时绕道及规避主干或分支钢筋结构的参考资料。为便于安装操作，一般还需在门洞的适当范围内标明固定层门和门套所需用的预埋构件或膨胀螺栓分布点。

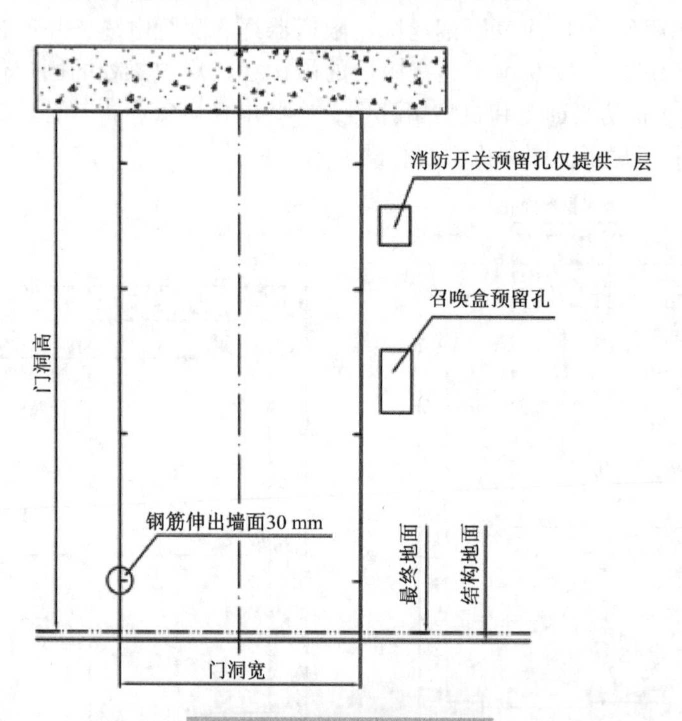

图 6-16　电梯层门留孔图

③ 牛腿加工图。牛腿的作用是方便安装层门地坎支座及踏板，有些电梯厂家需要建筑方在每个层站门洞预制突出井道垂面、低于地平的台阶，而有些则提供用于固定层门地坎支座及踏板的支架构件或结构钢架，不需要在井道层站门洞内另加牛腿。牛腿加工图反映了安装层门地坎支座及踏板需要土建配合施工的平台形状和尺寸，如图 6-17 所示。

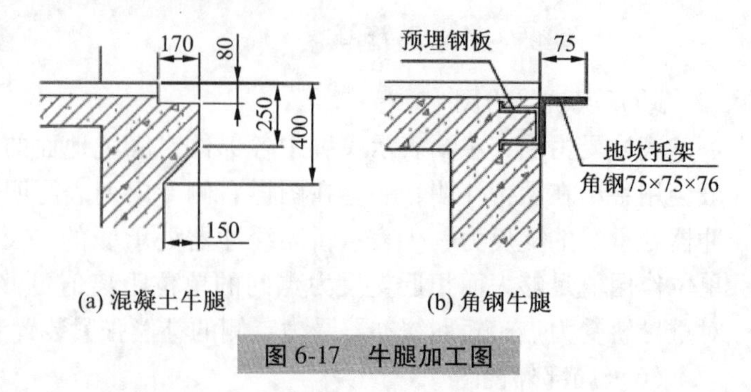

图 6-17　牛腿加工图

④ 层门入口详图。层门入口详图表示了层门、门套及地坎的安装效果。依据层门宽

度和门套形式的不同会有多种配置的层门入口详图，通常情形下，层门宽度有 800 mm、900 mm、1 000 mm、1 100 mm 和 1 200 mm，门套形式有无门套、小门套、直角式大门套、斜角式大门套，如图 6-18 所示。

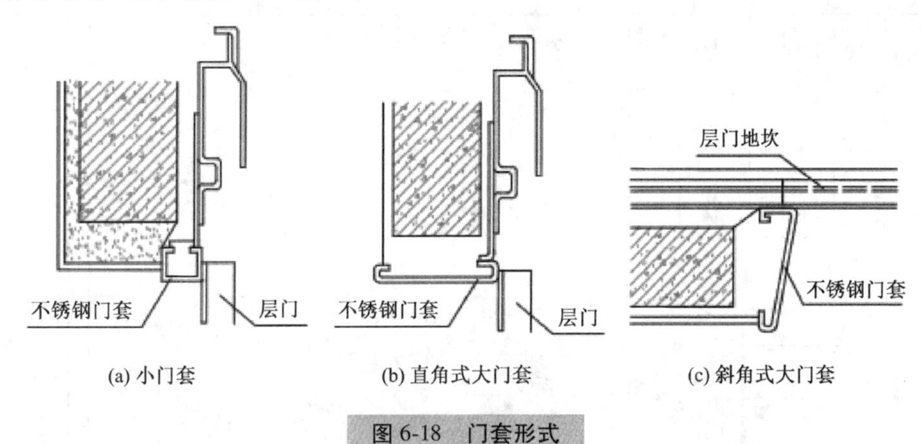

(a) 小门套　(b) 直角式大门套　(c) 斜角式大门套

图 6-18　门套形式

其他局部详图还有预埋件详图、预埋件安装详图、机房吊钩安装详图等，如图 6-19 所示。

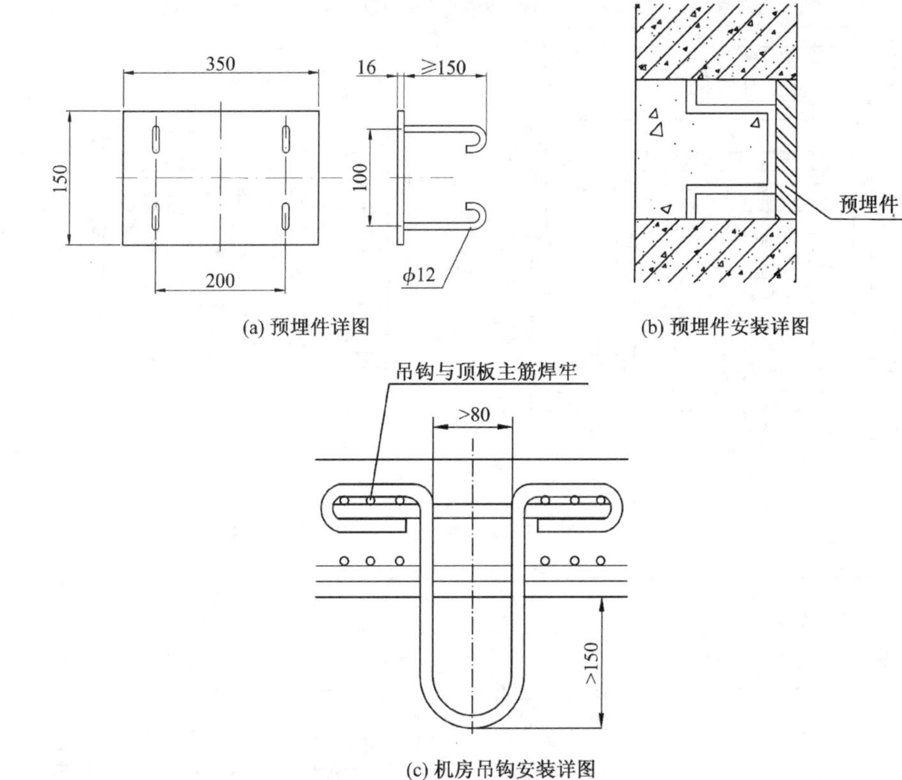

(a) 预埋件详图　(b) 预埋件安装详图

(c) 机房吊钩安装详图

图 6-19　局部详图形式

二、读载货电梯土建图实例

识读图 6-20 所示的载货电梯土建图，步骤如下：

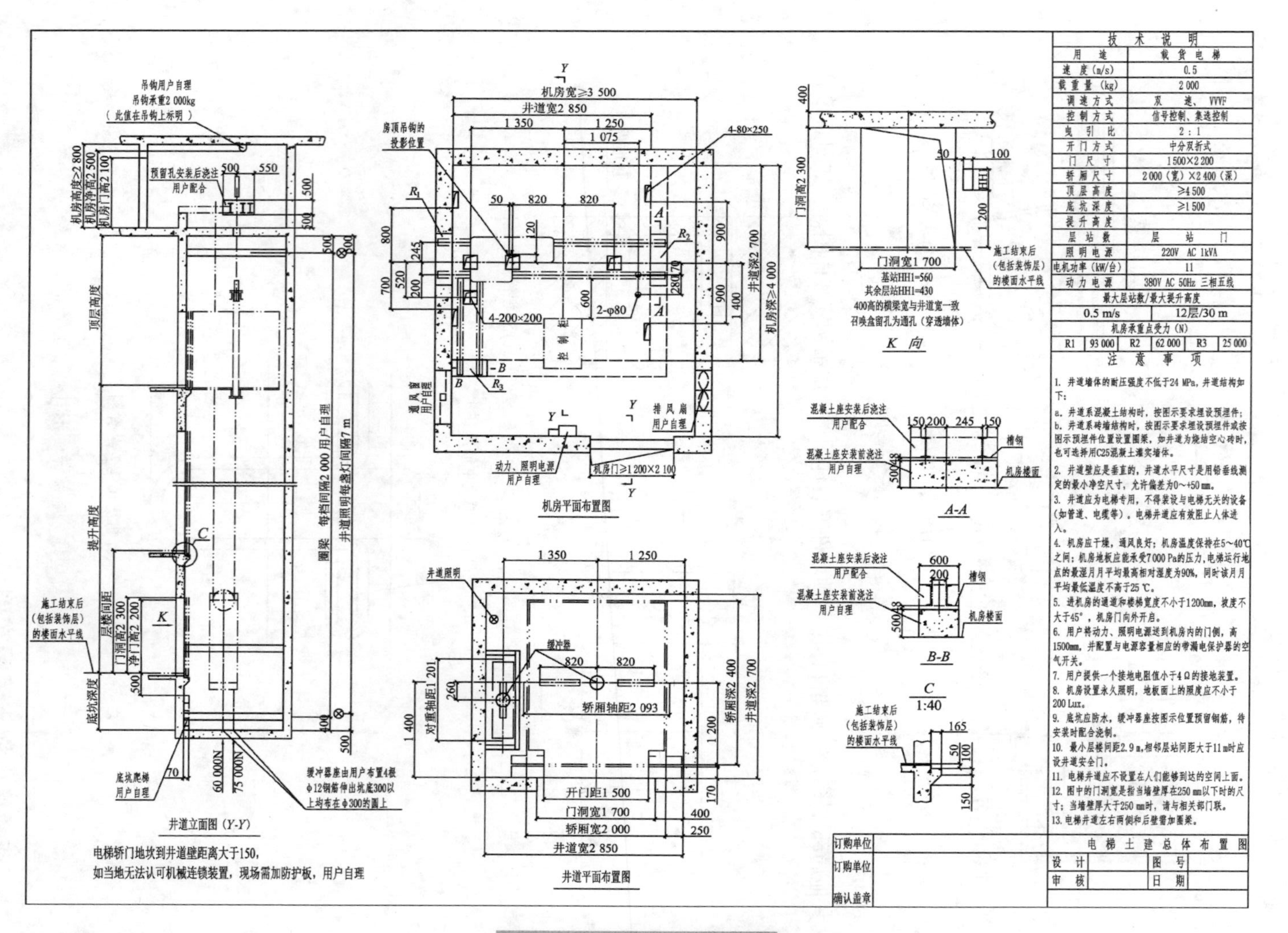

图 6-20 载货电梯土建图

从技术说明和标题栏中可知，此电梯为载货电梯，额定速度为0.5 m/s，额定载重量为2 000 kg，其他诸如调速方式、控制方式、曳引比、开门方式、门尺寸、轿厢尺寸、顶层高度、底坑深度、提升高度、层站数、照明电源、电机功率、动力电源、最大层站数和最大提升高度、机房承重点受力都有具体的说明。在注意事项中是关于电梯的土建要求和注意的相关问题。标题栏中标出了设计公司、设计人、审核人、图号、日期以及订购单位信息等。

（1）井道立面图

从图6-20中可知，缓冲器座由用户布置4根ϕ12 mm钢筋伸出坑底300 mm以上，并且均布在ϕ300 mm的圆上，轿厢缓冲器和对重缓冲器处所承受的支反力分别为75 000 N和60 000 N。圈梁的布置是每隔2 000 mm为一挡，井道照明每盏灯间隔7 m。

在此图中有C向局部放大图和K向局部视图的标注。C向局部放大图是电梯采用的混凝土牛腿详图，相关的尺寸都有标注；K向局部视图反映的是层门留孔、门洞宽1 700 mm，高2 300 mm，召唤盒留孔及位置尺寸。

（2）机房平面布置图

此图也包含了机房留孔图。从图中可以看出曳引机、控制柜、承重梁、动力照明电源等的布置和钢丝绳孔、限速器绳孔、线槽孔、吊钩在机房的投影位置和具体尺寸等。井道尺寸：宽2 850 mm，深2 700 mm；机房尺寸：宽≥3 500 mm，深≥4 000 mm，此为大机房。

承重梁的布置：此处有A向和B向局部外视图。A向承重梁采用工字钢布置：其一端放置在井道壁的预留孔上，安装后进行浇注；另一端放置在混凝土座上，安装后浇注，混凝土座高500 mm，上面放厚48 mm的槽钢，工字钢按照A向局部视图所标注的尺寸放置，承重梁两端放置处所承受的支反力分别为$R_1=93\ 000$ N，$R_2=62\ 000$ N。B向承重梁采用槽钢布置：一端和A向承重梁相连，另一端放置在混凝土座上，安装后浇注，混凝土座高500 mm，上面放厚48 mm的槽钢，槽钢按照B向视图所标注的尺寸放置，承重梁一端放置处所承受的支反力为$R_3=25\ 000$ N。

（3）井道平面布置图

从图中可以看出轿厢和对重、缓冲器、反绳轮、导轨等的布置，对重位置在轿厢的左侧，为对重左侧置式。轿厢导轨轴距为2 093 mm，对重导轨轴距为1 201 mm，对重和轿厢上均装有反绳轮，曳引比为2∶1。其他如开门距、门洞宽、轿厢尺寸等均在图中有标明。

任务实施

识读图6-21所示的电梯土建布置图，回答下列问题。

① 此电梯为__________电梯，载重量为__________。轿厢宽__________，深__________。井道宽__________，深__________。开门距为__________。

② 机房顶吊钩承重为__________，定位尺寸为__________。机房平面共有______个孔，限速器绳孔定形尺寸为________，定位尺寸为__________。

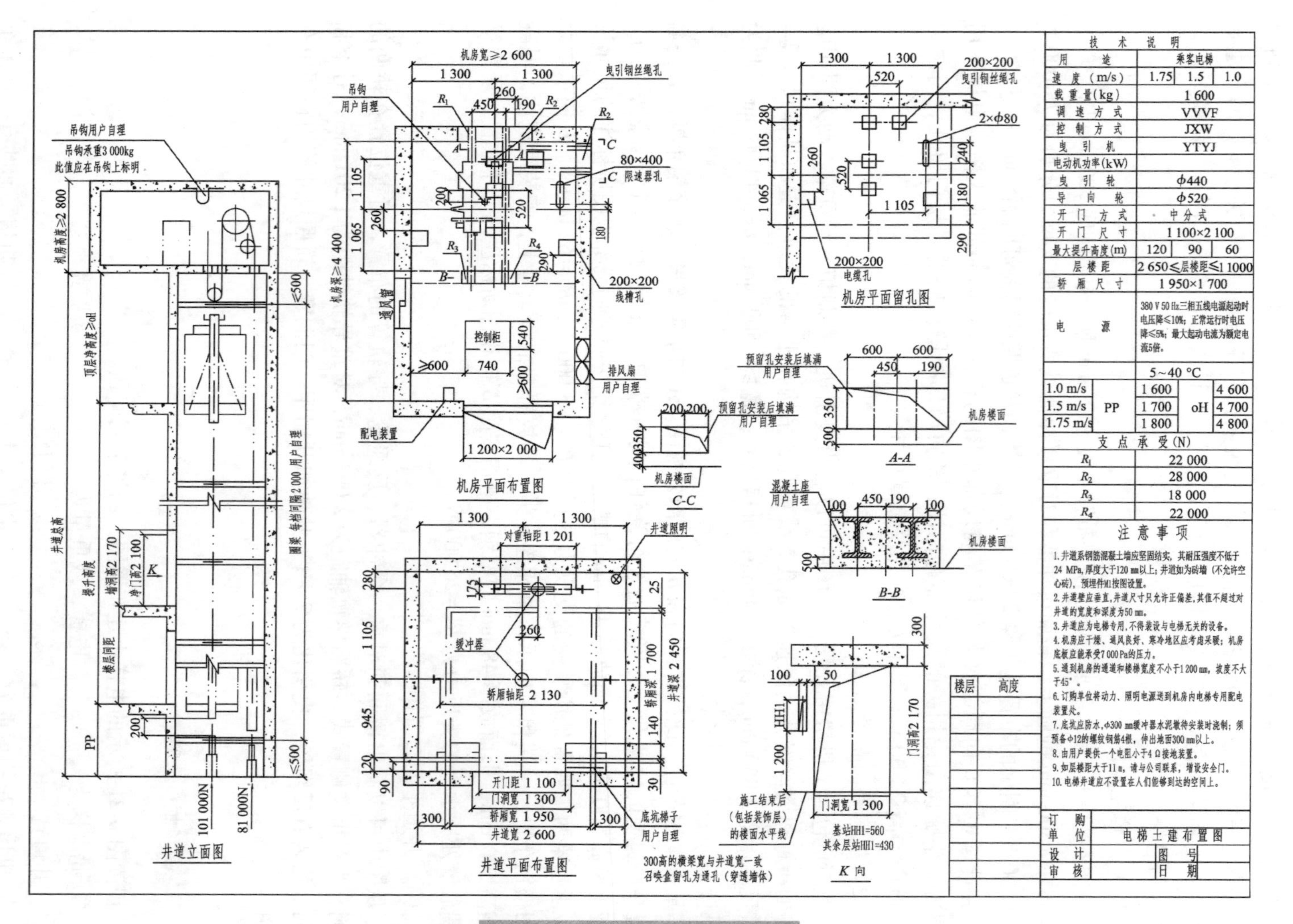

图 6-21　乘客电梯土建布置图

③ 对于额定速度为 1.5 m/s 的电梯，对重和轿厢的缓冲器处分别承受支反力为__________、__________。如图中 *A* 向承重梁所用材料为________钢，放置在________上，承受支反力为__________，*B* 向承重梁放在__________上，承受支反力为______________。*C* 向承重梁所用材料为________钢，其放置点承受支反力为__________，墙壁上预留孔距离地面尺寸为__________。

④ 轿厢导轨轴距为__________，对重导轨轴距为__________，对重属于__________置式。轿厢导轨和对重导轨间的距离为__________。

⑤ 门洞尺寸为高________，宽________。第二层的召唤盒留孔尺寸为高________，宽________。

⑥ 该电梯的曳引比为__________。

⑦ 试画出曳引传动形式。

任务三　识读无机房电梯土建布置图

任务描述

本任务将学习识读无机房乘客电梯土建布置图，并分析比较有机房电梯土建布置图和无机房电梯土建布置图有何不同，同时了解汽车电梯、观光电梯等其他电梯土建布置图。

目标：

(1) 读懂无机房电梯土建布置图；

(2) 了解汽车电梯、观光电梯等其他电梯土建布置图。

知识准备

一、无机房电梯土建布置图

为运送乘客而设计的电梯，要求有完善的安全设施及一定的轿内装饰。传统的电梯都是有机房的，主机、控制屏等放置在机房。随着技术的进步，以及曳引机和电器元件的小型化，人们对电梯机房越来越不感兴趣。无机房电梯是相对于有机房电梯而言的，它省去了机房，将原机房内的控制屏、曳引机、限速器等移至井道等处，或用其他技术取代。无机房电梯的特点就是没有机房，可为建筑商降低成本。另外，无机房电梯一般采用变频控制技术和永磁同步电机技术，故节能、环保、不占用除井道以外的空间，如图 6-3 所示。

从电梯土建布置图上看，与有机房电梯相比，无机房电梯土建布置图中少了机房平面布置图，多了井道顶层平面布置图。如图 6-22(a)所示是无机房电梯的井道立面图，结合图 6-22(b)顶层详图和图 6-22(c)井道顶层平面布置图可以看出，曳引机安装在搁机梁即承重钢梁上，承重钢梁两端放置在井道壁的预留孔上，并设有预埋件，待承重钢梁安装后进行浇注。对重侧的绳头组合安装在承重钢梁上，轿厢侧绳头组合和限速器安装在另一侧。对重和轿厢上装有反绳轮，对重为左侧置式。因控制柜安装在顶层层门侧，因此在顶层层门侧井道壁上需预留控制柜安装孔。

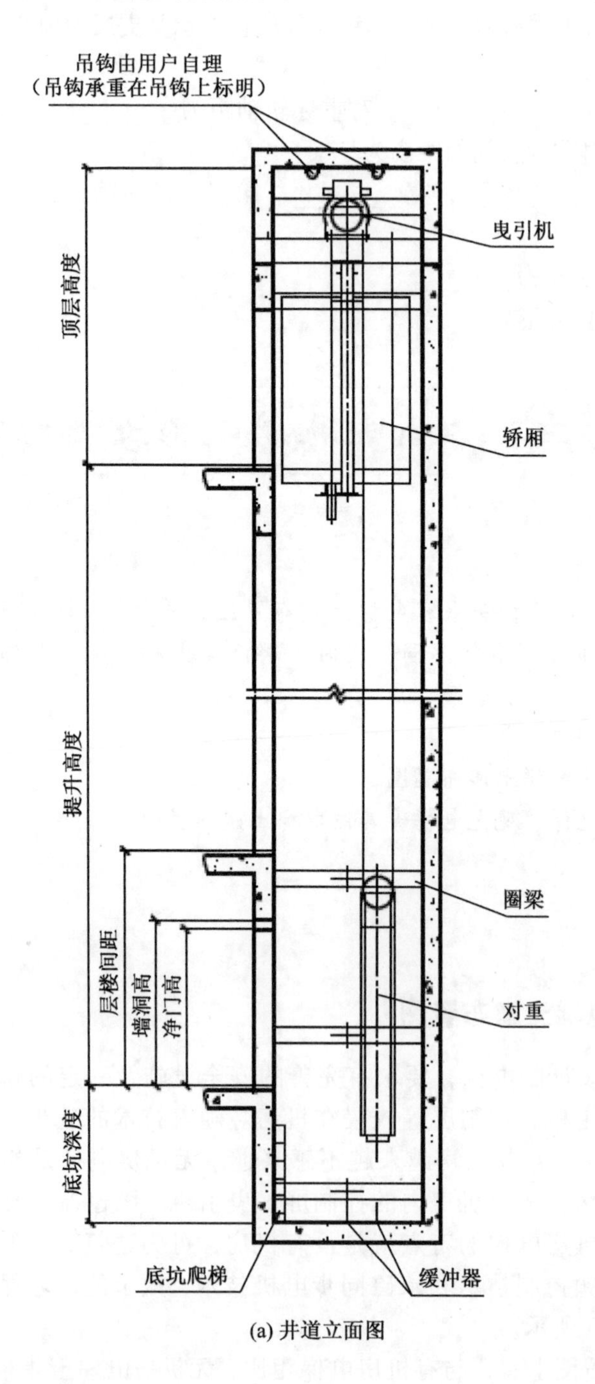

(a) 井道立面图

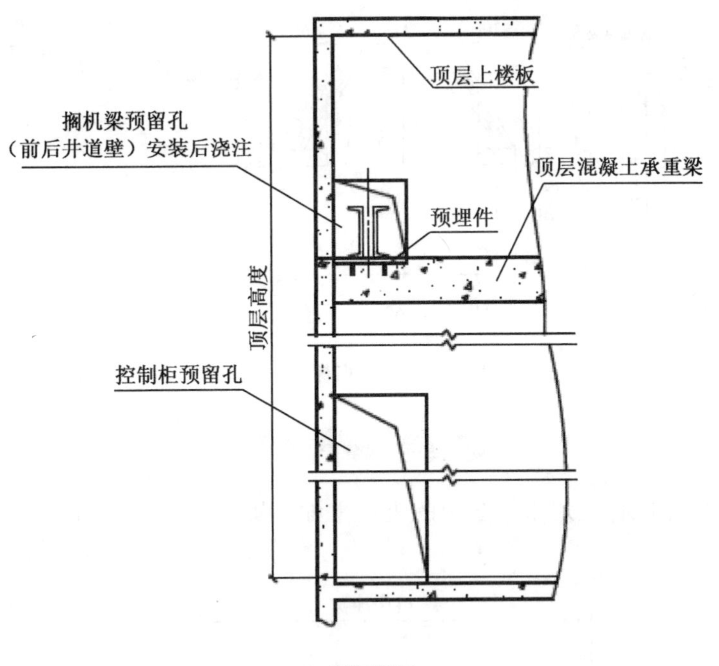

(b) 顶层详图

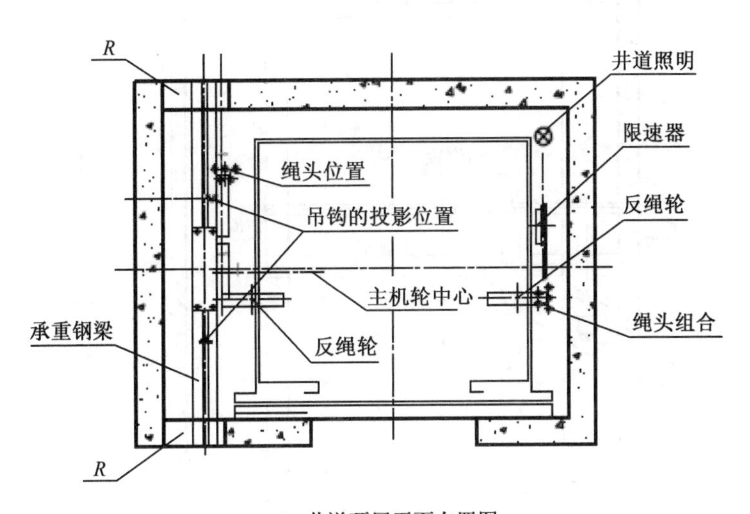

(c) 井道顶层平面布置图

图 6-22　无机房电梯土建布置图

二、其他电梯土建图

汽车电梯、杂物电梯、观光电梯等其他类型电梯，其结构和土建要求和前文所述的载货电梯和乘客电梯类似。

观光电梯根据透明观光壁的形状不同，可分为方形观光电梯、弧形观光梯、多角形观光电梯、圆形观光电梯，如图 6-23 所示。

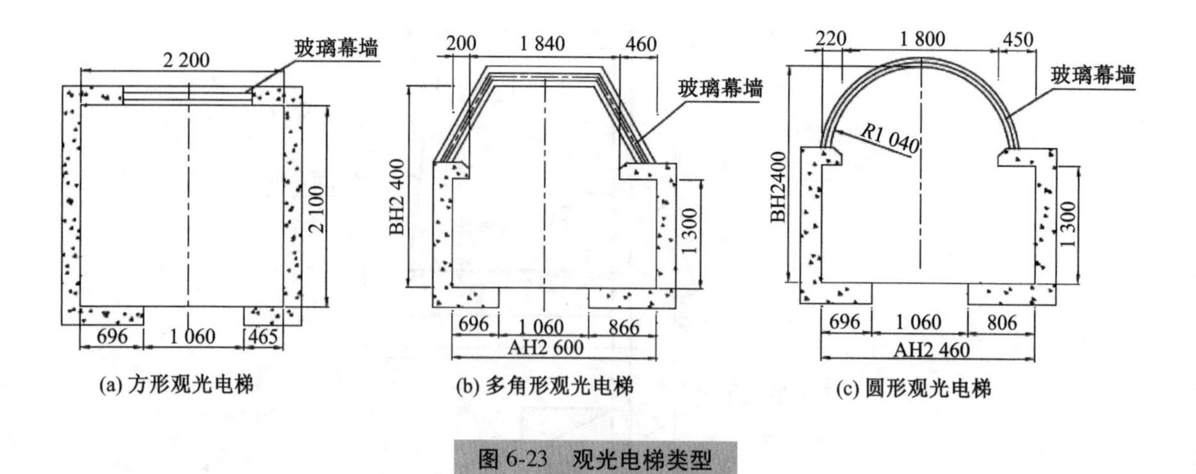

(a) 方形观光电梯　(b) 多角形观光电梯　(c) 圆形观光电梯

图 6-23　观光电梯类型

图 6-24 是汽车电梯土建布置图中的机房平面布置图和井道平面布置图，大家可自行分析。

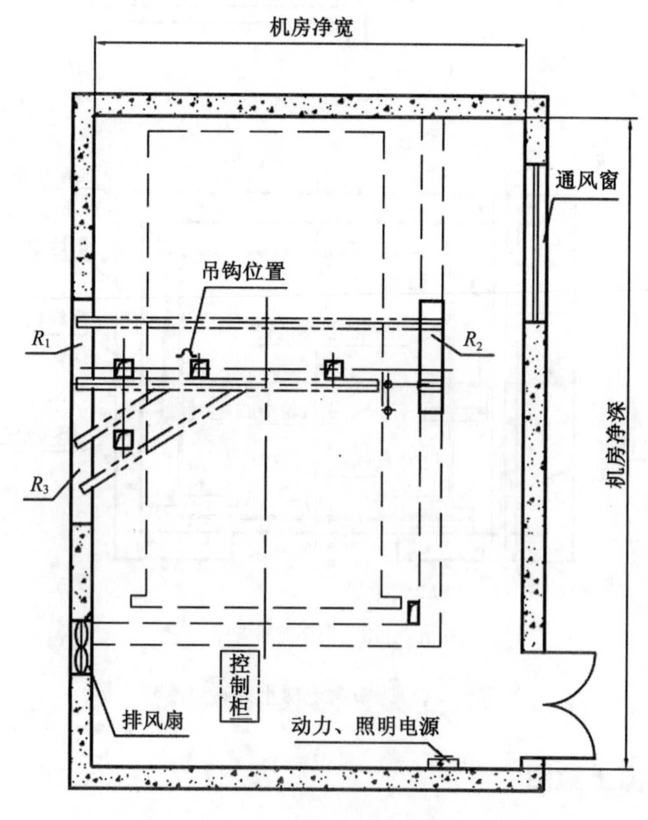

(a) 机房平面布置图

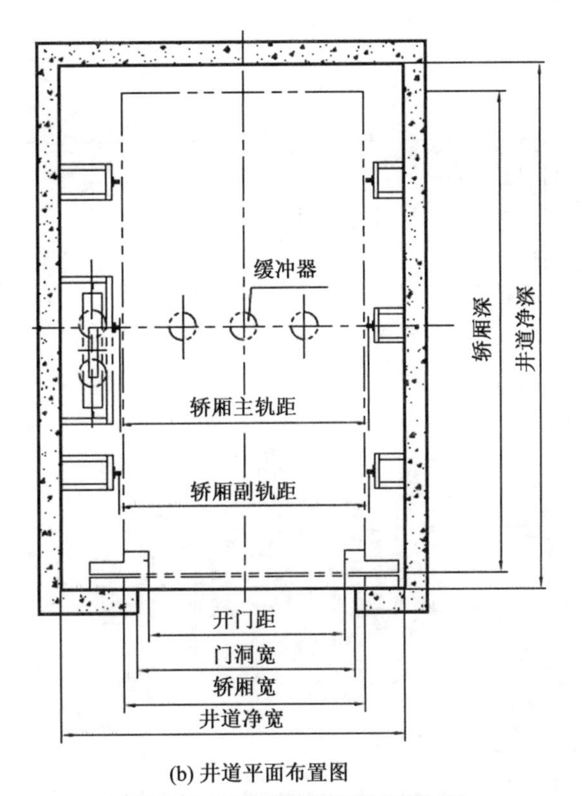

(b) 井道平面布置图

图 6-24　汽车电梯土建布置图

任务实施

识读图 6-25 所示的观光电梯土建布置图，回答以下问题。

① 此电梯载重量为__________。轿厢宽__________，深__________。井道宽__________，深__________。开门距为__________。

② 机房顶吊钩承重为__________。

③ 对重和轿厢的缓冲器处分别承受支反力为__________、__________。承重钢梁一端放置在______________上，承受支反力为__________，另一端放在__________上，承受支反力为__________。墙壁上预留孔距离地面尺寸为__________。

④ 轿厢导轨轴距为__________，对重导轨轴距为__________，对重属于__________置式。

⑤ 门洞尺寸为高________，宽________。第二层站的召唤盒留孔尺寸为高________，宽________。

⑥ 该电梯的曳引比为__________。

⑦ 试画出曳引传动形式。

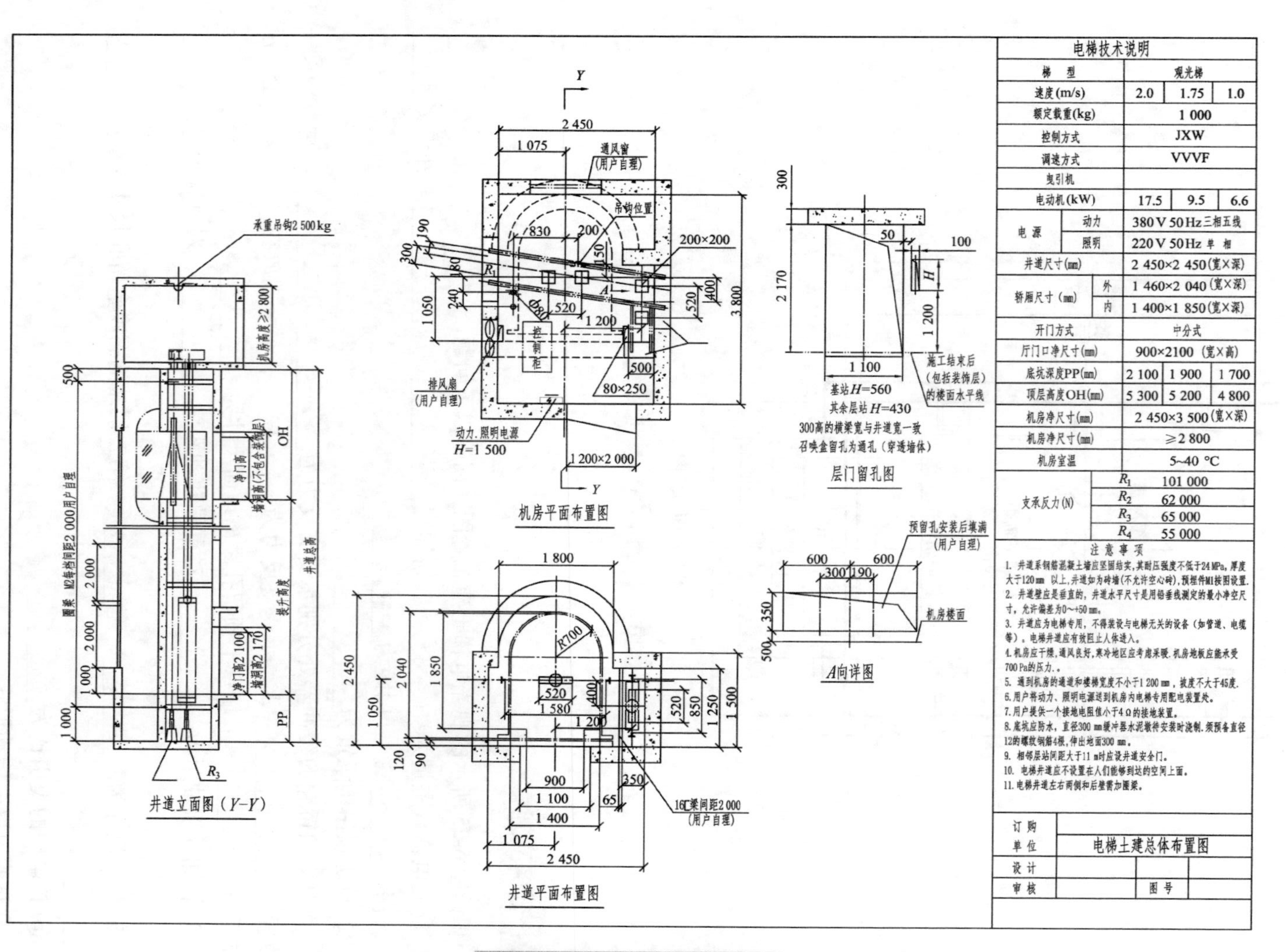

电梯技术说明

梯型		观光梯		
速度(m/s)		2.0	1.75	1.0
额定载重(kg)		1 000		
控制方式		JXW		
调速方式		VVVF		
曳引机				
电动机(kW)		17.5	9.5	6.6
电源	动力	380 V 50 Hz三相五线		
	照明	220 V 50 Hz 单 相		
井道尺寸(mm)		2 450×2 450(宽×深)		
轿厢尺寸（mm）	外	1 460×2 040(宽×深)		
	内	1 400×1 850(宽×深)		
开门方式		中分式		
厅门口净尺寸(mm)		900×2100（宽×高）		
底坑深度PP(mm)		2 100	1 900	1 700
顶层高度OH(mm)		5 300	5 200	4 800
机房净尺寸(mm)		2 450×3 500(宽×深)		
机房净尺寸(mm)		≥2 800		
机房室温		5~40 ℃		
支承反力(N)	R_1	101 000		
	R_2	62 000		
	R_3	65 000		
	R_4	55 000		

注意事项

1. 井道系钢筋混凝土墙应坚固结实，其耐压强度不低于24 MPa，厚度大于120 mm 以上，井道如为砖墙（不允许空心砖），预埋件M1按图设置。
2. 井道壁应是垂直的，井道水平尺寸是用铅垂线测定的最小净空尺寸，允许偏差为0~+50 mm。
3. 井道应为电梯专用，不得装设与电梯无关的设备（如管道、电缆等）。电梯井道应有效阻止人体进入。
4. 机房应干燥，通风良好，寒冷地区应考虑采暖。机房地板应能承受700 Pa的压力。。
5. 通到机房的通道和楼梯宽度不小于1 200 mm，披度不大于45度。
6. 用户将动力、照明电源送到机房内电梯专用配电装置处。
7. 用户提供一个接地电阻值小于4 Ω的接地装置。
8. 底坑应防水，直径300 mm缓冲器水泥墩待安装时浇制。须预备直径12的螺纹钢筋4根，伸出地面300 mm。
9. 相邻层站间距大于11 m时应设井道安全门。
10. 电梯井道应不设置在人们能够到达的空间上面。
11. 电梯井道左右两侧和后壁需加圈梁。

订购单位	电梯土建总体布置图	
设计		
审核		图号

图 6-25　无机房电梯土建图

任务四　识读自动扶梯土建布置图

任务描述

在车站、码头、机场、商场等人流密度大的场合经常可以看到自动扶梯，它在一定方向上具有连续运送大量乘客的能力，并且结构紧凑、安全可靠、安装维修方便。熟悉和掌握自动扶梯、自动人行道土建图对于自动扶梯的安装工作来说是必不可少的。

目标：

（1）了解自动扶梯的结构；

（2）学会识读自动扶梯土建图。

知识准备

自动扶梯是带有循环运行梯级，用于向上或向下倾斜运送乘客的电力驱动设备（注：自动扶梯是机器，即使在非运行状态下，也不能当作固定楼梯使用）。自动扶梯由一系列的梯级与两根牵引链条连接在一起，沿事先制作成形并布置好的闭合导轨运行，构成自动扶梯的梯路。各个梯级在梯路工作段和梯路过渡段必须严格保证水平，供乘客站立，扶梯两侧装有与梯路同步运行的扶手带装置，以供乘客扶持之用。自动扶梯主要组成如图 6-26 所示。

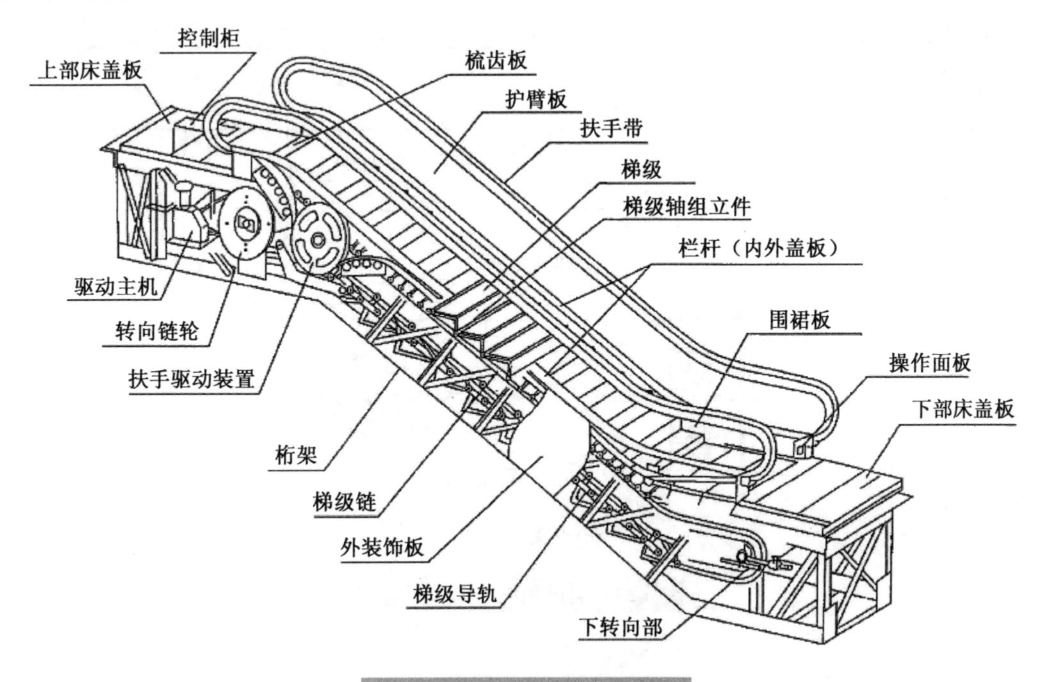

图 6-26　自动扶梯主要组成

自动扶梯一般设置在室内，也可以设在室外。根据自动扶梯在建筑中的位置及建筑平面布局，自动扶梯的布置形式主要有以下几种：

① 并联排列式：升降两个方向交通分离清楚，楼层交通乘客流动可以连续，安装面积大，如图 6-27(a)所示。

② 平行排列式：安装面积小，但楼层交通不连续，如图 6-27(b)所示。

③ 串联排列式：楼层交通乘客流动可以连续，如图 6-27(c)所示。

④ 交叉排列式：安装面积小，乘客流动升降两方向均为连续，且搭乘场相距较远，升降客流不会发生混乱，如图 6-27(d)所示。

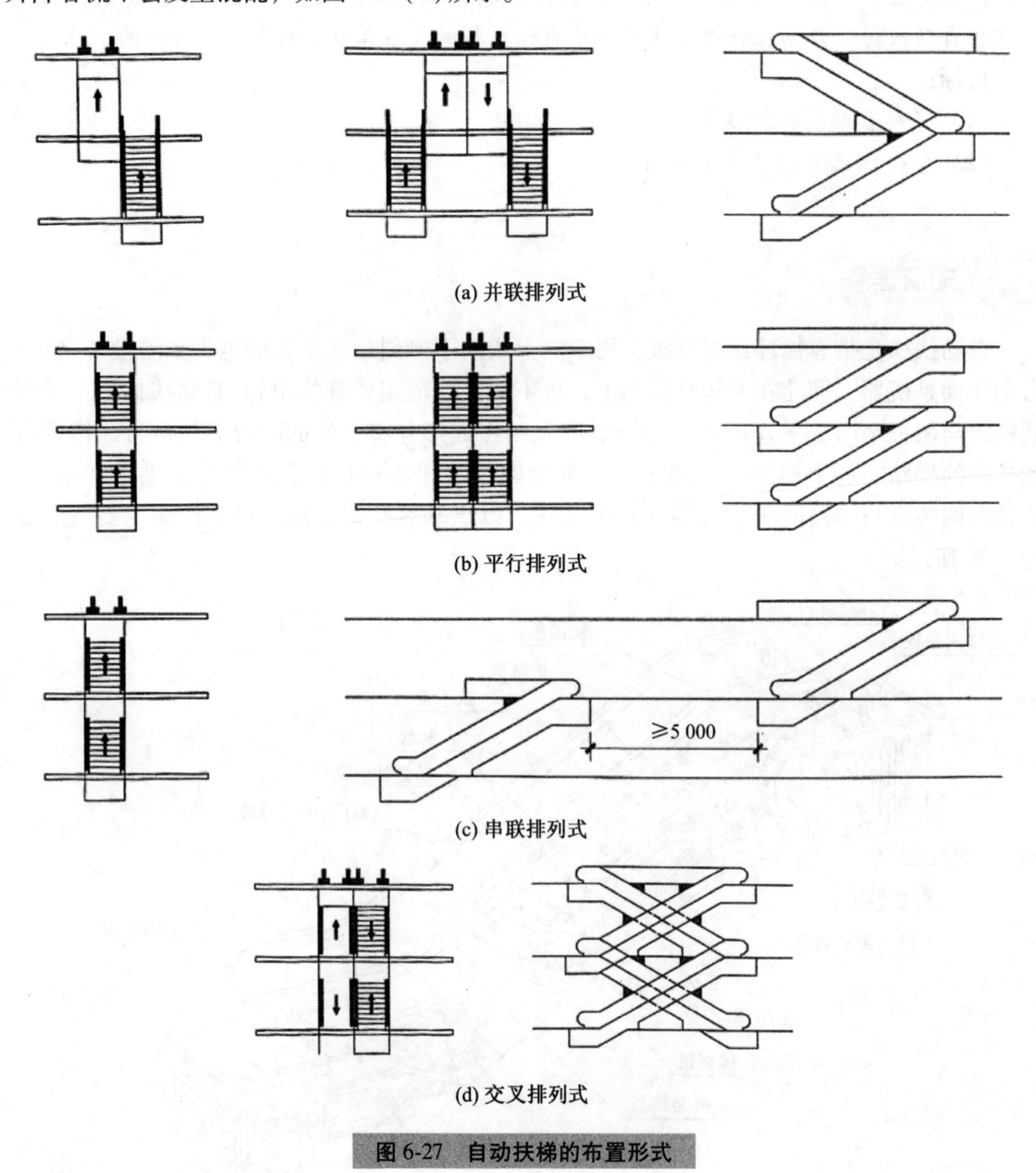

图 6-27　自动扶梯的布置形式

一、自动扶梯、自动人行道配置要点

① 应根据建筑平面柱网及提升高度选择相应的倾斜角度（自动扶梯为 27.3°、30°、35°，自动人行行道为 0°~4°、10°、11°、12°）。

② 根据建筑中的人流数量与密度确定自动扶梯、自动人行道的宽度。

③ 根据倾斜角度选定相应的额定速度。

④ 在人员进出相对不太集中的场所宜配置带光电感应装置的自动扶梯、自动人行道，或采用 VVVF 运行的自动扶梯、自动人行道，以节约能源。

二、自动扶梯土建图

完整的自动扶梯土建工程图通常包括立面图、平面图、土建剖面图、局部剖面图、详尽放大图和底坑处理图等。自动扶梯土建工程图中所设定的尺寸必须遵守、符合与满足 GB 16899—2011《自动扶梯和自动人行道的制造与安装安全规范》中标示的参量、数据、间隙、功能、要求等条件。

1. 土建剖面图

土建剖面图反映了自动扶梯、自动人行道所占据的净空长度（也称为梁距、水平跨度）、倾斜角度、提升高度、底坑（又称为地坑、基坑、机坑）深度、垂直净高度（即最小层距）、支反力等。如图 6-28 所示为自动扶梯的土建剖面图，其提升高度 H 如表 6-2 所示。下支承垂直坑面至上支承垂直坑面的净空长度 $L=a+4\ 765^{+10}_{0}$ mm（$a=H\times 1.732$），下

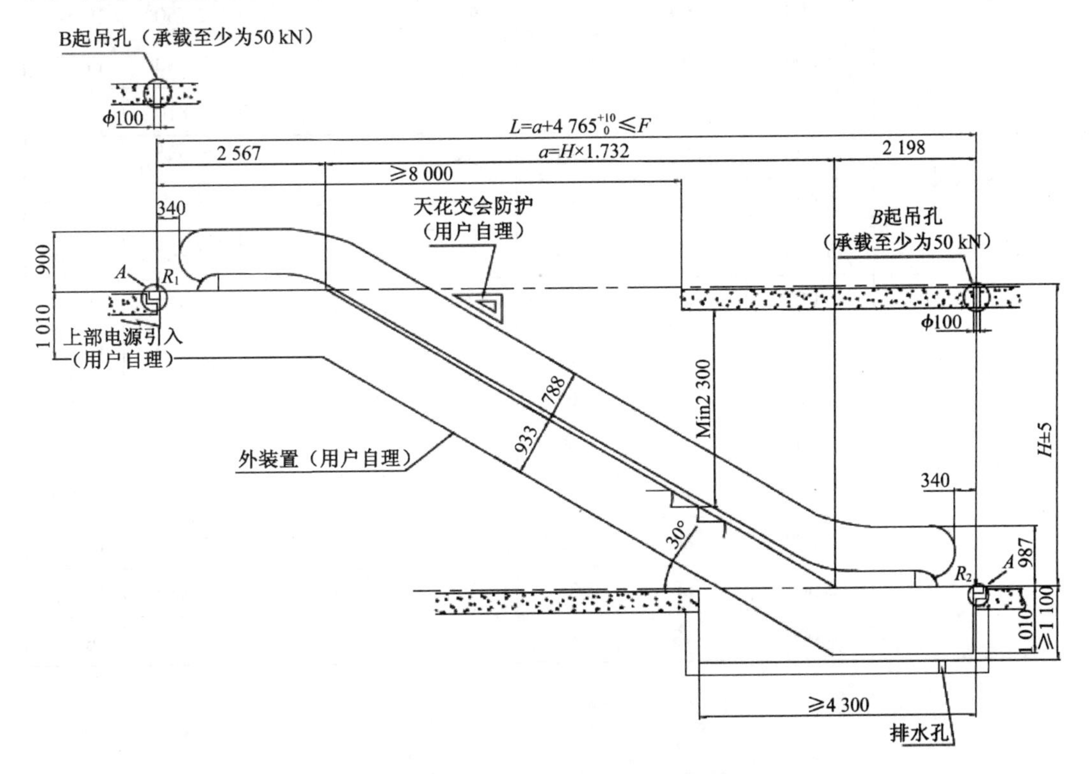

图 6-28　自动扶梯的土建剖面图

基点水平线与梯级运行轨迹的夹角即梯级运行方向与水平面构成的最大角度也就是倾斜角度 $\alpha=30°$，从低端站（下层）装饰完成面到安设下部机座（也叫作下沉平台）的底坑面间的距离即底坑深度 $h=1\ 010$ mm，容纳下部机座的底坑或楼板留孔长度 $l\geqslant4\ 300$ mm，根据 GB 16899—2011《自动扶梯和自动人行道的制造与安装安全规范》规定的垂直净高度 $b\geqslant2\ 300$ mm；同时图中还准确地标出高端站（上层）支点所承受的反力 R_1、低端站支点所承受的反力 R_2（表 6-2），以及设法使楼板能承受的临时最大吊力均为 50 kN；在图内列明由卖方和买方各自应提供的配件与附件。

表 6-2　提升高度

型　号	提升高度/mm	净重/kg	支持力/N		电机功率/kW	运输尺寸/mm	
			R_1	R_2		h	l
FT30-600 4 500 人/时	3 000	58	47	42	5. 5	2 750	10 840
	3 500	61	50	45		2 780	11 830
	4 000	65	53	48		2 810	12 820
	4 500	69	57	51		2 830	13 810
	5 000	72	60	54		2 840	14 800
	5 500	76	63	57	7. 5	2 860	15 800
	6 000	80	66	60		2 870	1 6790
FT30-800 6 750 人/时	3 000	60	53	48	5. 5	2 750	10 840
	3 500	64	57	51		2 780	11 830
	4 000	68	61	55		2 810	12 820
	4 500	72	65	58	7. 5	2 830	13 810
	5 000	75	69	61		2 840	14 800
	5 500	83	75	67		2 860	15 800
	6 000	87	79	70	11	2 870	16 790
FT30-1000 9 000 人/时	3 000	64	60	54	7. 5	2 750	10 840
	3 500	68	65	58		2 780	11 830
	4 000	72	69	62		2 810	12 820
	4 500	76	74	66		2 830	13 810
	5 000	84	82	72	11	2 840	14 800
	5 500	88	85	76		2 860	15 800
	6 000	93	89	80		2 870	16 790

2. 平面图

自动扶梯的土建平面图也就是俯视图。它表明了自动扶梯所占宽度、长度及应与其周边的梁、柱、墙、板等障碍物保持的最小间距，甚至表明了详细的便于安装调整的吊孔位置等。图6-29是自动扶梯单台布置的平面图。另外，若自动扶梯扶手带中心线与周边的梁、柱、墙、板等障碍物之间的水平距离小于0.5 m，那么应在接近该障碍物处的自动扶梯外盖板范围的上方设置一块下垂高度不小于0.3 m，且至少延伸到扶手带下缘25 mm处水平长度不小于0.4 m的预防碰夹的无锐利边缘三角形警示板。

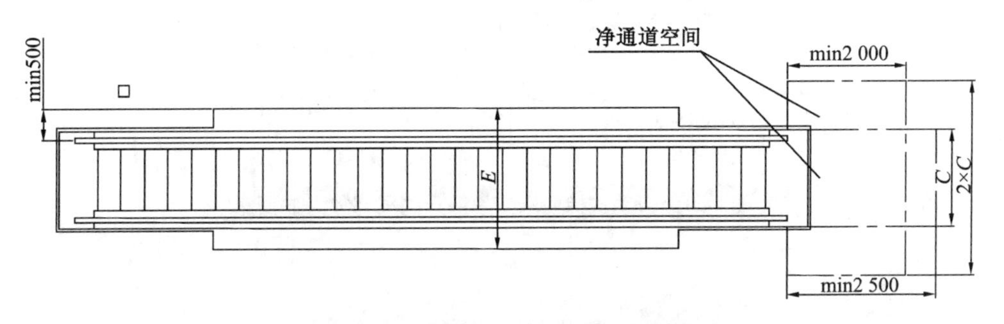

图6-29 自动扶梯单台布置的平面图

3. 正面图

自动扶梯的土建正面图给出了自动扶梯所占宽度、净空尺寸、提升高度、底坑深度、底坑断面及与客户提供的护栏间应保持的间隙、两台并列扶梯的中心间距等。图6-30所示为自动扶梯的土建正面图，其中相关尺寸见表6-3。

表6-3 自动扶梯技术参数表

	FT-35-600	FT-35-600	FT-35-600
A	600	800	1 000
B	1 200	1 400	1 600
C	1 260	1 460	1 660
D	838	1 038	1 238
E	1 838	2 038	2 238
F	18 500	16 900	15 700

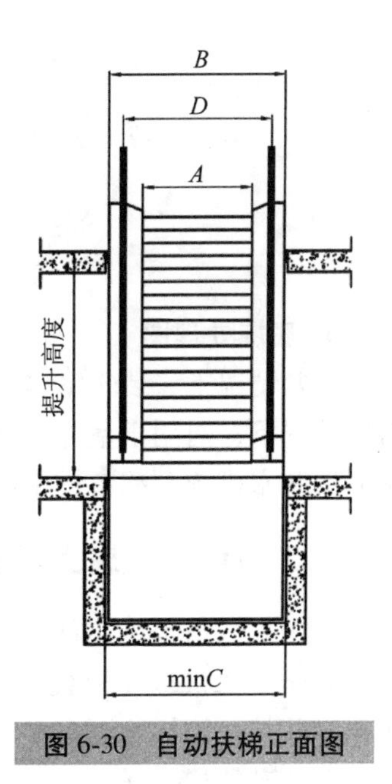

图6-30 自动扶梯正面图

4. 局部剖面图

自动扶梯的土建局部剖面图实际上是对土建正面图的细节补充和完善，主要是在正面图中未显示的自动扶梯上部机座（平台）土建尺寸和电源进线口等结构细节。

5. 详尽放大图

详尽放大图是对土建工程图的细节补充和完善。它所表示的内容有自动扶梯两端支承部分的局部放大详图、中间支撑部分的局部放大详图，以及当支承梁与支撑柱由钢结构或混凝土制作时的局部放大详图等。自动扶梯两端支承部分的局部放大详图如图 6-31 所示，中间支承部分的局部放大详图如图 6-32 所示。

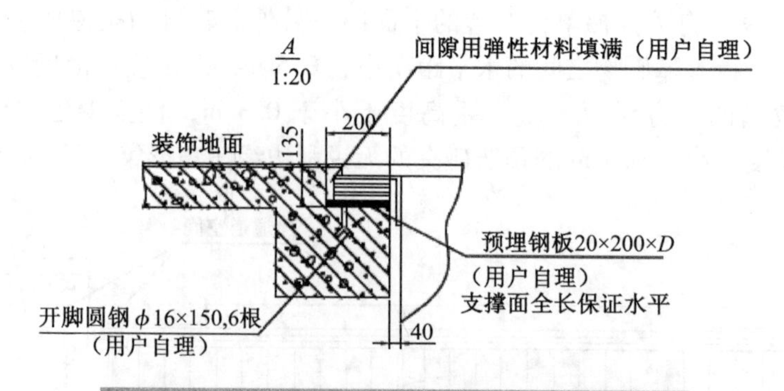

图 6-31　自动扶梯两端支承部分的局部放大详图

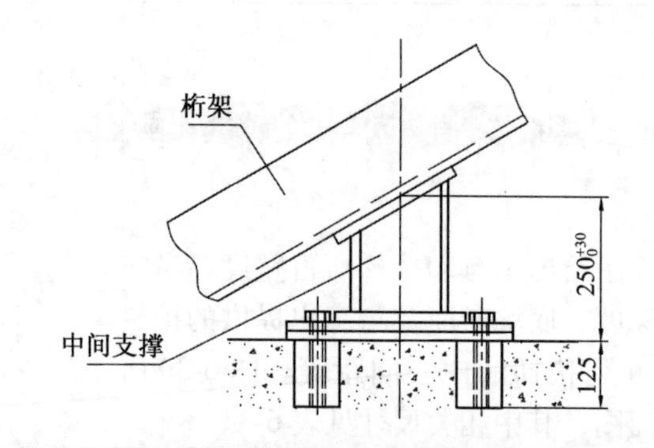

图 6-32　自动扶梯中间支承部分的局部放大详图

6. 底坑处理图

通常情况下，装于室内的首层或地下层的自动扶梯的底坑均须做防渗漏水处理。但特殊状况下，对用于室外的任何层的自动扶梯的底坑除了应做好防渗漏水处理外，还必须采取防水措施及配备排水设施。

三、自动人行道土建图

自动人行道也是一种运载乘客的连续输送机械，它与自动扶梯不同之处在于，梯路始终处于平面状态（梯级运行方向与水平面夹角不大于 12°），两侧装设有扶手带装置以供乘客扶持，同样装设有多种安全装置。

和自动扶梯一样，自动人行道土建图同样包括剖面图、平面图、正面图、详尽放大图等，如图 6-33 所示。识读自动扶梯的方法同样适用于自动人行道。

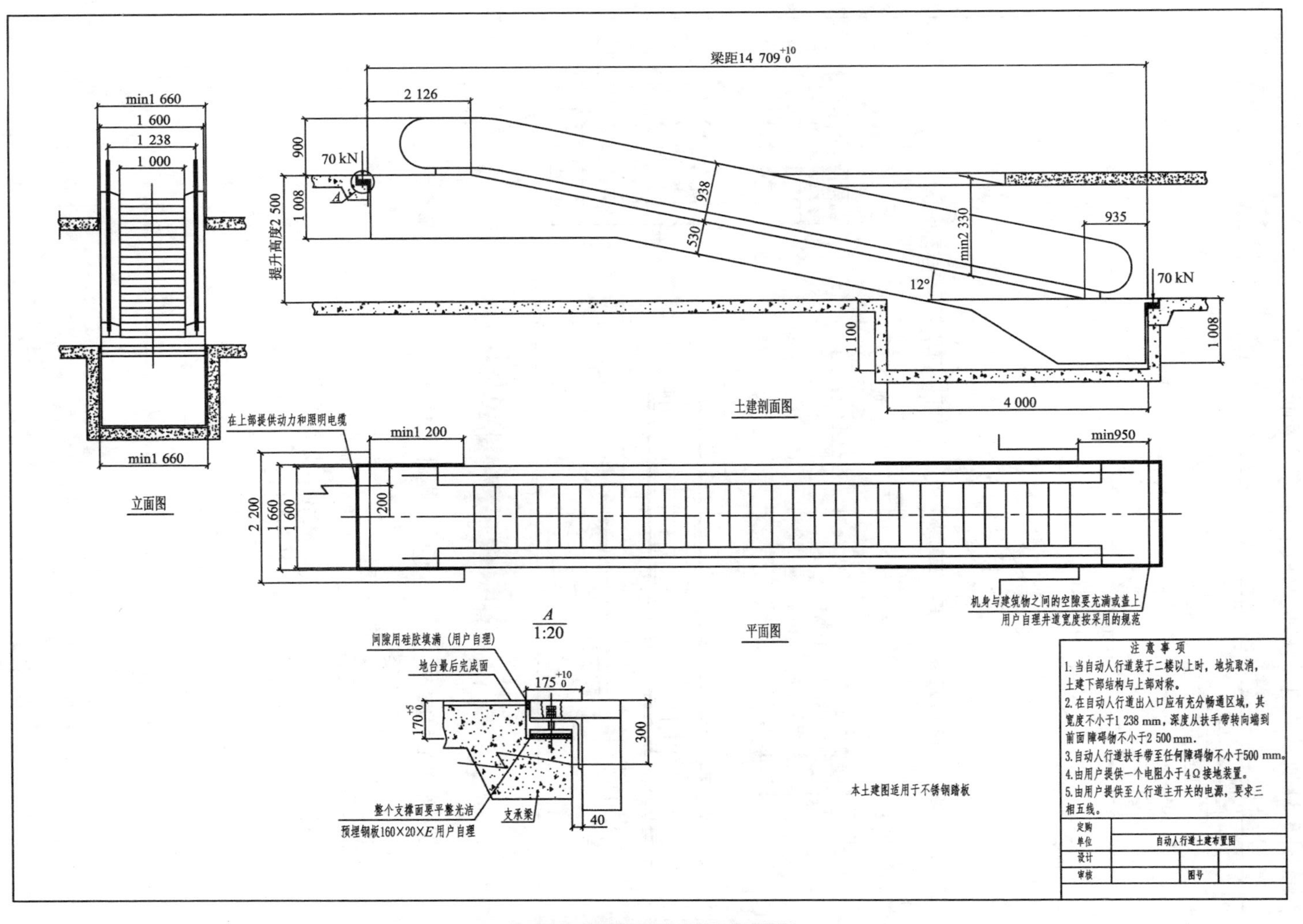

图 6-33　自动人行道土建

任务实施

识读图 6-34 所示的自动扶梯土建图，回答下列问题。

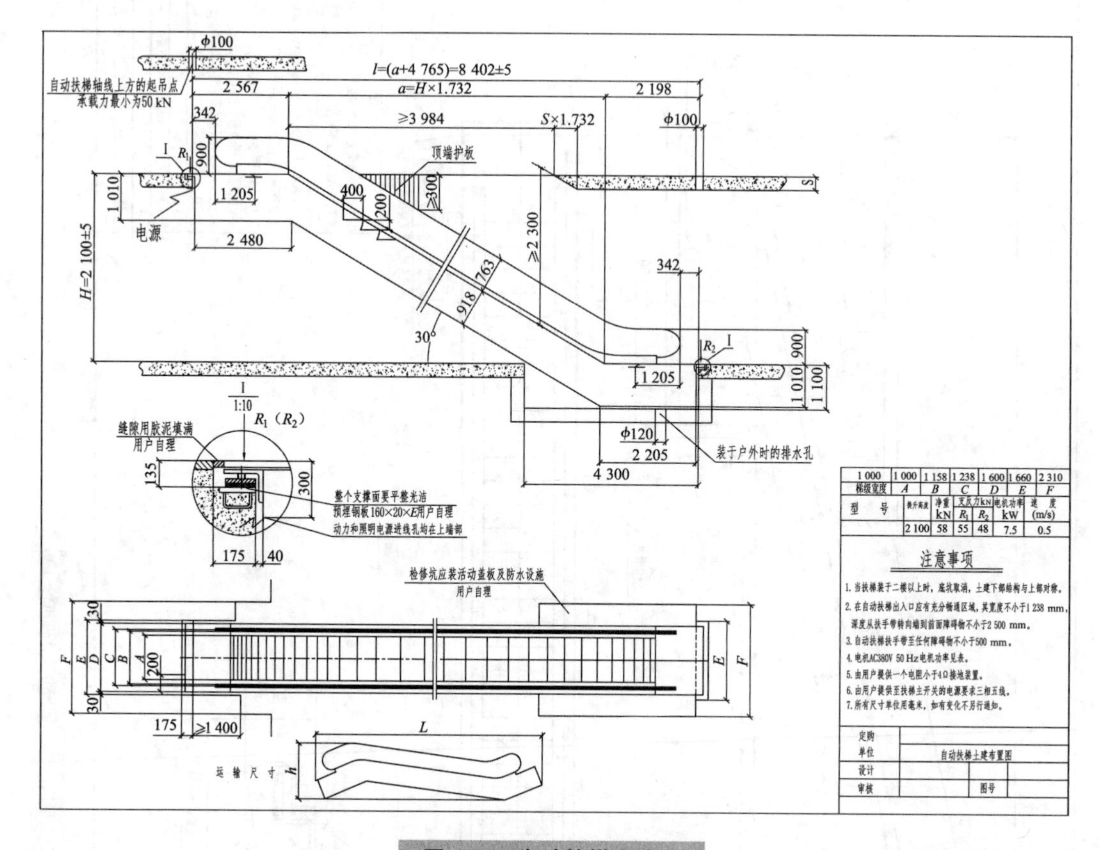

图 6-34　自动扶梯土建图

① 自动扶梯净空长度为__________，提升高度为__________，倾斜角为__________，梯级宽度为________。底坑深__________，长__________。

② 起吊孔尺寸为__________，底坑中排水孔尺寸为__________。高端站（上层）支点承受的支反力为__________，低端站支点承受的支反力为__________。

③ 桁架和承重梁如何连接（见 I 放大图）？

附　录

附录1　普通螺纹牙型、直径与螺距

（摘自 GB/T 192—2003、GB/T 193—2003）

单位：mm

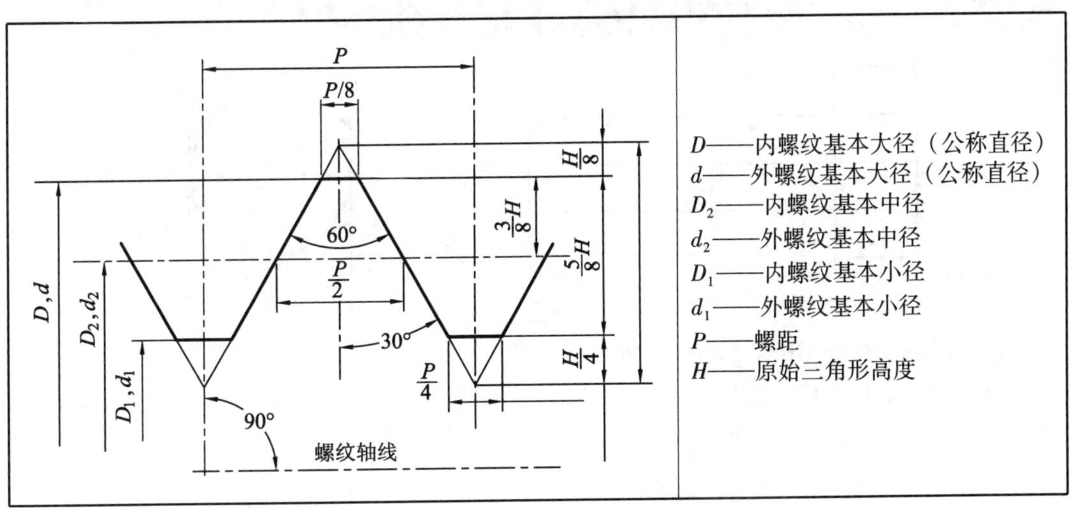

标记示例：

M10（粗牙普通外螺纹、公称直径 $d=10$、中径及顶径公差带均为 6g、中等旋合长度、右旋）

M10×1-LH（细牙普通内螺纹、公称直径 $D=10$、螺距 $P=1$、中径及顶径公差带均为 6H、中等旋合长度、左旋）

公称直径 D、d		螺距 P		公称直径 D、d		螺距 P	
第一系列	第二系列	粗牙	细牙	第一系列	第二系列	粗牙	细牙
3		0.5	0.35	16		2	1.5、1
4		0.7	0.5		18	2.5	2、1.5、1

续表

公称直径 D、d		螺距 P		公称直径 D、d		螺距 P	
第一系列	第二系列	粗牙	细牙	第一系列	第二系列	粗牙	细牙
5		0.8	0.5	20		2.5	2、1.5、1
6		1	0.75		22	2.5	2、1.5、1
8		1.25	1，0.75	24		3	2、1.5、1
10		1.5	1.25，1，0.75	30		3.5	(3)、2、1.5、1
12		1.75	1.25，1	36		4	3、2、1.5
	14	2	1.5，1.25、1		39		

注：M14×1.25 仅用于火花塞。

附录2 六角头螺栓

mm

六角头螺栓——C 级（摘自 GB/T 5780—2016）

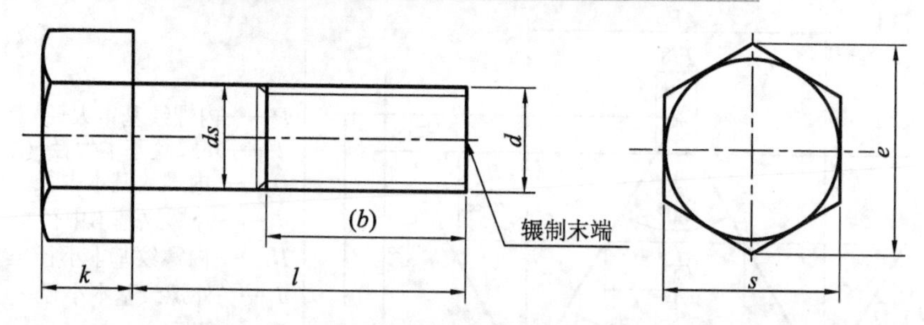

标记示例：螺栓 GB/T 5780 M20×100

（螺纹规格 d=M12、公称长度 l=100 mm、右旋、性能等级为 4.8 级、不经表面处理、杆身半螺纹、C 级的六角头螺栓）

六角头螺栓——全螺纹——C 级（摘自 GB/T 5781—2016）

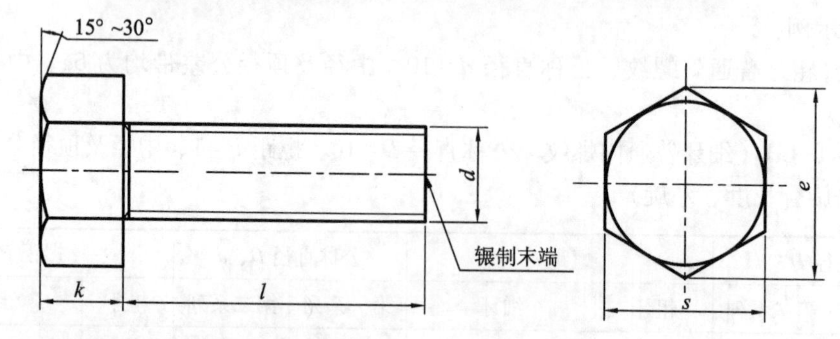

标记示例：螺栓 GB/T 5781 M12×80

（螺纹规格 d=M12、公称长度 l=80 mm、右旋、性能等级为 4.8 级、不经表面处理、全螺纹、C 级的六角头螺栓）

螺纹规格 d		M5	M6	M8	M10	M12	M16	M20	M24	M30	M36	M42	M48
$b_{参考}$	$l \leqslant 125$	16	18	22	26	30	38	46	54	66	—	—	—
	$125<l \leqslant 200$	22	24	28	32	36	44	52	60	72	84	96	108
	$l>200$	35	37	41	45	49	57	65	73	85	97	109	121
$k_{公称}$		3.5	4.0	5.3	6.4	7.5	10	12.5	15	18.7	22.5	26	30
s_{max}		8	10	13	16	18	24	30	36	46	55.0	65.0	75.0
e_{min}		8.63	10.89	14.2	17.59	19.85	26.17	32.95	39.55	50.85	60.79	71.3	82.6
d_{smax}		5.48	6.48	8.58	10.58	12.7	16.7	20.84	24.84	30.84	37	43	49
$l_{范围}$	GB/T 5780—2000	25~50	30~60	40~80	45~100	55~120	65~160	80~200	100~240	120~300	140~360	180~420	200~480
	GB/T 5781—2000	10~50	12~60	16~80	20~100	25~120	30~180	40~200	50~240	60~300	70~360	80~420	100~480
$l_{系列}$		10、12、16、20~65（5 进位）、70—160（10 进位）、180~500（20 进位）											

注：螺纹公差；8g；机械性能等级；4.6、4.8；产品等级：C。

附录 3　I 型六角螺母

mm

I 型六角螺母-A 和 B 级（摘自 GB/T 6170—2015）

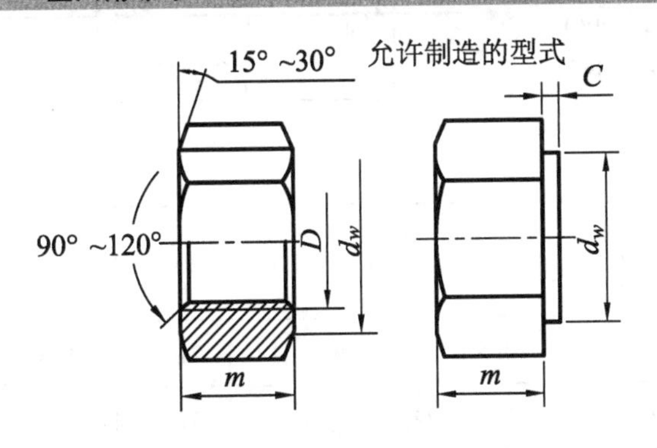

I 型六角螺母-C 级（摘自 GB/T 41—2016）

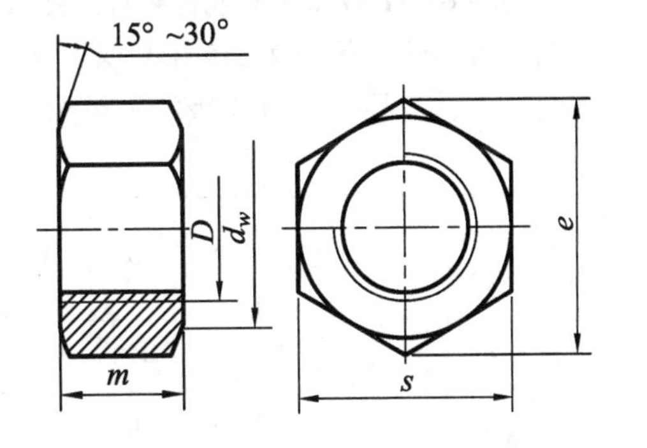

标记示例：

螺母 GB/T 41 M12（螺纹规格 D=M12、性能等级为 5 级、不经表面处理、C 级的 I 型六角螺母）

螺纹规格 D		M4	M5	M6	M8	M10	M12	M16	M20	M24	M30
C_{max}		0.4	0.5		0.6			0.8			
S_{max}		7	8	10	13	16	18	24	30	36	46
e_{min}	A、B 级	7.66	8.79	11.05	14.38	17.77	20.03	26.75	32.95	39.55	50.85
	C 级	—	8.63	10.89	14.2	17.59	19.85	26.17			
m_{max}	A、B 级	3.2	4.7	5.2	6.8	8.4	10.8	14.8	18	21.5	25.6
	C 级	—	5.6	6.4	7.9	9.5	12.2	15.9	19	22.3	26.4
d_{wmin}	A、B 级	5.9	6.9	8.9	11.6	14.6	16.6	22.5	27.7	33.3	42.8
	C 级	—	6.7	8.7	11.5	14.5	16.5	22			

附录4 垫 圈

mm

平垫圈—A 级（摘自 GB/T 97.1—2002）

平垫圈—倒角型—A 级（摘自 GB/T 97.2—2002）

标记示例：

垫圈 GB/T 97.1 8（标准系列、公称规格 8 mm、由钢制造的硬度等级为 200 HV 级、不经表面处理产品等级为 A 级的平垫圈）

垫圈 GB/T 97.2 8（标准系列、公称规格 8 mm、由钢制造的硬度等级为 200 HV 级、倒角型、不经表面处理、产品等级为 A 级的平垫圈）

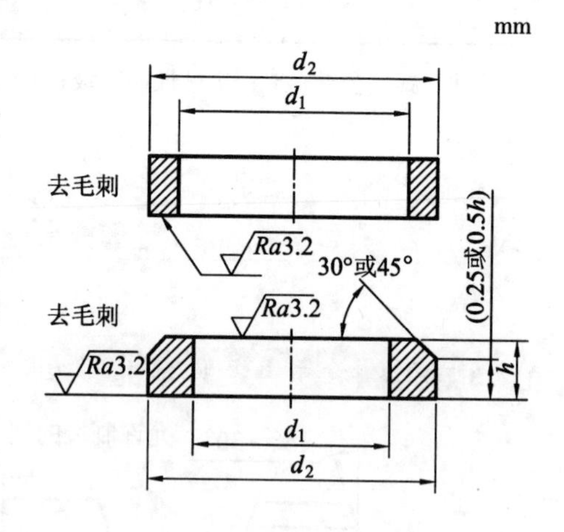

公称规格（螺纹大径 d）	2	2.5	3	4	5	6	8	10	12	(14)	16	20	24	30
内径 d_1	2.2	2.7	3.2	4.3	5.3	6.4	8.4	10.5	13	15	17	21	25	31
内径 d_2	5	6	7	9	10	12	16	20	24	28	30	37	44	56
厚度 h	0.3	0.5	0.5	0.8	1	1.6	1.6	2	2.5	2.5	3	3	4	4

附录5 双头螺柱

mm

$b_m = 1d$（GB/T 897—1988）；$b_m = 1.25d$（GB/T 898—1988）；

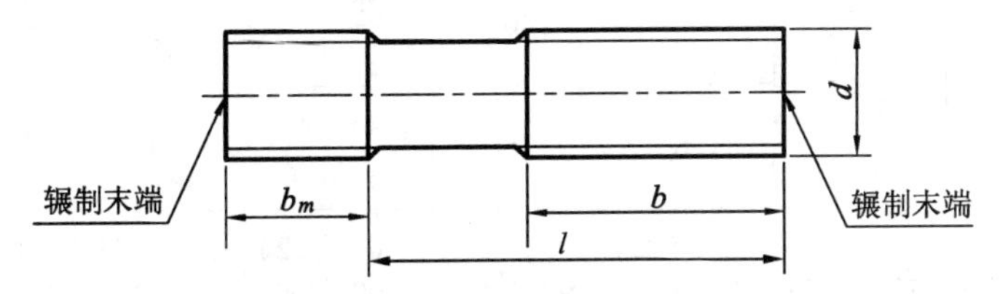

$b_m = 1.5d$（GB/T 899—1988）；$b_m = 2d$（GB/T 900—1988）

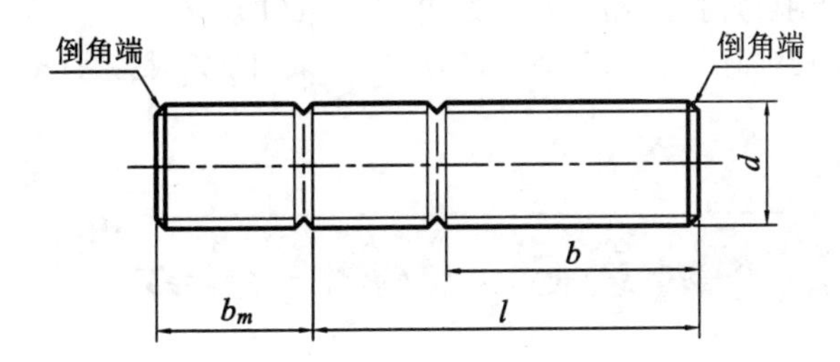

标记示例：螺柱 GB/T 900 M10×50（两端均为粗牙普通螺纹、$d=10$、$l=50$、性能等级为4.8级、不经表面处理、B型、$bm=2d$ 的双头螺柱）

螺柱 GB/T 900 AM10-10×1×50（旋入机体一端为粗牙普通螺纹、旋螺母端为螺距 $p=1$ 的细牙普通螺纹、$d=10$、$l=50$、性能等级为4.8级、不经表面处理、A型、$b_m=2d$ 的双头螺柱）

螺纹规格（d）	b_m（旋入机体端长度）				l/b（螺柱长度/旋入螺母端长度）
	GB/T 897	GB/T 898	GB/T 899	GB/T 900	
M4	—	—	6	8	$\frac{16\sim(22)}{8}$ $\frac{25\sim40}{14}$
M5	5	6	8	10	$\frac{16\sim(22)}{10}$ $\frac{25\sim50}{16}$
M6	6	8	10	12	$\frac{20\sim(22)}{10}$ $\frac{25\sim30}{14}$ $\frac{(32)\sim(75)}{18}$
M8	8	10	12	16	$\frac{20\sim(22)}{12}$ $\frac{25\sim30}{16}$ $\frac{(32)\sim90}{22}$
M10	10	12	15	20	$\frac{25\sim(28)}{14}$ $\frac{30\sim(38)}{16}$ $\frac{40\sim120}{26}$ $\frac{130}{32}$
M12	12	15	18	24	$\frac{25\sim30}{16}$ $\frac{(32)\sim40}{20}$ $\frac{45\sim120}{30}$ $\frac{130\sim180}{36}$

续表

螺纹规格（d）	b_m（旋入机体端长度）				l/b（螺柱长度/旋入螺母端长度）
	GB/T 897	GB/T 898	GB/T 899	GB/T 900	
M16	16	20	24	32	$\frac{30\sim(38)}{20}$　$\frac{40\sim(55)}{30}$　$\frac{60\sim120}{38}$　$\frac{130\sim200}{44}$
M20	20	25	30	40	$\frac{35\sim40}{25}$　$\frac{(45)\sim(65)}{35}$　$\frac{70\sim120}{46}$　$\frac{130\sim200}{52}$
M24	24	30	36	48	$\frac{45\sim50}{30}$　$\frac{(55)\sim(75)}{45}$　$\frac{80\sim120}{54}$　$\frac{130\sim200}{60}$
L 系列	12、(14)、16、(18)、20、(22)、25、(28)、30、(32)、35、(38)、40、45、50、(55)、60、(65)、70、(75)、80、(85)、90、(95)、100~260（10 进位）、280、300				

注：1. 尽可能不采用括号内的规格。末端按 GB/T 2—2001 规定。

2. $b_m=d$，一般用于钢对钢；$b_m=(1.25\sim1.50)d$，一般用于钢对铸铁；$b_m=2d$，一般用于钢对铝合金。

附录 6　开槽　螺钉

mm

开槽盘头螺钉

（摘自 GB/T 67—2016）

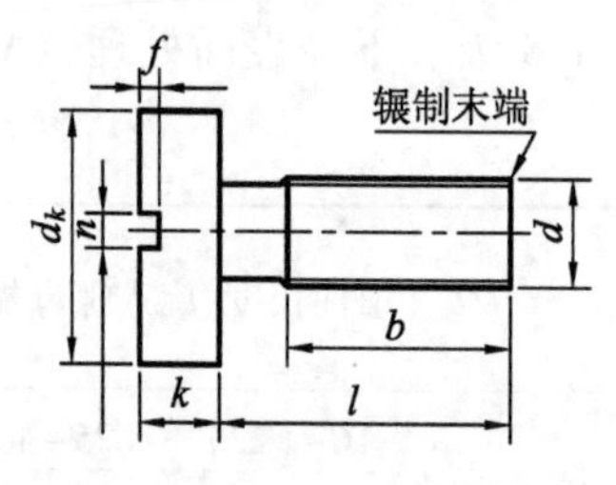

开槽沉头螺钉

（摘自 GB/T 68—2016）

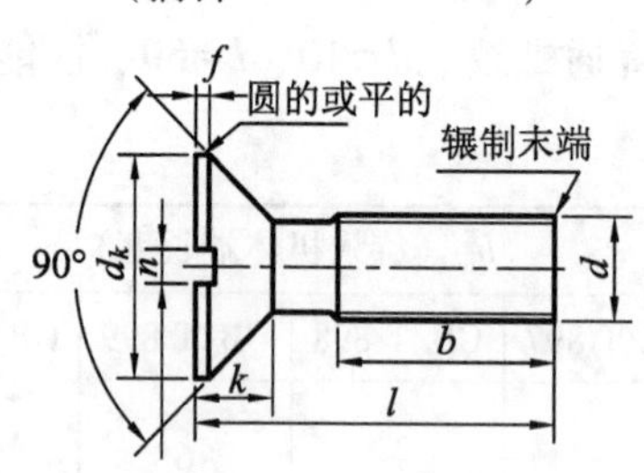

开槽圆柱头螺钉

（摘自 GB/T 65—2016）

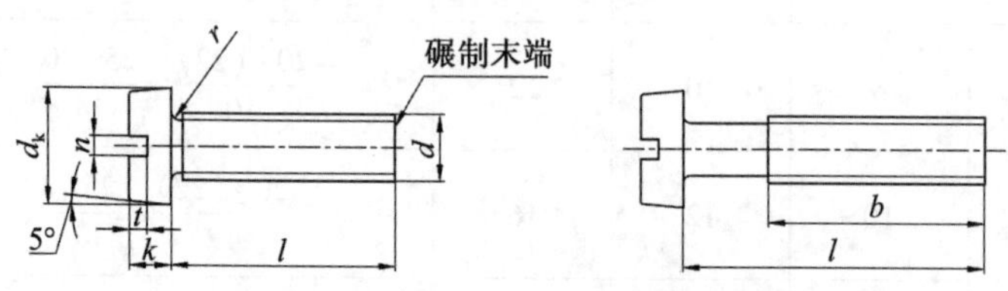

（无螺纹部分杆径≈中径=螺纹大径）

标记示例：

螺钉 GB/T 67　M5×60（螺纹规格 d=M5、l=60、性能等级为 4.8 级、不经表面处理的 A 级开槽盘头螺钉）

螺纹规格 d		M1.6	M2	M2.5	M3	M4	M5	M6	M8
GB/T 65—2000	d_k	3	3.8	4.5	5.5	7	8.5	10	13
	k	1.1	1.4	1.8	2	2.6	3.3	3.9	5
	t_{min}	0.45	0.6	0.7	0.85	1.1	1.3	1.6	2
	r_{min}	0.1	0.1	0.1	0.1	0.2	0.2	0.25	0.4
	l	2~16	3~20	3~25	4~30	5~40	6~50	8~60	10~80
	全螺纹时最大长度	30	30	30	30	40	40	40	40
GB/T 67—2016	d_k	3.2	4	5	5.6	8	9.5	12	16
	k	1	1.3	1.5	1.8	2.4	3	3.6	4.8
	t_{min}	0.35	0.5	0.6	0.7	1	1.2	1.4	1.9
	r_{min}	0.1	0.1	0.1	0.1	0.2	0.2	0.25	0.4
	l	2~16	2.5~20	3~25	4~30	5~40	6~50	8~60	10~80
	全螺纹时最大长度	30	30	30	30	40	40	40	40
GB/T 68—2016	d_k	3	3.8	4.7	5.5	8.4	9.3	11.3	15.8
	k	1	1.2	1.5	1.65	2.7	2.7	3.3	4.65
	t_{min}	0.32	0.4	0.5	0.6	1	1.1	1.2	1.8
	r_{max}	0.4	0.5	0.6	0.8	1	1.3	1.5	2
	l	2.5~16	3~20	4~25	5~30	6~40	8~50	8~60	10~80
	全螺纹时最大长度	30	30	30	30	45	45	45	45
n 公称		0.4	0.5	0.6	0.8	1.2	1.2	1.6	2
b_{min}		25				38			
l 系列	2、2.5、3、4、5、6、8、10、12、(14)、16、20~50(5进位)、(55)、60、(65)、70、(75)、80								

注：螺纹公差：6g；机械性能等级：4.8、5.8；产品等级：A。

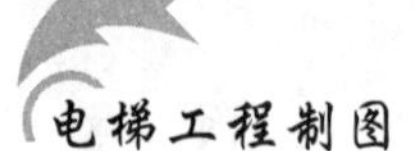

附录7 普通平键及键槽各部分尺寸

mm

普通平键的形式与尺寸（GB/T 1096—2003）

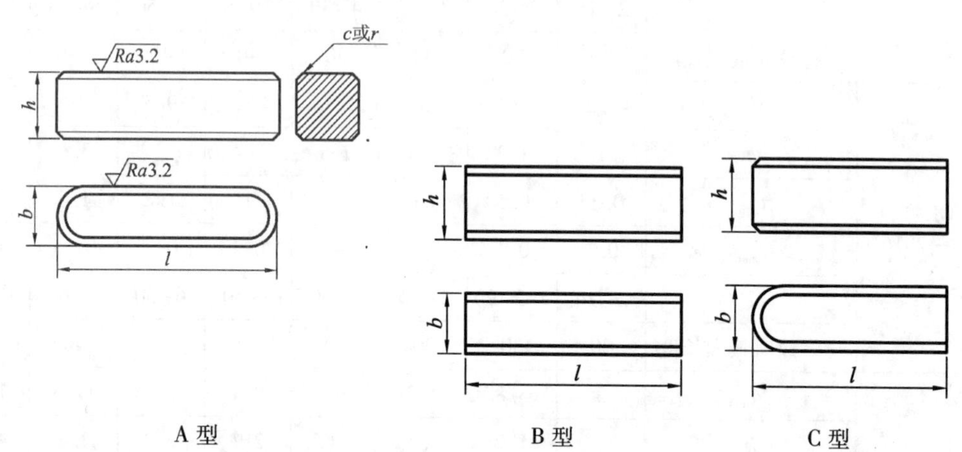

A型　　B型　　C型

标记示例：GB/T 1096　键　16×10×100（圆头普通平键、$b=16$、$h=10$、$L=100$）

GB/T 1096　键　B16×10×100（平头普通平键、$b=16$、$h=10$、$L=100$）

GB/T 1096　键　C16×10×100（单圆头普通平键、$b=16$、$h=10$、$L=100$）

轴	键		键槽									
			宽度 b						深度			
				极限偏差					轴 t_1		毂 t_2	
公称直径 d	键尺寸 $b \times h$	长度 L	基本尺寸 b	松联接		正常联接		紧密联接	基本尺寸	极限偏差	基本尺寸	极限偏差
				轴 H9	毂 D10	轴 N9	毂 JS9	轴和毂 P9				
>10~12	4×4	8~45	4	+0. 030 0	+0. 078 +0. 030	0 -0. 030	±0. 015	-0. 012 -0. 042	2. 5	+0. 1 0	1. 8	+0. 1 0
>12~17	5×5	10~56	5						3. 0		2. 3	
>17~22	6×6	14~70	6						3. 5		2. 8	
>22~30	8×7	18~90	8	+0. 036 0	+0. 098 +0. 040	0 -0. 036	±0. 018	-0. 015 -0. 051	4. 0	+0. 2 0	3. 3	+0. 2 0
>30~38	10×8	22~110	10						5. 0		3. 3	
>38~44	12×8	28~140	12	+0. 043 0	+0. 120 +0. 050	0 -0. 043	±0. 0215	-0. 018 -0. 061	5. 0		3. 3	
>44~50	14×9	36~160	14						5. 5		3. 8	
>50~58	16×10	45~180	16						6. 0		4. 3	
>58~65	18×11	50~200	18						7. 0		4. 4	
>65~75	20×12	56~220	20	+0. 052 0	+0. 149 +0. 065	0 -0. 052	±0. 026	-0. 022 -0. 074	7. 5		4. 9	
>75~85	22×14	63~250	22						9. 0		5. 4	
>85~95	25×14	70~280	25						9. 0		5. 4	
>95~110	28×16	80~320	28						10		6. 4	

注：1. L系列：6~22（2进位）、25、28、32、36、40、45、50、56、63、70、80、90、100、125、140、160、180、200、220、250、280、320、360、400、450、500。

2. GB/T 1095—2003、GB/T1096—2003中无轴的公称直径一列，现列出仅供参考。

附录 8 优先配合中轴的极限偏差

（摘自 GB/T 1800. 2—2009）

基本尺寸/mm		公差带/μm											
		f	g	h					k	m	p	r	s
大于	至	7	6	6	7	8	9	11	6	6	6	6	6
—	3	-6 -16	-2 -8	0 -6	0 -10	0 -14	0 -25	0 -60	+6 0	+8 +2	+12 +6	+16 +10	+20 +14
3	6	-10 -22	-4 -12	0 -8	0 -12	0 -18	0 -30	0 -75	+9 +1	+12 +4	+20 +12	+23 +15	+27 +19
6	10	-13 -28	-5 -14	0 -9	0 -15	0 -22	0 -36	0 -90	+10 +1	+15 +6	+24 +15	+28 +19	+32 +23
10	14	-16 -34	-6 -17	0 -11	0 -18	0 -27	0 -43	0 -110	+12 +1	+18 +7	+29 +18	+34 +23	+39 +28
14	18												
18	24	-20 -41	-7 -20	0 -13	0 -21	0 -33	0 -52	0 -130	+15 +2	+21 +8	+35 +22	+41 +28	+48 +35
24	30												
30	40	-25 -50	-9 -25	0 -16	0 -25	0 -39	0 -62	0 -160	+18 +2	+25 +9	+42 +26	+50 +34	+59 +43
40	50												
50	65	-30 -60	-10 -29	0 -19	0 -30	0 -46	0 -74	0 -190	+21 +2	+30 +11	+51 +32	+60 +41	+72 +53
65	80											+62 +43	+78 +59
80	100	-36 -71	-12 -34	0 -22	0 -35	0 -54	0 -87	0 -220	+25 +3	+35 +13	+59 +37	+73 +51	+93 +71
100	120											+76 +54	+101 +79
120	140	-43 -83	-14 -39	0 -25	0 -40	0 -63	0 -100	0 -250	+28 +3	+40 +15	+68 +43	+88 +63	+117 +92
140	160											+90 +65	+125 +100
160	180											+93 +68	+133 +108

续表

基本尺寸/mm		公差带/μm											
		f	g	h					k	m	p	r	s
大于	至	7	6	6	7	8	9	11	6	6	6	6	6
180	220											+106 +77	+151 +122
200	225	-50 -96	-15 -44	0 -29	0 -46	0 -72	0 -115	0 -290	+33 +4	+46 +17	+79 +50	+109 +80	+159 +130
225	250											+113 +84	+169 +140
250	280	-56 -108	-17 -49	0 -32	0 -52	0 -81	0 -130	0 -320	+36 +4	+52 +20	+88 +56	+126 +94	+190 +158
280	315											+130 +98	+202 +170

附录 9　优先配合中孔的极限偏差

（摘自 GB/T 1800.2—2009）

基本尺寸/mm		公差带/μm											
		D	F	G	H					K	N	P	S
大于	至	9	8	7	6	7	8	9	11	7	7	7	7
—	3	+45 +20	+20 +6	+12 +2	+6 0	+10 0	+14 0	+25 0	+60 0	0 -10	-4 -14	-6 -16	-14 -24
3	6	+60 +30	+28 +10	+16 +4	+8 0	+12 0	+18 0	+30 0	+75 0	+3 -9	-4 -16	-8 -20	-15 -27
6	10	+76 +40	+35 +13	+20 +5	+9 0	+15 0	+22 0	+36 0	+90 0	+5 -10	-4 -19	-9 -24	-17 -32
10	14	+93 +50	+43 +16	+24 +6	+11 0	+18 0	+27 0	+43 0	+110 0	+6 -12	-5 -23	-11 -29	-21 -39
14	18												
18	24	+117 +65	+53 +20	+28 +7	+13 0	+21 0	+33 0	+52 0	+130 0	+6 -15	-7 -28	-14 -35	-27 -48
24	30												

续表

基本尺寸/mm		公差带/μm											
		D	F	G	H					K	N	P	S
30	40	+142 +80	+64 +25	+34 +9	+16 0	+25 0	+39 0	+62 0	+160 0	+7 −18	−8 −33	−17 −42	−34 −59
40	50												
50	65	+174 +100	+76 +30	+40 +10	+19 0	+30 0	+46 0	+74 0	+190 0	+9 −21	−9 −39	−21 −51	−42 −72
65	80												−48 −78
80	100	+207 +120	+90 +36	+47 +12	+22 0	+35 0	+54 0	+87	+220 0	+10 −25	−10 −45	−24 −59	−58 −93
100	120												−66 −101
120	140	+245 +145	+106 +43	+54 +14	+25 0	+40 0	+63 0	+100 0	+250 0	+12 −28	−12 −52	−28 −68	−77 −117
140	160												−85 −125
160	180												−93 −133
180	220	+285 +170	+122 +50	+61 +15	+29 0	+46 0	+72 0	+115 0	+290 0	+13 −33	−14 −60	−33 −79	−105 −151
200	225												−113 −159
225	250												−123 −169
250	280	+320 +190	+137 +56	+69 +17	+32 0	+52 0	+81 0	+130 0	+320 0	+16 −36	−14 −66	−36 −88	−138 −190
280	315												−150 −202

参考文献

[1] 钱可强. 机械制图[M]. 4 版. 北京：高等教育出版社，2014.

[2] 赵研. 建筑识图与构造[M]. 2 版. 北京：中国建筑工业出版社，2008.

[3] 王冰，邢伟. 机械制图与 AutoCAD[M]. 北京：航空工业出版社，2012.

[4] 山颖，闫玉蕾. 工程制图与 CAD[M]. 北京：机械工业出版社，2019.

[5] 中国建筑标准设计研究院. 国家建筑标准设计图集. 电梯、自动扶梯、自动人行道：13J404[M]. 北京：中国计划出版社，2013.

[6] 何峰峰. 电梯和自动扶梯安装维修技术与技能[M]. 北京：机械工业出版社，2013.

[7] 贺德明，肖伟平. 电梯结构与原理[M]. 广州：中山大学出版社，2009.

[8]《电梯、自动扶梯、自动人行道术语》GB/T 7024—2008.

[9]《电梯主参数及轿厢、井道、机房的型式与尺寸　第 1 部分：Ⅰ、Ⅱ、Ⅲ、Ⅵ类电梯》GB/T 7025. 1—2008.

[10]《电梯主参数及轿厢、井道、机房的型式与尺寸　第 2 部分：Ⅳ类电梯》GB/T 7025. 2—2008.

[11]《电梯主参数及轿厢、井道、机房的型式与尺寸　第 3 部分：Ⅴ类电梯》GB/T 7025. 3—1997.

[12]《电梯制造与安装安全规范》GB 7588—2003.

[13]《自动扶梯和自动人行道的制造与安装安全规范》GB 16899—2011.